Software Design [刑刑]

Special Issue

仕事ですぐ役立つ

Vim & Emacs

エキスパート活用術

Soon help at work　Vim&Emacs　Expert use of surgery

仕事ですぐ役立つ Vim & Emacs エキスパート活用術

Soon help at work Vim&Emacs Expert use of surgery

CONTENTS

第1章 Vim と Emacs ……… 1

- 1-1 職人が道具を選ぶように 使っているエディタにこだわりを持っていますか ……… 2
- 1-2 どの環境でもいつもどおりに使う! インフラエンジニア視点のVim入門 ……… 6
- 1-3 すべてのコマンドを知ることから始まる Vim熟練者への道 ……… 12
- 1-4 適材適所で使いこなせ! Vimプラグイン108選 ……… 19
- 1-5 達人に聞く Emacs入門者がまず学ぶべきこと ……… 24
- 1-6 Emacs シーン別 究極のカスタマイズに迫る ……… 34

Appendix エンジニアのもう1つの仕事道具
一流プログラマはキーボードにもこだわる ……… 47

第2章 「Vim使い」事始め ……… 51

- 2-1 犬でもわかる!? Vim導入&カスタマイズの超基本 ……… 52
- 2-2 IDE並みの機能を軽快な動作で! 実用Tips&対策［プログラマ編］……… 66
- 2-3 運用作業であわてないために 実用Tips&対策［インフラエンジニア編］……… 74
- 2-4 vim-markdownという選択 実用Tips&対策［文書作成編］……… 82

Column1 ▶「とっつきにくい変態エディタ」だったVimが「私の素敵な相棒」に変わるまで ……… 64
Column2 ▶ Vimの真のチカラを引き出すパラダイムシフト Vimは編集作業をプログラムにする ……… 90

第3章 Vim至上主義 93

- 3-1 これからVimを始めたいあなたに 94
- 3-2 押さえるべき基本技 104
- 3-3 Vimプラグインの導入 114
- 3-4 生産性を向上させるVimのTips 128
  - Column1 ▶ Vimで快適執筆環境 102
  - Column2 ▶ Vimをお勧めする理由 112
  - Column3 ▶ VimでSwiftプログラミング 124
  - Column4 ▶ XcodeをVimライクにして作業効率を上げる!? 134
  - Column5 ▶ 男は黙ってVim！ 136

第4章 我が友「Emacs」 139

- 4-1 出会いはある朝突然に 140
- 4-2 Emacsユーザの生産効率をアップしてきたカスタマイズの第一歩 146
- 4-3 Emacsを俺の嫁にする冴えたやり方 154
- 4-4 いつもの環境がどこでも使える！ 絶妙の引きこもり型エディタ 161
- 4-5 Emacs環境100％全開テクニック 172
- 4-6 Web開発の舞台裏とEmacs 180
  - Column1 ▶ GNU 30周年とアジアのEmacs事情から考えたこと 153
  - Column2 ▶ もしEmacsがなかったら？ その① 179
  - Column3 ▶ もしEmacsがなかったら？ その② 190
  - Appendix Emacsのインストールと設定はじめの一歩 192

綴じ込み付録：Vim & Emacs チートシート

■本書について

本書は月刊誌「Software Design」から、Unix/Linux系OSでメジャーな2つのテキストエディタ「Vim」と「Emacs」に関連する特集記事を集め、必要に応じて更新、再編集した書籍です。プログラミングやネットワーク／サーバ管理といった仕事で使い込んでいる24名の著者が、自身の経験をもとに厳選したエディタの活用方法を紹介しています。

こんな悩みを解決します！

無理矢理使わされている感覚から抜け出せない
そんなモヤモヤがある人は「第1章の1-1」「第1章の1-2」「第4章の4-1」あたりから読んでみてください。各章のコラムもお勧めです。

どちらを使ったらいいか悩んでいる
どちらも使えたらハッピーですが、本書をひととおり読んで、試してからじっくり決めても遅くはありません。

どんなふうに使えば仕事で役立てられるのか知りたい
「第2章の2-2」「同2-3」「同2-4」がVimのとっかかりとしてはお勧めです。Emacsなら「第4章の4-6」がWeb開発への活用をイメージできます。

仕事で使えるお勧めのカスタマイズが知りたい
ほとんどの記事でなんらかのカスタマイズを取り上げていますので、気になるところから読めばきっと何か発見があると思います。

MacでもWindowsでも同じエディタが使いたい
VimもEmacsも各種OS版があります。設定ファイルもOS固有の設定を除けば同じものが使えます。「第2章の2-1」「第4章のAppendix」を見てください。

すぐにインストールから始めたい
Vimなら「第2章の2-1」へ、Emacsなら「第4章のAppendix」からはじめてください。最初にやるべき基本がわかります。

初出一覧

第1章	VimとEmacs	Software Design 2012年 7月号 第1特集
第2章	「Vim使い」事始め	Software Design 2015年 1月号 第1特集
第3章	Vim至上主義	Software Design 2013年10月号 第1特集
第4章	我が友「Emacs」	Software Design 2013年11月号 第1特集
付 録	Vim&Emacsチートシート	Software Design 2015年10月号 特別付録

■免責
●本書をお読みになる前に
・本書に記載された内容は、情報の提供のみを目的としています。したがって、本書を用いた開発、製作、運用は、必ずお客様自身の責任と判断によって行ってください。これらの情報による開発、製作、運用の結果について、技術評論社および著者はいかなる責任も負いません。
・本書記載の情報は各記事の執筆時（再編集時の修正も含む）のものですので、ご利用時には変更されている場合もあります。
・また、ソフトウェアに関する記述は、各記事に記載されているバージョンをもとにしています。ソフトウェアはバージョンアップされる場合があり、本書での説明とは機能内容や画面図などが異なってしまうこともあり得ます。本書ご購入の前に、必ずバージョン番号をご確認ください。
以上の注意事項をご承諾いただいたうえで、本書をご利用願います。これらの注意事項をお読みいただかずにお問い合わせいただいても、技術評論社および著者は対処しかねます。あらかじめ、ご承知おきください。

●商標、登録商標について
本書に登場する製品名などは、一般に各社の商標または登録商標です。なお、本書中にTM、©、®などのマークは記載しておりません。

ノーマルモード

以下のコマンドはノーマルモードから入力もしくはタイプします。<ESC> は ESC、CTRL- で始まるものは Ctrl を押しながら次のキーをタイプします。
: / ? で始まるコマンドは最後にリターンキーをタイプします（:e! や :q! など末尾に！が付くコマンドは強制実行）。

ファイル操作（コマンド）

ファイルを開き直す	:e, :e!
ファイルを開く	:e ファイル名
ウィンドウを消す	:q, :q!
上書き保存	:w, :w!
上書き保存してウィンドウを消す	:wq（もしくは :x, ZZ）, :wq!
すべて上書き保存して終了	:wqall, :wqall!
保存せずにウィンドウを消す	ZQ

モード切り替え

インサートモード	i
行頭でインサートモード	I
カーソル直後でインサートモード	a
行末でインサートモード	A
行を追加してインサートモード	o
上に行を追加してインサートモード	O
ノーマルモード	<ESC>

ウィンドウ操作

新しいウィンドウを開く	:new, :new ファイル名
新しいタブを開く	:tabnew, :tabnew ファイル名
ウィンドウを分割してファイルを開く	:split ファイル名
ウィンドウを横分割してファイルを開く	:vsplit ファイル名
ウィンドウを隠す	:hide
ウィンドウを閉じる	:close
現在のウィンドウのみを表示	:only
ウィンドウの縦幅を広げる／狭める	CTRL-w + / CTRL-w -
ウィンドウの横幅を広げる／狭める	CTRL-w > / CTRL-w <
1つ前のウィンドウに移動	CTRL-w w
上下左右のウィンドウに移動	CTRL-w k, CTRL-w j, CTRL-w h, CTRL-w l
近接したウィンドウと入れ替える	CTRL-w r
上下左右のウィンドウと入れ替え	CTRL-w K, CTRL-w J, CTRL-w H, CTRL-w L
ウィンドウを閉じる	CTRL-w c
ウィンドウを消す	CTRL-w q

インサートモード

挿入操作

レジスタ a の中身を貼り付け	CTRL-r a (CTRL-r + でクリップボードからペースト)
特殊文字を挿入	CTRL-v CTRL-a で ^A を挿入
特殊文字を挿入（コード指定）	CTRL-v 005 で ^E を挿入

補完

前の候補（もしくはバッファ内補完）	CTRL-p
次の候補（もしくはバッファ内補完）	CTRL-n
ファイル内の行	CTRL-x CTRL-l
ファイル内のキーワード	CTRL-x CTRL-n
ファイル内の include ファイル	CTRL-x CTRL-i
タグ	CTRL-x CTRL-]
ファイル名	CTRL-x CTRL-f
ユーザ定義補完	CTRL-x CTRL-u
omni 補完	CTRL-x CTRL-o
スペル修正	CTRL-x CTRL-s

バッファ操作

バッファ一覧	:ls
指定のバッファ	:b バッファ番号
次のバッファ	:bn
バッファを消す	:bd
バッファを閉じる	:bw

移動

上／下／左／右	k / j / h / l
ページアップ／ダウン	CTRL-u / CTRL-d
行頭／行末	0 / $ (^ は最初の文字へ)
次の単語／前の単語	w / b (W / B で空白区切りでジャンプ)
文字 x までジャンプ	fx
逆方向へ文字 x までジャンプ	Fx
(や {, [の対へ移動	%
先頭行へ移動	gg
最終行へ移動	G

検索

text を検索	/text
text を逆方向に検索	?text
次を検索	n
逆方向に次を検索	N
カーソル下の単語を検索	*

置換

行内で置換（foo を bar に置換）	:s/foo/bar/
全置換（foo を bar に置換）	:s/foo/bar/g

編集

カーソル下の文字を x で置換	rx
行を連結	J
カーソル下の文字を削除	x
大文字／小文字に変更	~, gU / gu のあとにモーション（★）を指定
行をヤンク（コピー）	yy, Y
ヤンク（コピー）	y のあとにモーション（★）を指定
貼り付け	p
前方向に貼り付け	P
削除	d のあとにモーション（★）を指定
行を削除	dd
カーソル位置から行末までを削除	D
指定の部分を変更	c のあとにモーション（★）を指定
インデント	==, 選択して =
やりなおし	u
繰り返し	.

★モーション

上／下／左／右	k / j / h / l
次の単語／前の単語	w / b (W / B で空白区切りでジャンプ)
文字 x が見つかるまで	tx
行頭／行末	0 / $ (^ は最初の文字へ)
文字 x まで	fx
逆方向で文字 x まで	Fx

ヴィジュアル選択

領域選択	v
矩形選択	CTRL-v
行選択	V
すべての行を選択	ggVG

レジスタ

レジスタ一覧	:register
選択をレジスタ「a」に格納	選択しながら "ay
レジスタ「a」をペースト	"ap

マクロ

レジスタ a に対してマクロ登録を開始	qa
マクロ登録を終了	q
レジスタ a のマクロを再生	@a

テキストオブジェクト

以下は v（選択）、c（変更）、d（削除）などのオペレータに続いてタイプすることで作用します。
例：vib で（から）の内側を選択、dit で HTML タグの内側を削除

対象	操作
単語	iw, aw は終端の空白を含む（例：vaw, caw）
空白区切りの単語	iW, aW は終端の空白を含む
(から)	ab, a(, a)、内側は ib, i(, i)
{ から }	aB, a{, a}、内側は iB, i{, i}
[から]	a[, a]、内側は i[, i]
< から >	a<, a>、内側は i<, i>
<xxx> から </xxx> のようなタグブロック	at、内側は it
クォート	a", a', a`、内側は i", i', i`
文	is, as は終端の空白を含む
段落	ip, ap は終端の空白を含む

コマンドモード

挿入操作

レジスタ a の中身を貼り付け	CTRL-r a (CTRL-r + でクリップボードからペースト)
編集中カーソル下の単語	CTRL-r CTRL-w (CTRL-r CTRL-a で空白区切りの単語)
編集中カーソル下のファイル名	CTRL-r CTRL-f

特別文字

現在のファイル名	% (例：:w % .bak で .bak を付けてファイルをバックアップ)
編集中の別のファイル	#
N 番目の別のファイル	#N
すべての引数（オプション以外、空白区切り）	##

Vim CHEAT SHEET By mattn

ファイル・バッファ操作

操作	キー	コマンド名
Emacs 終了	C-x C-c	save-buffers-kill-terminal
ファイルを開く	C-x C-f	find-file
読み込み専用でファイルを開く	C-x C-r	find-file-read-only
バッファ一覧を出す	C-x C-b	list-buffers
バッファをセーブする	C-x C-s	save-buffer
複数のバッファをセーブする	C-x s	save-some-buffers
別の名前でバッファをセーブする	C-x C-w	write-file
バッファ切り替え	C-x b	switch-to-buffer
ファイルを挿入	C-x i	insert-file
バッファを削除	C-x k	kill-buffer
dired を開く	C-x d	dired

カーソル移動

操作	キー	コマンド名
前の文字へ	C-b	backward-char
次の文字へ	C-f	forward-char
前の行へ	C-p	previous-line
次の行へ	C-n	next-line
行頭へ	C-a	move-beginning-of-line
行末へ	C-e	move-end-of-line
前の文へ	M-a	backward-sentence
次の文へ	M-e	forward-sentence
前の単語へ	M-b	backward-word
次の単語へ	M-f	forward-word
前の画面へスクロール	M-v	scroll-down-command
次の画面へスクロール	C-v	scroll-up-command
現在位置を調節	M-r	move-to-window-line-top-bottom
後方検索	C-r	isearch-backward
前方検索	C-s	isearch-forward

改行・インデント・整形

操作	キー	コマンド名
改行	C-m	newline
行頭の非空白文字へ	M-m	back-to-indentation
インデント	C-i	indent-for-tab-command
改行後インデント	C-j	electric-newline-and-maybe-indent
コメントで改行	M-j	indent-new-comment-line
範囲をインデント	C-x TAB	indent-rigidly
スペースやタブを挿入して整形	M-i	tab-to-tab-stop
段落を整形する	M-q	fill-paragraph

挿入・削除

操作	キー	コマンド名
空行を開ける	C-o	open-line
現在位置の文字を削除	C-d	delete-char
特殊文字入力	C-q	quoted-insert

コピー&ペースト

操作	キー	コマンド名
現在位置をマークする	C-SPC	set-mark-command
現在位置をマークする	C-@	set-mark-command
現在の段落をマークする	M-h	mark-paragraph
バッファ全体をマークする	C-x h	mark-whole-buffer
特定の文字までカット	M-z	zap-to-char
範囲をカット	C-w	kill-region
1行カット	C-k	kill-line
現在の単語をカット	M-d	kill-word
現在の文をカット	M-k	kill-sentence
範囲をコピー	M-w	kill-ring-save
貼り付け	C-y	yank
以前カット・コピーした内容を貼り付け	M-y	yank-pop

大文字化・小文字化

操作	キー	コマンド名
現在位置の単語を capitalize（大文字で始める）	M-c	capitalize-word
現在位置の単語を小文字に	M-l	downcase-word
現在位置の単語を大文字に	M-u	upcase-word
範囲を小文字化	C-x C-l	downcase-region
範囲を大文字化	C-x C-u	upcase-region

入れ替え

操作	キー	コマンド名
文字を入れ替える	C-t	transpose-chars
単語を入れ替える	M-t	transpose-words

ウィンドウ操作

操作	キー	コマンド名
現在のウィンドウを消す	C-x 0	delete-window
現在のウィンドウ以外を消す	C-x 1	delete-other-windows
ウィンドウを上下分割	C-x 2	split-window-below
ウィンドウを左右分割	C-x 3	split-window-right
次のウィンドウを選択	C-x o	other-window

プレフィクス

操作	キー	コマンド名
汎用プレフィクスキー	C-c	mode-specific-command-prefix
標準コマンド用プレフィクスキー	C-x	Control-X-prefix
カーソル移動補助用プレフィクスキー	M-g	Prefix Command
色付け関係のプレフィクスキー	M-o	facemenu-keymap
ヘルプ用プレフィクスキー	C-h	help-command

中断・やりなおし・繰り返し

操作	キー	コマンド名
コマンド中断	C-g	keyboard-quit
やりなおし	C-_	undo
やりなおし	C-/	undo
やりなおし	C-x u	undo
再帰編集を中止する	C-]	abort-recursive-edit
直前のコマンドを繰り返す	C-x z	repeat

情報取得

操作	キー	コマンド名
現在位置の情報を表示する	C-x =	what-cursor-position
行数を数えて表示する	C-x l	count-lines-page

その他

操作	キー	コマンド名
コマンド名を指定して実行	M-x	execute-extended-command
再描画	C-l	recenter-top-bottom
前置引数	C-u	universal-argument
負の前置引数	C--	negative-argument
アイコン化する	C-z	suspend-frame
入力方式の切り替え	C-¥	toggle-input-method
現在位置直前のEmacs Lisp 式を評価	C-x C-e	eval-last-sexp
読み込み専用フラグをトグル	C-x C-q	read-only-mode
現在位置とマークを入れ替え	C-x C-x	exchange-point-and-mark

キー作法

Emacsの基本はキーボード操作であり、そのための簡潔な表記法が用意されています。この表記法はキーバインドの設定にも使えるので慣れておいてください。
C-●は[Ctrl]を押しながら●を押します。M-●は[Alt]を押しながら●を押す、あるいは[ESC]を押したあと、●を押します。C-M-●は[Ctrl]と[Alt]を押しながら●を押す、あるいは[ESC]を押したあと[Ctrl]を押しながら●を押します。

プレフィクスキー

C-xなどはプレフィクスキーといい、複数回の打鍵でコマンドが発動します。C-xを押した直後は次のキー入力を待っています。たとえばC-x C-fはC-xを押したあとC-fを押すことでファイルを開くコマンドが実行されます。プレフィクスキーのおかげで多数のコマンドをキーに割り当てることが可能になります。また、プレフィクスキーのあとにC-hを押せばそのプレフィクスキーから始まるコマンドを列挙します。

Emacs CHEAT SHEET By るびきち

第1章

エンジニアはなぜエディタにこだわるのか？

Vim と Emacs

Vim と Emacs はともに IT エンジニアに愛用され続けているエディタですが、どちらも「使いこなせば便利だが、使いこなすまでが難しい」と言われます。本特集では各エディタの熟練者に Vim/Emacs を使う利点、習熟するためのノウハウ、お勧めの機能などを紹介してもらいました。著者各人のエディタに対するこだわり満載でお届けします。

CONTENTS

1-1 職人が道具を選ぶように
使っているエディタにこだわりを持っていますか 2
井上 誠一郎

1-2 どの環境でもいつもどおりに使う！
インフラエンジニア視点の Vim 入門 6
馬場 俊彰

1-3 すべてのコマンドを知ることから始まる
Vim 熟練者への道 12
早川 真也

1-4 適材適所で使いこなせ！
Vim プラグイン 108 選 19
daisuzu

1-5 達人に聞く
Emacs 入門者がまず学ぶべきこと 24
太田 博志

1-6 Emacs シーン別
究極のカスタマイズに迫る 34
るびきち

Appendix エンジニアのもう1つの仕事道具
一流プログラマはキーボードにもこだわる 47
濱野 聖人

1-1

職人が道具を選ぶように
使っているエディタに
こだわりを持っていますか

一流エンジニアほど自分が使うエディタにこだわりをもっています。しかもその多くがVimやEmacsです。高機能で使いやすいIDE(統合開発環境)がいくらでもあるこの時代に、なぜエディタなのか？ なぜVimとEmacsなのか？ 本稿ではその理由を探るべく、エディタの必要性について考えます。

アリエル・ネットワーク㈱／㈱ワークスアプリケーションズ
井上 誠一郎　INOUE Seiichiro
inoue@ariel-networks.com / inoue_se@worksap.co.jp

 VimとEmacsは難しいのか？

使うだけなら簡単

　この春、入学や就職で新生活を始めた人たちも、そろそろ落ち着いてきたころでしょうか。読者の中には興味本位で本誌を手に取った人もいるかもしれません。今回の特集のタイトルは「VimとEmacs」です。どちらもUNIXの世界の有名テキストエディタ(以下エディタ)です。熟練者が使う難しいツールと聞いているかもしれません。事実、どちらもツールとしては難しい部類です。学校の授業や会社の研修で難しい概念や大量のキーワードで頭がパンクしそうな人は、これ以上新たに学ぶのはもう結構だと思うかもしれません。しかし難しそうだからとパスする前に、少しだけ読み進めてみてください。

　ツールとしては難しいと書きました。あくまでツールとしてはです。プログラミングに比べればずいぶん簡単です。少なくとも単に使うだけであれば、慣れだけの世界です。頭ではなく身体の世界です。難しく考えないでください。しょせんエディタです。ただのツールです。高尚なものだと思う必要はありません。

簡単な理由

　「プログラミングに比べて簡単」と書いた理由を書きます。

　システムを理解するには、ある種の抽象アプローチがどこかで必要です。抽象アプローチとは個別の事象の積み上げをトップダウンに把握して全体を見渡す視点です。これはプログラミングでも同じです。各論を単に記憶するだけで、その背後に存在する共通性や規則に目が行かなければ、単に見たことのある問題が解けるだけで応用が利きません。

　一方、エディタはただのツールですので、このようなトップダウンの理解がなくても使えます。使うだけなら各操作を覚えていけばいいだけだからです。

本当は難しい

　もしVimとEmacsが操作を覚えて使えればいいだけのツールであれば、両者とも歴史の中で消えていたかもしれません。VimとEmacsの価値は、本気で取り組めばシステムとして理解して使いこなせる点にあります。2つのエディタは、各操作の背後にある一貫性やアーキテクチャを理解すると学習曲線がはねあがります。エンジニアから長く愛されてきた理由がここにあります。

　この理解は簡単ではありません。簡単と言ってだます気もありません。個別の事象から規則を学び、学んだ規則をもとに応用するのはけっして簡単ではないからです。これはどんなシス

テムにも当てはまります。プログラミングの理解でも同じです。そしてVimとEmacsの本当の習熟にも当てはまります。

学ぶ価値はあるのか？

VimもEmacsも習熟には時間がかかります。前節に書いたように本当の習熟はけっして簡単ではありません。このため、時間をかけて学ぶ価値があるかが大事な問いかけになります。暇でしかたのない人ならともかく、この記事はそれなりに忙しい人を想定して書いています。そんな人にとって、時間をかける価値があるかを決めるのは重要な話です。

「学ぶ価値はあります。信じてください。宗教のようなものです」と書いてもいいのですが、もう少し冷静に書いてみます。

価値の判断基準

まず自分にエディタが必要かどうかを判断してください。周りの誰かから「エディタぐらい使えて当然」と言われたかもしれませんが、冷静に判断してください。もしかしたら必要ないかもしれません。時代は変わります。エディタをそれほど必要としない人なら、今、無理にVimやEmacsの習熟に時間をかける必要はありません。必要になったときに学べばいいのです。

自分にエディタが必要だと判断した人はどのエディタにするかの選択が待っています。VimやEmacs以外も視野にいれていいと思います。時代は変わるからです。

選択に関する提案をしようと思います。

もしあなたがエンジニアでかつエンジニアを長く続けたいなら、システムとして理解できるエディタを勧めます。

本質的に面倒なことや複雑なタスクをこなすためには、長期的に見て応用力がないと苦しくなります。長くエンジニアを続けていると、前提条件や技術要件が変わるたびに未知の課題に直面します。もし応用力がなければ、タスクごとに個別の解決方法を記憶したり毎回ゼロから調べたりする必要があります。このアプローチは長期的には損失です。長くエンジニアを続けたいなら、ツールをシステムとして理解して、未知の課題に応用できるスキルを身につけるべきです。このようなツールの習熟は自分への長期投資になります。VimとEmacsはこの長期投資に耐えられるツールです。

少し敷居を上げ過ぎたかもしれません。どんなツールでも最初は単に身体で慣れるだけで十分です。最初から難しく考えていると疲れるだけです。

 ## ツール（道具）選び

ツールの習熟

名著『達人プログラマー』[注1]アンドリュー・ハント、デビッド・トーマス 著、村上 雅章 訳『達人プログラマー──システム開発の職人から名匠への道─』に「パワー・エディット」という節があります。この中で「強力なエディタをひとつ選び、それに習熟すること」を勧めています。コードを書くときだけではなく、文書やメールを書くとき、あるいはシェルのコマンドライン編集も同じキーバインドにするように勧めています。そうすれば合理的で効率的というわけです。本の記述はEmacs一択とまでは言いきっていませんが、行間にそう漂わせるくだりになっています。

「ほら見ろ。やはりEmacsが最高だ」と言いきってもいいのですが、Emacsで思考停止になるのは考え物だと思うので言い切ることはしません。この本から学ぶことは、強力なツールとそれへの習熟の重要さです。

注1）アンドリュー・ハント、デビッド・トーマス 著、村上 雅章 訳『達人プログラマー──システム開発の職人から名匠への道─』（ピアソン桐原、2000年、ISBN978-4894712744）

第1章 エンジニアはなぜエディタにこだわるのか？ VimとEmacs

普段使いのツール

　ITの業務はさまざまです。普段はもっぱらExcelやPowerPointと格闘するのが仕事だという人もいます。そういう人はExcelやPowerPointの操作を極めるのが正しい姿です。無理にエディタを使うのが正しいとは思えません。自分自身はUNIXで育った人間ですのでテキストファイルの力を信じていますが、この業界のすべての職種がテキストファイルだけで完結するとは思っていません。自戒を込めて言いますが、エンジニアはもう少し他職種や他ツールに寛容であるべきだと感じています。

　普段エディタを使う必要のない人は、たとえ書籍や記事でVimやEmacsのキーバインドを覚えたつもりになっても、使わないうちに忘れます。ツールは使いこなしてこそ価値があります。めったに使わないツールの習熟に時間を使うぐらいなら、普段よく使うツールに習熟したほうが合理的です。

　一方、テキストファイルと向き合う時間が大半という人がいます。代表的な職種がプログラマです。プログラムのソースコードはたいていテキストファイルだからです。ここでは、スクリプトなどを書く機会の多いシステム管理者などもひっくるめてプログラマとします。大半の時間をテキストファイルに向き合う人にとって、テキスト編集作業に特化したエディタの操作に習熟するのは合理的です。

エディタはプログラマ専用ツールか？

　エディタの話をする時、プログラマのためのツールで話が終わりがちです。しかしプログラマ以外でもエディタを有効活用できる人がいます。日常の業務の中で文書作成のためにPCを使う人たちです。

　この手の人の多くは、Microsoft Word（以下Word）やWebブラウザのテキストフォームにテキストを打ち込んでいるかもしれません。Webブラウザのテキストフォームをおもに使う人であれば迷わずエディタに乗り換えることを勧めます。現時点に限れば、Webブラウザのテキストフォームのテキスト編集機能の機能不足は明らかです。エディタの簡単な操作を覚えるだけですぐに効率が上がるはずです。一方、Word利用者の場合、話はそう単純ではありません。WordにはWordなりの存在価値があるからです。

　昔から、Wordのような文書生成ツール（昔ふうに言うならワープロソフト）とエディタは比較されてきました。エディタ派の多くは、Word利用者を蔑みエディタに乗り換えるべきと主張してきました。このときの根拠として、エディタのほうが軽いからと主張する人がいます。あるいは、エディタはレイアウトや装飾など余計な機能がないから良い、と主張をする人もいます。個人的にこれらの根拠は支持できません。ツールの軽さを選択の根拠にするなら、十分に良いマシンのもとではエディタを使う必然性がなくなります。また、余計な機能は使わなければいいだけで、機能過多を使わない理由にするのは妥当とは思えません。

　無根拠にWordを否定するのは変な話です。しかし惰性でWordを使っているだけの人の中にはエディタを適宜使い分けることで幸せになれる人もいるはずです。その根拠を次に述べます。

マウスの限界

　VimやEmacsを学ぶ価値があるかどうか判断するとき、そもそも自分にエディタが必要かどうかを知る必要があると最初に書きました。これは言うほどやさしいことではありません。なぜなら今使っていないものが自分に必要かどうかを知るには、鶏と卵の問題があるからです。わかりやすいたとえで、今、スマートフォンを使っていない人を考えてみます。使っていないとき、自分にスマートフォンが必要かを判断できる人はあまりいないのではないでしょうか。できたように見える人も、実はほかの要因（感

職人が道具を選ぶように
使っているエディタにこだわりを持っていますか

情や外部要因)で要不要を判断した場合が多いはずです。

エディタが必要かどうかを判断するわかりやすい指標を1つ提案しようと思います。それは、日常タスクの中でマウスの操作効率に対して疑問を持つことがあるかどうかです。

マウスは単機能で高性能なデバイスです。画面上のポイントを指示する役割においてキーボードより優れたデバイスです。最近の人であれば、PCに初めて触ったときからマウスのある風景が日常だと思います。このため疑いなくマウスを使ってきたと思います。

しかしPCに向き合う時間が増える中、マウスが自分の操作の足かせになっていると感じる場面がなかったでしょうか。もっとすばやく操作したいのにマウス操作が足かせになっていると感じたことはないでしょうか。

「ない」と言える人はおそらくエディタが(まだ)必要のない人です。少しでも「ある」と思った人はエディタに習熟することで感じている壁を突破できる可能性があります。

この記事は、押しつけや強制をなるべくしないようにと思って書いています。自分の頭で考えたほうがよいと思っているからです。しかし、マウスとキーボードの操作効率の上限の差は否定しようもないほど明らかです。どう考えてもキーボードの操作効率の上限はマウスのそれを上回ります。その対価として習熟コストは増加しますが、日常の中でマウスの効率性に疑問を感じたことのある人なら苦労に見合う効果を得られるはずです。

キーボードのこだわり

エディタを使いこなしたいなら、キーボードでエディタを操作する方法を知ってください。読者の中にはキーボードは文字を入力するためのもの、マウスはアプリケーションを操作するためのものと思っている人がいるかもしれません。キーボードでのアプリ操作は難しいと思うかもしれませんが、できます。最初の敷居は高いですが挑戦する価値があります。

未来永劫、キーボードがベストとはまでは言いきりません。画期的な発明が現れる可能性がゼロではないからです。個人的には、これから短く見積もっても10年は、操作効率の上限の点でキーボードを凌駕するデバイスは現れないと思っています。予想が外れたらごめんなさい。

エディタの価値

マウス操作の効率性に疑問を抱くときはどんなときでしょうか。それは画面におさまりきらない分量のテキストを扱うときだと思います。ここにエディタの本当の価値を知るヒントがあります。

エディタを使いこなせば画面に見えていないテキストを扱えます。エディタを使いこなす人の作業が速い秘密がここにあります。

画面がいくら広くなっても一度に表示できるテキストの量には物理的な限界があります。画面の表示領域以上の分量のテキストを扱えて初めて、操作効率のブレイクスルーが起きます。

マウスの操作効率に疑問を抱いたとき、実は画面領域の制約への不満も同時に持っているはずです。その不満はチャンスです。自分はプログラマでないからエディタとは無縁だと思っていた人も、もしこの不満があるならエディタで便利になれる可能性があります。エディタの利用を検討してみてください。

 ## 本特集について

次からの記事では、VimとEmacsの達人がそれぞれのエディタの学び方を解説します。入門編と上級編にわけて紹介します。

入門編では実用的な視点で今日すぐにでも始められる話をします。それを受けて上級編では熟練者へ向けての心構えや今後何を学ぶべきかの指針を示します。 **SD**

1-2 どの環境でもいつもどおりに使う！
インフラエンジニア視点のVim入門

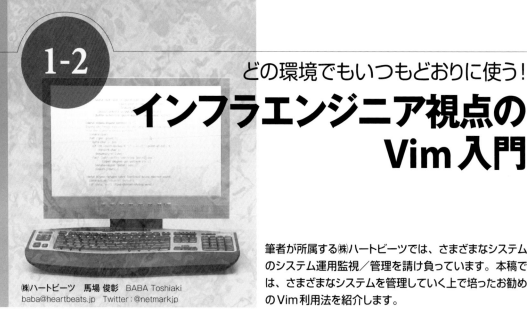

㈱ハートビーツ　馬場 俊彰　BABA Toshiaki
baba@heartbeats.jp　Twitter：@netmarkjp

筆者が所属する㈱ハートビーツでは、さまざまなシステムのシステム運用監視／管理を請け負っています。本稿では、さまざまなシステムを管理していく上で培ったお勧めのVim利用法を紹介します。

すべてのツールは人が楽をするために使うべし

エディタはファイル編集ツールです。がんばればいろいろなことができますが、今回は基本かつシーンが最も多いテキスト編集にフォーカスしていきます。数多(あまた)ツールはありますが、ことエディタはキーボードの次くらいに利用するシーンが非常に多いと思います。エディタでの操作が楽になれば、それだけ私たちの人生も少し楽になるはずです。

なぜVim？

エディタは手作業でその場限りのテキスト編集をするためのツールです。手作業は手軽ですが、非常に手間も時間もかかりミスの可能性も高い非常にリスキーな作業です。このリスキーな作業をいかにこなして楽に目的を達成するかが大切です。エディタをうまく使うことで楽に生きられるようになりましょう。

ただし使いこなそうと意気込む必要はありません。ツールは楽をするためのものなので、ツールを使いこなすことが主眼になってしまっては本末転倒です。少しずつ知識を増やすことで、少しずつ楽になっていきましょう。

弊社ではLinuxサーバを大量に取り扱っています。サーバにインストールされているエディタの定番はvi(Vim)／Emacs／nanoあたりですが、CentOS／Debianどちらでも利用できるのはやはりvi(Vim)です。CentOS 6.2もDebian 6もviコマンドでVimが起動します。

どの環境でも使えて慣れられる→ハードルが低い

最初に覚えておくべきショートカットと、その利用シーンをおさらいしておきましょう[注1]。

まず最初に、何はなくとも終了のしかただけは覚えてください。終了のしかたさえわかれば何も怖くありません。

[ESC] を2～3回連打して「:q!」

Vim事始め最大の壁、モード

Vimにはモードという概念があります。カーソル移動ができる「ノーマルモード」が基本ですが(表1、2)、そのほかにテキスト編集ができる「挿入モード」、テキスト選択ができる「ビジュアルモード」、検索や置換などができる「コマンドラインモード」があります。

最初のうちは、コマンドラインモードはおまけみたいなものなのでまずは「ノーマルモード」

注1) 本稿では意図的に紹介するショートカットの数を少なくしています。同じ動作を実現するための操作がいくつかあることが多いので慣れてきて気が向いたら効率の良い使い方を調べてみてください。

「挿入モード」「ビジュアルモード」を使えるようになりましょう。

ノーマルモードでキー入力することによりモードを変更できます。ノーマルモードに戻る場合は前述のとおり ESC を連打してください。

なお、モード切り替えなどノーマルモードでの操作の際は日本語入力のIMEがOFFになっている必要があります。MacはIMEのON/OFFがトグルではないので、「英数」キーを何度か押してから操作をする癖を付けると楽ですよ。Linuxの場合、SCIMを利用するとMacのようにトグルではなくON/OFFのキーを固定できます。Windowsの方は……筆者はいい方法を知りませんので誰か教えてください。

続いてコマンドラインモードの基本操作を紹介します（**表3**）。コマンドラインモードは TAB で補完ができるので連打してみてください。たとえば「:qu」まで打って TAB を押すと、quで始まるコマンドを候補として表示してくれます。このあたりはbashと同じなので非常に覚えやすいですね。たとえば編集するファイルを指定する場合、ノーマルモードで「:edit file.txt」と入力します。

置換は少し複雑ですが、<RANGE>は%が全体なので最初はまるっと「:%s/<PATTERN>/<REPLACE>/」と覚えてください。これならよくある正規表現なので覚えやすいですね。

便利機能→人の負担が少ない→トラブルが少なくなる

この項ではVimを使う上でぜひ使ってほしい便利機能と使い方を紹介します。たいてい

▼表1　ノーマルモードでの基本操作

内容	キー
困ったとき（ノーマルモードに戻る）	ESC
テキスト編集（挿入モードに移行）	i （ビジュアルモードで矩形選択時は I （アイ））
テキスト選択（ビジュアルモードに移行）	文字選択：v 、行選択：V 、矩形選択：Ctrl + v
便利機能実行（コマンドラインモードに移行）	テキスト内検索：/ 、その他コマンド：:
カーソルを左に移動	h
カーソルを下に移動	j
カーソルを上に移動	k
カーソルを右に移動	l （エル）
カーソルを行頭に移動	^ ※正規表現と同じと覚えましょう
カーソルを行末に移動	$ ※正規表現と同じと覚えましょう
ページダウン（forward）	Ctrl + f
ページアップ（back）	Ctrl + b
カーソルのある文字を削除	x
選択部分をコピー（yank）	y
コピーしたテキストを貼り付け	p
元に戻す（undo）	u

▼表2　テキスト内検索

内容	キー
検索	/ に続いて検索対象文字列を設定（例：「/hoge」はhogeを検索）
次にマッチした個所へ移動	n
前にマッチした個所へ移動	N

▼表3　コマンドラインモードでの基本操作

内容	キー（今ノーマルモードの場合）
編集するファイルを指定	「:edit<パス>」（「:e<パス>」でも可）
新規保存	「:saves<パス>」（「:sav<パス>」でも可）
上書き保存	「:write」（「:w」でも可）
閉じる	「:quit」（「:q」でも可）
置換	「:<RANGE>substitute/<PATTERN>/<REPLACE>/」（「:<RANGE>s/<PATTERN>/<REPLACE>/」でも可）
いいから○○する	! （例：いいから閉じる「:quit!」）

第1章 エンジニアはなぜエディタにこだわるのか？ VimとEmacs

デフォルトでONになっていますが、もしONになっていない場合にはぜひ有効にしてください。

行選択／矩形選択で確実スピーディーに編集

前項で紹介しましたが、ビジュアルモードでのテキスト選択には3種類あります。

- 文字単位：v
- 行単位： V
- 矩形： Ctrl + v

テキストの一部分をコピー／ペースト／削除などする場合、意図したものを的確に選択できていることがぱっとみでわかると作業の精度／速度が格段に上がります。

行単位の選択は、たとえば図1のように複数行をまるごと操作するときに使います。今回はdummy-host1のVirtualHostディレクティブとdummy-host2のVirtualHostディレクティブの順番を入れ替えてみます。

また、矩形選択は図2のように使います。今回はログファイル名のdummyをpuppyに変えます。

▼図1　行単位の選択による複数行の操作

①dummy-host1のVirtualHostディレクティブを選択（カーソルをVirtualHostディレクティブの先頭に移動してVを押しjで複数行選択）

②コピー（yank）（y）

③カーソルを貼り付け先に移動（jなど）

④貼り付け（p）

⑤削除する部分を再度選択（Vなど）

⑥削除（x）

行選択や矩形選択を活用すると、設定ファイル編集の際の作業ミスが格段に少なくなります。たとえば特定のブロックをまとめてコメントアウトする場合なども1行ずつチマチマ作業しなくてよくなるのでぜひ活用してください。

シンタックスハイライト

Vimにはシンタックスハイライトの機能があります。シンタックスハイライトされていると括弧のとじ忘れなど設定ファイルの文法的なミスに気づくことができるため、必ず使いましょう。

シンタックスハイライトを有効にするためには、ノーマルモードで「:syntax on」してください。

どのようにカラーリングするかはfiletypeごとに指定されています。もしうまく指定できていないようなら手動で設定しましょう。たとえばApache設定ファイルの場合、ノーマルモードで「:set filetype=apache」することでApache設定ファイル用のシンタックスハイライトにできます。

行末で折り返さない

1行が長い設定ファイルを見るときやMySQLのtable statusを見るときなど、画面

▼図2　矩形選択を使った操作

①対象個所を選択する（Ctrl+vのあとにj、lなどで移動）

②削除（x）

③再度選択（Ctrl+vのあとにj）

④挿入モードへ（I）

⑤書く

⑥ノーマルモードへ戻る（ESC）

第1章 エンジニアはなぜエディタにこだわるのか？ VimとEmacs

右端で折り返ししたくないときもありますよね。そんなときにはノーマルモードで「:set nowrap」することで折り返しをなしにできます。

検索結果ハイライト

/で検索したときはマッチした個所にカーソルが移動しますが、カーソルがない部分もマッチした個所をハイライトしておいてくれるとわかりやすくて便利ですよね。

そんなときにはノーマルモードで「:set hlsearch」することで検索結果をハイライトできます。

うっかり半角スペースなどを検索して画面中がテカテカしてしまった場合は「:set nohlsearch」することで検索結果ハイライトを無効にできます。

ちなみに検索系だと、検索で大文字小文字を区別しないようにする「:set ignorecase」も便利です。

さらに便利に使うための操作のコツ

この項ではVimをさらに便利に使う上でぜひ使ってほしい便利な使い方を紹介します。知っているかいないかで楽さが大きくかわるのでぜひ使ってみてください。

テキスト入力補完

Vimは標準で単語補完ができます。設定ファイルの定型句や、プログラムの変数名を書くときに利用するとtypo（誤入力）がなくなりとても便利です。typoがなくなるということはコーディングミスが少なくなりトラブル・火消しの時間も短縮できますし何より気が楽で安心です。

挿入モードで数文字入力しCtrl+nで補完の候補がでます。あとはCtrl+n（next）とCtrl+p（previous）で候補を選択します（図3）。

▼図3　補完による入力例

①Lまで入力

②補完候補を出力（Ctrl+n）

③決定（そのまま続きを書く）

▼図4　単語検索の例

①検索したい単語にカーソルを移動

②*

カンタン単語検索

ノーマルモードで調べたい単語にカーソルを合わせて*（アスタリスク）を入力すると、単語単位でテキスト内を検索してくれます（図4）。動作としては、単語単位のテキスト検索＋hlsearchなので結果が非常に見やすく便利です。

コマンド／検索のヒストリバック

コマンドラインモードでは TAB 補完ができるというのは前項までで紹介しましたが、ヒストリバックもできるんです。コマンドラインモード（ノーマルモードで : か /）に切り替えたら、Ctrl + p で前回実行したコマンドが表示されます。以降は Ctrl + n と Ctrl + p で候補を選択できます。

検索や置換でトライ＆エラーを繰り返す場合などに重宝しますよ。

crontab編集でのVim

メンテナンスのために一時的にcrontabを編集して特定個所をコメントアウトすること、よくありますよね。そんなときは今まで紹介した矩形選択／編集を利用してください。でもcrontabコマンドでVimが起動しないとどうにもなりません。そんなときには環境変数EDITORを変更することでVimを利用できます。

.bashrcなどに「export EDITOR=vim」と書いてもいいですが、ファイルを変更せずともcrontabコマンド実行時に「EDITOR=vim crontab -e」とすることでVimが利用できます。

ウィンドウ分割

Vimはウィンドウを分割できます。分割したウィンドウには同じファイルを表示することもできますし、別々のファイルを表示することもできます（図5）。たとえばプログラムなどを書く際に、冒頭の定数定義部分を見ながら下のほうを編集することもできます。

ノーマルモードで「:split」することで画面を上下に分割できます。また「:vsplit」することで画面を左右に分割できます。

操作対象ウィンドウの移動は Ctrl + w（window）のあとに h j k l です。

 ## おわりに

本稿ではVimを便利に利用するための基本を紹介しました。今回掲載しきれなかった利用方法もまだまだたくさんあります。基本ができたら、ご自身の興味とニーズに応じて応用編に進んでみてください。

とはいえ、繰り返しになりますが、使いこなそうと意気込む必要はありません。自分が楽になるようにうまく使っていきましょう。 **SD**

▼図5 ウィンドウを分割したところ

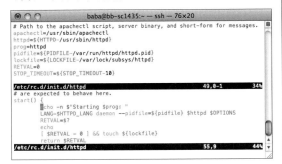

> **コラム 本当に繰り返すならエディタ外で**
>
> Vimを使うと、コマンドラインモードのヒストリバックなどをうまく使うことで作業の繰り返しが楽になります。しかしそもそもVimを使っている時点で不確実な手作業です。
>
> エンジニアならば複数回繰り返し実施する作業は自動化しましょう。実現の手段はPythonやPerlで書いたプログラムでも、sedやawkを駆使したシェルスクリプトを書いてもいいんです。

1-3 すべてのコマンドを知ることから始まる
Vim熟練者への道

ツルマウソフト 早川 真也 HAYAKAWA Shinya
http://tsurumau.com/　Twitter：@tsurumau

皆さんはどのくらいのVimコマンドを使いこなしていますか？ Vimは単機能のコマンドを組み合せることで効率的な編集ができます。知っているコマンドが多ければ多いほど、応用できる範囲も広がります。本稿ではその極意の一部を紹介します。その効果は手を動かしてみるとより実感できますので、ぜひ自らの手で記事中のコマンド入力を試してみてください。

Vimは習熟するに足るエディタか？

本稿ではある程度Vimを触ったことがある方を対象に、次の段階へ進むための方法を紹介します。Vimの華やかな機能よりも基本的なところに目を向けて、viを選ぶ理由から考察しました。

どのようなエディタであれ効果的に使うには習熟することが不可欠ですが、同時にどんなエディタであっても習熟することは可能です。今はエディタや統合開発環境（IDE）の選択肢も少なくありませんが、1つを選んだからには常に習熟しようと考えるはずです。

そういった対象にviはとてもよくマッチします。ここで少し習熟するとはどういうことか、なぜviが習熟するのに向いているのかを考えてみます。

viは英会話と同じ？

「習熟している」と言えるためには、ただコマンドやショートカットを多く知っているだけでなく、それらが常に使える状態でなければなりません。たとえば英会話のできる人は単語の意味がわかるだけでなく、実際の会話の中でコンテキスト（文脈）に応じて、さらに文法に沿って、単語を使い分けることを無意識のうちに行っています。viに習熟するにも単語（コマンド）を覚え、文法（ルール）に沿って、どんなコンテキストでも使えるよう、アクティブボキャブラリーを増やす必要があります。

viには十分なコマンドと、コマンドを活かすための（比較的）豊かなルールが存在します。それらを活用するには頭で理解するだけでなく、体で覚えることが重要です。

小さいコマンドで応用が利く

筆者が考えるviの優れている点は、粒度の小さいコマンドが充実しているというものです。ここでいうコマンドの粒度とは機能の複雑さを表します。たとえば1文字削除する x やカーソルを1つ移動する h は最も粒度が小さい部類に入りますし、! のような外部プログラムを介するコマンドは粒度が大きいと言えます。複数のコマンド列をmapで定義した独自コマンドや、プラグインで提供されるコマンドなども粒度は大きくなります。粒度が小さいほど適用範囲が広く、応用も利きやすくなります。コマンドは便利で高機能になるほど利用場面は限定されますし、文字入力時のタイピングと同じような速度で実行することも難しくなります。

viには単にカーソルを移動するためのコマンドがノーマルモードに限定しても50近くあります。それらは粒度の小さいものばかりで体で覚えるのにも向いています。

さらにすべての移動コマンドはルールに沿っ

て、c（置換）やd（削除）やy（ヤンク）あるいは!（外部コマンドと連係）といったコマンドと連係できます。Vimであればv やVやCtrl+V[注1]も移動コマンドを受け取りますし、そこからさらに:でコマンドモードへ連携させたりと、移動コマンドの周りを見ただけでもさまざまな応用が考えられます。

viを補完するVim

現在のVimは「Vi IMproved（viの改良）」と呼ばれるだけあって、かなり高機能です。開発者の作業をサポートする機能もIDEに負けないほどです。プラグインや独自に追加されたコマンドも多く、レジスタ、ジャンプリスト、そのほかいくつかのコマンドはオリジナルより洗練されています。便利な機能が多過ぎてヘルプを読み直すたびに衝撃を受けるほどです。

設定ファイルやスクリプトを書く程度でしたら、viの機能で十分なパフォーマンスを発揮できますが、十数以上のファイルを行ったり来たりしながら長時間に渡って編集するにはVimの機能も欲しくなります。

viを使いこなすには時間がかかり、慣れるまでは編集もままなりません。そういった使い初めにある問題もVimは改善してくれます。

ですが、本来viには編集に関して必要十分な機能が備わっています。以後の解説で本当は使えるviの機能を実際にどのように使ったらよいかを紹介します。

エディタはVimを前提としviにない機能も明記せずに解説しています。

もうチートはいらない！
移動を極める初めの一歩

まずはすべてのコマンドを知る

viには無駄なコマンドがないというのも特筆すべき点です。筆者は初めにa、i、h、j、

k、l、ESCと、いくつかのコマンドだけを覚えて使い続けてしまったため、矯正に非常に苦労しました。A（行末に文字を挿入）で済むところを「$a」（行末に移動→カーソルの後に文字を挿入）としたり、I（行の最初の非空白文字の直前に文字を挿入）で済むところを「^i」（行の最初の非空白文字に移動→カーソルの直前に文字を挿入）とするような遠回りする癖がついていたのです。すべてを身につけてから使い始めるのは無理がありますが、コマンドの存在だけは早めに知っておいて、使えなくても「遠回りしている」という認識があると効率よく習得できるのではないかと思います。

Vimコマンドまで範囲を広げるとすべてを把握するのも難しくなりますので、やはり最初はviに絞るのがちょうどよいと感じます。

移動を極める

ここ数日の自分の作業を振り返ってみても、移動コマンドはほぼすべて使っています。そこで基本とも言える移動コマンドをノーマルモードに絞って紹介します。カーソルの動きをイメージして、どういった動きができるかを把握することが大切です。

移動ができればviの半分はマスターしたと言えます。残り半分については詳しく取り上げませんが、カーソルを自在に移動できるようになるとviの楽しさが見えてきます。きっとすべての機能をマスターしたいと思うようになるはずです。

■行をまたぐ移動

「gg」は最初の行へ、Gは最終行へ移動します。count指定でその行番号へ移動しますので、プログラムエラーなどで特定の行へ移動したいときにも使えます。これらを使う際は「:set nu」（行番号を表示）やCtrl+G[注2]の情報も役に立つでしょう。また、エラー行へのジャンプを自動

注1） ビジュアルモードに移行。vは文字指定、Vは行指定、Ctrl+Vは矩形指定。

注2） 現在のファイル名とカーソル位置が表示される。

第1章 エンジニアはなぜエディタにこだわるのか？ VimとEmacs

化するしくみもありますので詳しくは「:he quickfix」を参照ください。

■ **上下と真ん中への移動**

[H]、[L]はそれぞれ画面の最上行、最下行への移動です。count指定で端から何行目かを調節できるので、大ざっぱに画面の上方、下方へ移動すると覚えましょう。筆者もよく使います。そして画面の真ん中あたりに飛びたいときは[M]です。

■ **検索**

検索（任意の文字列への移動）は[/]、[?]のあとに検索語を指定します。[n]、[N]で次へ、前へと検索を繰り返します。検索したい単語がカーソルのそばにあれば[*]、[#]（カーソル位置の単語で検索）を使えば、検索語の入力なしで済みます。

検索文字列には正規表現が使えますが方言や独自の拡張も多くあります。詳しくは「:he pattern」などを参照ください。

■ **効率的な移動のために適度な空行を**

[(]、[)]、[{]、[}]は本来パラグラフやセンテンス単位での移動ですが、英文ではなくプログラムの編集が主であれば、空行を境とする移動と考えて差し支えないでしょう。ソースコードに適度な空行を入れるのは、読みやすさのためだけでなく、これらのコマンドを活用できるようにするという意味もあります。

■ **関数単位での移動**

「[[」、「][」、「]]」、「[]」は{で閉じたブロック単位での移動に使えます。C言語ライクな文法であれば関数定義を境に移動します。ただしデフォルトでは{が行頭にないと認識されません。mapで解決する方法もありますし、Javaライクな文法でのメソッド定義に対応したコマンドもあります。バリエーションが豊富ですので自分のスタイルに合わせて覚えると良いでしょう。

「:he motion」は早めに目を通しておきたいマニュアルの1つです。

また、[%]は対応する括弧へ移動します。「:set mps+=<:>」をしておくと、＜や＞も括弧として認識します。ほかにも拡張がなされていますので詳しくは「:he %」を参照ください。

■ **行単位の移動**

[j]、[k]と似たものに[+]、[-]、[Enter]があります。ともに上下の行に移動するコマンドですが、違いはカーソルが行の最初の非空白文字へ移動するかどうかです。「j^」、「k^」（上下の行に移動→行の最初の非空白文字に移動）としていたら[+]、[-]、[Enter]で置き換えましょう。

[Enter]の場合、カーソル位置が必ず行頭の最初の非空白文字にきます。それによりカーソル位置が[j]よりも安定するため、「<Enter>;.<Enter>.; ……」のような応用も利きますし、[q]（コマンドの記録）をする際も[Enter]で区切っておくと行単位での繰り返しが可能になります。

たとえば次のようなテキストがあるとします（カーソルは1行目の1番左にあるとします）。

```
Foo,Bar
Foo123,Bar1
Foo45,Bar2
```

これを次のような状態にするには、「qqf,s => '<C-[>A',<C-[><Enter>q」のように記録すれば、2、3行目は「@q」、「@@」と繰り返すことができます（<C-[>は[Ctrl]+[[]を表す）。

```
Foo =>'Bar',
Foo123 =>'Bar1',
Foo45 =>'Bar2',
```

■ **マークで移動**

[m]でマークした場所は、[`]や[']でどこからでも移動できるようになります。これも[`]がマークした場所に移動するのに対し、[']はマークした場所の行の最初の非空白文字へ移動するという違いがあります。

編集コマンドは単独の移動しか受け付けませ

んので、今まで見てきたコマンドで移動できなければ、マークを使うのが手っ取り早いです。たとえば現在位置を「ma」でマークしておいて、あとは好きなだけジャンプしてから「d'a」とすることで、カーソルのある行からマークした行までの範囲を削除することができます。

また、マークやジャンプを伴う移動を行うと、直前にカーソルがあった場所が記憶されるので、それらは「''」、「``」でアクセスできます。離れた場所を行ったり来たりするのにも使えます。これもバリエーションが豊富ですので詳しくは「:he mark-motions」を参照ください。

■ **小さな移動**

これまでは比較的大きな移動を行うコマンドを紹介しましたが、残りは小さな移動、行を超えない移動を見ていきます。

行の先頭と末尾に移動するのがそれぞれ `0` と `$` です。`^` は行の最初の非空白文字へ移動します。「$a」、「^i」については前述しましたが、「d$」と「c$」(カーソル位置から行末までを削除。「c$」はその後、挿入モードに移行)としないようにも注意しましょう(それぞれ `C`、`D` が対応します)。

ちなみに、ファイルの最初の行と最終行への移動であればそれぞれ「gg」と `G`、画面の最初の行と最終行への移動であればそれぞれ `H` と `L` です。この「gg」と `G` や、`H` と `L` の対応を、行に縮めたものが `0` と `$` と考えると覚えやすいかもしれません。

`l`、`h` は左右へ移動します。`l` の代わりに `Space` も使えますので好みで選びましょう。たとえば1文字ヤンクするには「yl」、「y<Space>」のどちらでも可能です。

count指定すると `l` と `h` は相対的な移動になるのに対し、`|` は絶対的なカラム位置へ移動します。1行が折り返すほど長い場合は、`|` で行頭から何文字目かを当たりをつけて移動することもありますし、「gj」、「gk」で上下に移動してから `h`、`l` で左右に移動して調整したほうがよいこともあります。

`w` と `W` (次の単語の先頭に移動)、`b` と `B` (前の単語の先頭に移動)、`e` と `E` (次の単語の末尾に移動)は単語単位の移動です。ただし `W`、`B`、`E` は記号や句読点を無視します。たとえば図1のようになります。とくに記号が多いプログラムの場合 `w`、`b`、`e` だけでは厳しいので `W`、`B`、`E` も活躍します。

`f`、`F`、`t`、`T` は、カーソルを合わせたい場所の文字を直接指定して移動するコマンドです。これほど直感的な移動であっても習得には時間がかかった記憶があります。毎回 `0` と合わせて使うなら、`f`、`t` (右方向にある任意の文字へ移動)のみでもよいのですが、使用頻度が高いだけにできれば `F`、`T` (左方向にある任意の文字へ移動)も身につけておきたいです。検索での `n`、`N` 同様に `;`、`,` で繰り返し同じ文字をたどります。

編集操作は移動の応用

以上がノーマルモードでの移動に関するviコマンドとプラスαです。けっして少なくはありませんが、思ったよりも多くはないと感じませんか? 実際にすべてのコマンドを試しても1時間はかからないはずです。体で覚えるまでは相応の時間がかかりますが、あとは少しずつ身につけていくだけです。

そしてこの50近い移動コマンドの1つ1つが `c`、`d`、`y` といったコマンドと連携できます。さらに `!`、`=` (インデントの調整)、`>` (設定された幅分右へシフト)、`<` (設定された幅分左へシフト)や、ヴィジュアルモードの `v`、`V`、`Ctrl` + `V` を加えると、覚えた移動コマンドで

▼図1 `w`、`W`、`b`、`B`、`e`、`E` の移動の違い

```
w b  function range(start, stop) {
W B  function range(start, stop) {
 e   function range(start, stop) {
 E   function range(start, stop) {
```

第1章 エンジニアはなぜエディタにこだわるのか？ VimとEmacs

数百通りの操作が可能になります。これが「文法」の強みです。「ct」、「cf」、「dw」といったよく使うものから熟語として覚えつつ、「xp」、「ddp」のような慣用句も身につけていけるとよいでしょう。

文字列を削除したあとに挿入モードに移行する c が大活躍しますので、挿入モードへ遷移するコマンドである a 、 i が使われることは意外と多くありません。「何もせず」挿入モードに遷移するよりは、何らかの移動や処理をしてから遷移する A 、 I 、 s 、 c 、 o 、 O のほうが使い出がありますし、「gi」（最後に挿入モードが終了した場所に移動）のようにviを加速するVimのすばらしいコマンドもあります。

効果的なキー操作のために

viの機能から少し離れて、物理的なキーボード操作に注目します。

ESC か Ctrl + [か

ノーマルモードへ戻るコマンドには ESC と Ctrl + [の2通りありますが、どちらが押しやすいというものではありません。挿入モードで残り数タイプが右手のみで終わるなら、自然と左手は ESC へ向かいます。ホームポジションを維持したままコマンドを打ち続ける場合は Ctrl + [で済ませます。キーボードによっては物理的に押しにくい配置で選択の余地がない場合もあるようですが、そうでなければ上手に使い分けたほうがより効果的です。

右 Shift も使う

それほど頻度は多くないものの、左手が立て込んだときに自然と右 Shift キーを使えると入力が少し楽になります。 Shift キーは左だけで済ませているという方でも、しばらく意識するだけで慣れると思います。これもキーボードによっては物理的に押しにくい場合がありますので、できれば右 Shift キーが十分に大きいものを選びたいです。

Ctrl キーの押さえ方

Ctrl キーは A キーの横に配置するというスタイルも多いようですが、筆者はあえて左下です。キーを押すときの方法はシンプルで、小指の付け根がちょうど Ctrl キーの上に来るようホームポジションに構えます。あとはそのまま付け根で Ctrl キーを押さえるように手を沈めるだけです（写真1）。

初めは押しにくくて何かの冗談かと思いましたが、そのまま使い続けると指で Ctrl キーを押すよりも効率がよく負担も少ないことに気づきました。 Ctrl キーを押さえている間もすべての指が自由ですので、指が実質6本に増えるイメージです。Vimユーザに限らずお勧めします。

ある程度キーの高さが必要なため、パンタグラフ式のキーボードでは一工夫が必要です。筆者は Ctrl キーの上に段ボール片を貼り付けることで解決しました。

ちなみに写真のキーボードは「Das Keyboard Model S Ultimate Silent」でCherryの茶軸MXキースイッチを使用しています。個人的に黒軸が好みですので今は2つを使い分けています。

▼写真1 Ctrl キーは小指の付け根で押す

さらなる高みを目指して

基本はノーマルモード

「viには複数のモードがあるので混乱する」というのはよくある誤解の1つです。基本的にどんな操作のあとでもすぐにノーマルモードへ戻るので迷うことはありません。よほどの長文を入力しているか、exを起動しているなら別ですが、そうでなければ常にノーマルモードで過ごすようにしましょう。本当に迷ったときは ESC あるいは Ctrl + C で済みます。

数字キーを使いこなす

8行下へ移動は「8j」、2つめの>までを削除は「d2f>」のように、多くのコマンドでcount指定ができるようになっています。行数や繰り返しの回数を数字で指定するいう安直な機能ですが、非常に強力です。

筆者は同じ移動や編集を繰り返す前にcount指定ができないか常に意識しています。もちろん n や . といった繰り返しコマンドにもcount指定ができます。まとまったコマンドを繰り返す場合は q で記録し @ で実行しますが、その際も繰り返す代わりに「@@」でcount指定ができます。上手に数字キーを使って、どんどん無駄なタイプを減らしましょう。筆者は何かのキー入力やコマンドを3回以上繰り返したら、「無駄なことをしていないか？」と考えるようにしています。

繰り返しを使いこなす

前項では数字キーの使用をお勧めしましたが、count指定の代わりに、 . でコマンドを繰り返す方法もあります。 . は最後の編集を繰り返すので「d2f>」を実行したあとの . は「d2f>」です。ですが、もしそのあとに別の場所で「df>」とするのであれば、count指定は行わず「df>」を . で繰り返したほうがよいでしょう。編集は細かく済ませて . を活用したほうがよい場合もあります。

count指定のコツは数えないこと

初めのうちは数字キーでcount指定するのは、おっくうに感じるかもしれません。何かを数えている間があったら、繰り返しコマンドを実行したほうが速いので当然です。カーソルを移動するために、モニタを指でなぞって行数を数えていては疲れますし馬鹿げています。また行番号を表示しておけば計算できるかもしれませんが、それも現実的とは言えません。

慣れるコツは「数えない」ことです。たとえば3、4行ほどでしたら、誰でもパッと見て行数を認識できます。慣れれば10行くらいは見分けられるようになると思います。まずは正確さより、数字キーに慣れることが大切です。多少ずれても行移動であれば j 、 k で調整できますし、編集であれば u （変更を戻す）でやりなおせます。移動後のコマンドが o （カーソルの下に行追加）であれば O （カーソルの上に行追加）へ切り替えて1行の誤差は吸収できますし、行単位でヤンクしたものを p （カーソルの後にペースト）するのであれば P （カーソルの前にペースト）に切り替えてやはり1行の誤差を吸収できます。名前つきレジスタを使った削除であれば、削除し損ねた行をレジスタ名を大文字にすれば追加されます。まずは当たりをつけて数字キーに慣れることから始めましょう。

画面端を活用する

H は count 指定で上からn行目といった移動が可能です。 L も同様に画面下部をカバーします。つまり数字キーに慣れれば H と L だけで上下の約20行がカバーできます。もちろん c 、 d 、 y との組み合わせも可能です。

たとえば「dL」で現在行から画面下まで削除しますが、下から2行目までなら「d2L」です。あるいは Ctrl + Y （ウィンドウを上へスクロール）で調整してから「dL」という手もあります。

第1章 エンジニアはなぜエディタにこだわるのか？ VimとEmacs

ぜひ画面端も有効活用しましょう。

補完の盲点

　プログラマが利用するフレームワークやライブラリは膨大になり、扱うファイルも多岐に渡り、今は補完なしでの編集は考えられません。ですが、補完は候補選択に時間がかかるため、頼り過ぎるとタイピング速度は確実に落ちます。「タイピング速度を気にして補完は使わない」というのは行き過ぎですが、「補完を使わずにタイプミスするとそれだけで何時間もハマるから」というのが理由なら、それはそもそも開発スタイルや使用言語など、ほかに問題はないでしょうか。また補完を使うからには出てきた候補を目で選ぶようなことはせず、何文字タイプしたら確定するかを常に意識したいです。

 ## 目指せ！「vi道」

viスキルとは「コマンドの連絡」

　コマンドを体で覚えていることや、数字や記号キーをほかのキーと同様にタイプできることも大切ですが、これらは意識して身につけるというよりは、viを使った結果、自然と身につくスキルとも言えます。

　筆者が最も重要だと考えるのは、「コマンドを正しく連絡できること、新しいコマンドの連絡を創造できること」です。連絡とは意味のまとまりを持った移動や編集のつながりです。数百通りの操作から成るシーケンスは無限通りになります。自分なりの技を増やしていくことがviの醍醐味と言えます。またそれにはひとつひとつの操作もある程度洗練されたものにしておきたいです。たとえば現在行と1つ上の行をヤンクするのに「k2yy」ではなく、「yk」とするようにです。もちろん「詰めvi」ではないので最小手数を追い求める必要はありませんが、折りに触れて見直せるとよいですね。

精通することへのリスク

　どんなツールでも効果的に使うには習熟が必要ですが、それには依存するリスクを伴います。できるだけリスクを減らすためにもより本質的なもの、普遍的なものを選びたいです。筆者は「エディタの本質はテキスト編集である」と考えてVimを選んでいます。プログラミングの本質はテキスト編集ではありませんが、今のところVimのスキルはプログラムにも普遍的に通用すると考えます。

　エンジニアとしてviを使い続けることの是非はたびたび自問していますが、少なくとも身につけたviスキルは一生ものだと感じています。将来的に脳とコンピュータが直結するような夢のデバイスが実現されても、必ずviユーザが仮想キーボードとviも開発するに違いありません（笑）。

感動する編集を目指して

　プログラミングの楽しみは何と言っても完成したプログラムを実際に動かすことですが、言語によっては過程であるプログラミング行為そのものまで楽しめます。そしてviではプログラムの編集行為まで楽しめてしまうのです。

　ある研究で、プロのピアニストが演奏する際に運動野の神経細胞がどれくらい活発になるかを測定したところ、素人のそれよりも反応が少ないことがわかったそうです[注3]。viにおいてもコマンドを体で覚えることの必要性がそこにあります。ピアニストの超絶技巧とは言えないまでも、コマンドの入力を体で覚えて操作したら、viを知らない人が見たら何が起きているのかわからないような編集操作になると思います。viによって心が震える編集や、人を感動させるような編集も可能になると信じています。 **SD**

注3) 指をどのように動かそうかと演奏中に考えていては、とても人を感動させる演奏はできませんので納得のいく結果です。体で覚えるまで何度も何度も練習を繰り返した成果だと思います。参考：古屋晋一 著『ピアニストの脳を科学する　超絶技巧のメカニズム』（春秋社、2012年、ISBN978-4-393-93563-7）

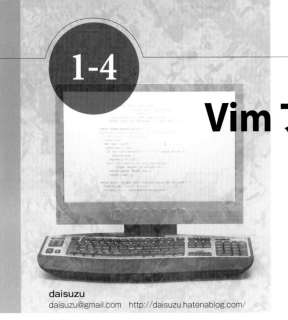

1-4
適材適所で使いこなせ!
Vimプラグイン108選

daisuzu
daisuzu@gmail.com http://daisuzu.hatenablog.com/

Vimはプラグインを導入して機能を拡張できるエディタです。用途に合ったプラグインを必要に応じて探すのもよいですが、どんなプラグインがあるのかを一度ざっと眺めておけば、いざ作業するときに使えるプラグインを思い出すかもしれません。本稿では長年Vimと付き合ってきた著者に自身で導入しているプラグインを披露してもらいました。

 ## プラグインを使う理由

　Vimはデフォルトで非常に多くの機能を備えており、プラグインを導入することでさらに機能を拡張できるテキストエディタです。しかし、プラグインにはさまざまな種類があり、その数も膨大です。そこで今回は筆者が使っている108のプラグインを紹介しますので、プラグイン選びの参考にしてください。また、Vimを使ったことのない人もこれを機にVimに興味を持っていただければと思います。

Vimとの出会い

　筆者が初めてVimを使ったのは大学生のときです。FreeBSDでWebサーバをはじめとするネットワーク構築を行った際、設定ファイルを編集するために起動したのがきっかけです。ただ、当時はプラグインはいっさい使っておらず、Vimの標準機能のみで編集作業をしていました。また最初はVim特有のモードといった概念が理解できておらず、たった1文字を入力するだけでも非常に苦労しており、プラグインを使う余裕はありませんでした。しかし、慣れてくるにつれ、通常のテキストエディタを使うよりもVimを使うほうが効率的にテキストを編集できるようになっていることに気づいたのです。その後、プラグインを導入するようになったのは就職してしばらく経ってからのことです。

プラグイン導入のきっかけ

　筆者の就職先はいわゆるIT業界でしたが、配属されたのはネットワーク構築やコーディングなどの製造工程を担当する部署ではなく、評価や検証といった品質管理を担当する部署でした。OSもUNIX系ではなくWindowsであったため、当初はVimを使わずに業務を行っていました。
　しかし、テキスト形式のログファイルからプログラムの動作結果を解析するという作業を行ったときにWindowsにVimをインストールし、プラグインも使うようになったのです。最初に導入したのはgrepコマンドや検索を補助してくれるプラグイン、そしてバッファやマークを管理してくれるプラグインでした。
　わざわざWindowsにVimを入れたのは、50万行を超えるファイルの中から毎回異なるパターンのキーワードを探す必要があり、Windows OSで使える一般的なテキストエディタより、Vimとそのプラグインによる拡張機能を使ったほうが効率的だったからです。このときの作業について、Vimを使う前後で1日の作業進捗を比較したところ、Vimを使うようになったあとでは生産性がおよそ3倍まで向上していたことがわかりました。

第1章 エンジニアはなぜエディタにこだわるのか？ VimとEmacs

作業と目的に合わせて選んだプラグイン

　それからというもの、あらゆる作業を行う前に、Vimとプラグインでどのように作業を進めるかを考えてから着手するようになりました。すでに導入済みのプラグインで機能が足りない場合はhttp://www.vim.org/でプラグインを探し、目的に近いものがあれば積極的に導入していきました。今までにやってきた業務の詳細を述べることはできませんが、次の技術に関連する業務を行ってきました。

- C/C++
- Perl
- Python
- JavaScript
- TCP/IP
- Android

　今回紹介するプラグインはこれらの技術に関連するものが中心となっています（**表1**）。

▼表1　用途別Vimプラグイン108選

No.	プラグイン名	機能説明
		プラグイン管理
1	neobundle.vim	コマンドを使ってプラグインのインストール／アンインストール／アップデートができる。http://www.vim.org で公開されているプラグインも検索可能
		ドキュメント関連
2	vimdoc-ja	:helpコマンドを使用した際に最新の日本語ヘルプを読める
3	vim-ref	clojure、erlang、man、perldoc、phpmanual、pydoc、refe、rfcなどのリファレンスをバッファに表示する
		入力補完
4	neocomplcache	挿入モード時に自動または手動で入力語の補完をする。補完候補はNo.6〜9などのneocomplcache用プラグインで拡張できる
5	clang_complete[※1]	C/C++用。補完候補にclangによる解析結果を追加する。neocomplcacheと同時に使うためにはneocomplcache-clang_completeが必要
6	neocomplcache-snippets-complete[※2]	neocomplcacheの補完候補としてスニペットを利用できる
7	neocomplcache-clang_complete[※1]	neocomplcacheとclang_completeを同時に使用できるようになる
8	neco-ghc	Haskell用。補完候補にghc-modによる解析結果を追加する。単体でも使用可能
9	jscomplete-vim	JavaScript用。補完候補にオブジェクトのプロパティを追加する。単体でも使用可能
		ctags[注1]
10	taglist.vim	ctagsで生成されたtagsファイルの情報を表示できる。IDEのようにソースコードのアウトラインを表示でき、コーディングの際に便利
11	TagHighlight	tagsファイルの情報を用い、ユーザ定義の関数やシンボルをハイライトする
		Git
12	vim-fugitive	VimからGitコマンドを実行できる。一部のコマンドは実行結果が専用バッファに出力されるため、シェルからGitコマンドを使うよりも便利。No.13〜14のプラグインで出力する内容を拡張できる
13	gitv	gitkコマンドのようなコミット履歴を専用バッファに表示できる
14	vim-extradite	コミットごとの差分を専用バッファに表示できる
		text-objects[注2]
15	vim-textobj-user	Vimで定義されているtext-objectsを拡張できるようにする。No.16〜27などのプラグインで新たなtext-objectsを追加できる
16	vim-textobj-indent	インデントされた範囲をtext-objects化する
17	vim-textobj-syntax	シンタックスで定義された範囲をtext-objects化する
18	vim-textobj-line	カーソル行をtext-objects化する
19	vim-textobj-fold	折り畳まれた範囲をtext-objects化する
20	vim-textobj-entire	バッファ全体をtext-objects化する
21	vim-textobj-datetime	YYYY-MM-DD、hh:mm:ssなど日付・時刻表記された範囲をtext-objects化する
22	vim-textobj-jabraces	()、[]、‖など括弧で囲まれた範囲をtext-objects化する。全角文字の括弧にも対応
23	vim-textobj-lastpat[※3]	最後に検索されたパターンをtext-objects化する

適材適所で使いこなせ！ Vim プラグイン 108 選 1-4

▼表1 用途別Vimプラグイン108選（つづき）

No.	プラグイン名	機能説明
24	vim-textobj-between	任意の区切り文字で囲まれた範囲をtext-objects化する
25	vim-textobj-comment	コメントブロックをtext-objects化する
26	textobj-wiw	スネークケース[注3]やキャメルケース[注4]中の単語をtext-objects化する。また移動のためのキーマップも使用可能
27	vim-textobj-sigil	$, %, @, *, & などの記号から始まる単語をtext-objects化する
	operator[注5]	
28	vim-operator-user	Vimで定義されているoperatorを拡張できるようにする。No.29～32などのプラグインで新たなoperatorを追加できる
29	vim-operator-replace	ヤンクした文字列で選択した範囲を置換できる
30	operator-camelize.vim	選択した範囲をキャメルケースやスネークケースに変換できる
31	operator-reverse.vim	選択した行や範囲の順序を逆にできる
32	vim-operator-sort	選択した範囲をソートできる
33	vim-operator-sequence	複数のoperatorを連続して実行するoperatorを定義できる
	unite	
34	unite.vim	Emacsにおけるanything.elのようなプラグイン。任意の「候補」（ファイル名やバッファ名など）から「選択」を行い、「種類」に応じた「操作」（開く、削除するなど）を実行できる。「候補」「選択」「種類」「操作」はNo.35～50などのプラグインを使用して拡張する。詳細はhttps://github.com/Shougo/unite.vimを参照
35	unite-build	「候補」にmakeコマンドなどのビルド結果を追加。選択したエラーや警告の情報を開くことができる
36	unite-colorscheme	「候補」にカラースキームを追加。選択したカラースキームを設定できる
37	quicklearn	「候補」に中間言語を生成するためのビルドコマンドを追加。選択したビルドコマンドを実行できる
38	unite-qf	「候補」にquickfixに出力されている内容を追加。選択したファイルを開くことができる
39	unite-outline	「候補」にバッファのアウトラインを追加。選択した行を開くことができる
40	unite-help	「候補」にVimのhelpを追加する。選択したhelpを開くことができる
41	unite-tag	「候補」にctagsによって生成されたtagsファイルの情報を追加。選択したシンボルを開くことができる
42	unite-mark	「候補」にマーク一覧を追加。選択したマークの行を開くことができる
43	unite-everything	「候補」にEverything.exeの実行結果を追加。選択したファイルを開くことができる
44	unite-scriptnames	「候補」に読み込んだVim Script一覧を追加。選択したVim Scriptを開くことができる
45	unite-webcolorname	「候補」にWebカラー名を追加。選択した色の名前やRGB値をバッファに入力できる
46	unite-grep_launcher	「候補」に事前に登録したgrepコマンドを追加。grepコマンドには異なる正規表現を登録でき、選択したgrepを実行できる
47	unite-gtags	「候補」にGNU GLOBALによって生成されたtagsファイルの情報を追加。選択したシンボルを開くことができる
48	vim-alignta	選択範囲のテキストを整列する。また「候補」に整列を行うためのコマンドを追加。選択したコマンドで整列できる
49	vimfiler	Vimをファイラとして使用できる。またunite.vimの「操作」にvimfilerで開く機能を追加
50	vimshell	Vimをシェルとして使用できる。またunite.vimの「操作」にvimshellで実行する機能を追加
51	vimproc	Vimで非同期処理を行うためのインターフェースを提供。バックグラウンドで外部プログラムを実行でき、unite.vimで非同期に「候補」を収集できる
	quickfix[注6]	
52	vim-qfreplace	quickfixの内容で置換ができる。置換結果を保存することで元ファイルに変更が反映されるため、多数の置換を行う際に便利
53	quickfixstatus	バッファ上でquickfixに出力されている行番号にカーソルを合わせるとコマンドラインにその内容を表示できる
54	vim-hier	バッファ上でquickfixに出力されている行番号をハイライトできる
55	qfixhowm	スケジュールやTODO、メモを記述し管理できる。また、quickfixにプレビューや絞込み、ソートなどの機能を追加する。絞込みは複数回に分けて段階的に行うことが可能
	見た目	
56	vim-fontzoom	Vimの設定画面を開かずにフォントサイズを変更できる。プロジェクターなどの大画面でVimを表示する際に便利

第1章 エンジニアはなぜエディタにこだわるのか？ VimとEmacs

▼表1　用途別Vimプラグイン108選（つづき）

No.	プラグイン名	機能説明
57	vim-indent-guides	インデントレベルの深さに応じて空白部分にハイライトを行う
58	MultipleSearch	正規表現で検索したキーワードをハイライトできる。検索結果ごとに異なるハイライトを適用可能。キーワードに注目しながらテキストを読む際に便利
カーソル移動		
59	vim-easymotion	カーソル移動用のモーションに移動先のカーソル位置をハイライトする
60	matchparenpp	対応する括弧の情報をコマンドラインに表示する
61	matchit.zip	%キー押下時の移動先を拡張できる。デフォルトでは対応する括弧に移動するが、任意の文字列に移動させられる
編集		
62	vim-surround	選択範囲を記号やタグで囲んだり外したりできる
63	vim-textmanip	選択範囲の文字列を上下左右に移動できる。上下に移動する場合は行の入れ替え、左右に移動する場合はインデントレベルの変更となる
64	tcomment_vim	ファイルタイプに従ってコメント化、非コメント化できる
65	DrawIt	バッファ上に罫線を引くことができる
66	RST-Tables	空白で区切られたテキストを表形式に整形する
67	sequence	バッファ上の数字に連番を振る
検索		
68	vim-visualstar	選択範囲の文字列で検索を行う
69	occur.vim	現在の検索文字列でバッファ内を検索する。結果はquickfixに出力される
その他便利系		
70	ideone-vim	Vimからideone.com[注7]のAPIを利用できる。バッファの内容をideone.comに送信し、結果を専用バッファに表示。プログラムの実行環境が入っていなくても実行できるため、言語の学習や動作確認の際に便利
71	project.tar.gz	IDEのプロジェクトファイルのように、関連するファイルを一覧表示し、オプション設定を保持できる
72	vinarise	バイナリ編集ができる。対応している文字コードが豊富でxxdコマンドよりも高機能。No.73などのプラグインで表示形式を拡張できる
73	vinarise-plugin-peanalysis	vinariseにPEヘッダの情報を表示する
74	vim-logcat	Vimからlogcatを実行できる
75	vim-quickrun	Vimのコマンドや外部プログラムなど、さまざまなコマンドを実行できる。出力結果はVimのバッファ以外にquickfixやブラウザなどを指定できる
76	vim-prettyprint	Vim上で定義された変数を整形して表示する。結果はコマンドラインに表示される
77	vim-editvar	Vim上で定義された変数を専用バッファで閲覧・編集できる
78	open-browser.vim	VimからWebブラウザを起動できる。任意のURLを開く以外にWeb検索も可能
79	splice.vim	バージョン管理システムでマージを行う際、3Wayマージができる
80	gundo.vim	Undo履歴を専用バッファに表示する。任意の履歴を選択し編集を元に戻せる
81	copypath.vim	開いているファイルの名前やパスを取得できる
82	DirDiff.vim	ディレクトリ単位でdiffを実行できる
83	ShowMultiBase	数値を2進数、8進数、10進数、16進数で表示できる
84	ttoc	バッファのアウトライン表示ができる。正規表現を使って任意の文字列でアウトラインを表示可能
85	wokmarks.vim	Vimのマークを付ける機能を拡張できる。マーカ文字を指定せずにマークの設定と解除が可能。多数のマークを利用する際に便利
コマンド拡張		
86	vim-ambicmd	あいまいに入力したコマンド名を正確なコマンド名に展開できる
87	vim-altercmd	Vimのデフォルト定義のコマンドをユーザ定義コマンドと置き換えられる
88	tcommand_vim	コマンド（プラグイン含む）を専用バッファに一覧表示し、実行できる
89	headlights	Vimのメニューバーにコマンドやキーマップの一覧を表示する。プラグイン別のメニューが生成されるため、多数のプラグインを利用する際に便利
C/C++		
90	a.vim	ヘッダとソースを切り替えられる
91	c.vim	C/C++の構文入力をサポートする
92	CCTree	Cscopeを利用し、関数のコールグラフを表示する

1-4 適材適所で使いこなせ！Vimプラグイン108選

▼表1 用途別Vimプラグイン108選（つづき）

No.	プラグイン名	機能説明
93	Source-Explorer-srcexpl.vim	ctagsによって生成されたtagsファイルの情報からカーソル行のシンボルのプレビューを表示する
94	trinity.vim	taglist、srcexpl、nerdtreeを同時に起動してVimがIDEのような画面になる
95	cscope-menu	cscopeの操作をメニューバーに表示する
96	gtags.vim	Vimからgtagsを使用できる
97	DoxygenToolkit.vim	Doxygenコメントの入力をサポートする
Python		
98	pytest.vim	Vimからpytestを利用できる
99	python-mode	ropeやpylintなどの呼び出しやPythonを編集する際に推奨されるオプションを自動で設定できる
Perl		
100	perl-support.vim	Perlの構文入力をサポートする
JavaScript		
101	vim-javascript	JavaScriptのインデントを改善する
Haskell		
102	vim-filetype-haskell	Haskellのインデントを改善する
103	haskellmode-vim	Haskellのコーディング時にGHCやHaddock、Hpasteを利用できる
104	vim-syntax-haskell-cabal	Cabalのビルドファイルにシンタックスを設定する
105	ghcmod-vim	Vimからghc-modを利用できる。カーソル行の型の表示や文法チェックが可能
Clojure		
106	vimclojure	Clojureのコーディング時にシンタックスの設定やREPLを利用できる
csv		
107	csv.vim	csvをExcelのように行ごとや列ごとに操作できる
colorscheme		
108	Color-Sampler-Pack	100以上のカラースキームを利用できる

※1） neocomplcacheに設定を追加することで同時使用が可能になったため(https://github.com/Shougo/neocomplcache.vim/commit/1d155d003de4c2480c1ca8eddb826156121c4928 以降)、neocomplcache-clang_completeは不要。
※2） 現在はメンテナンスされていないため、後継のneosnippet(https://github.com/Shougo/neosnippet.vim)への移行を推奨。
※3） 最新のVim(Patch 7.3.610以降)では標準コマンドとして追加されたため、vim-textobj-lastpatを使用しなくても同様の機能が使用可能。
注1） ソースコードのインデックスを生成するプログラム。20以上のプログラム言語に対応。Vimは標準でctagsのインデックスから該当ファイルを開くことができる。
注2） テキストをオブジェクトとして扱うVimの機能。text-objects単位で選択やoperatorの適応を行える。
注3） 複数の単語をアンダースコアで結合した文字列。 例) snake_case
注4） 複数の単語を、それぞれの単語の先頭文字を大文字にして結合した文字列 例) CamelCase
注5） テキストを処理するためのVimの機能。具体的には、削除、コピー（ヤンク）、インデント、大／小文字の変換などのこと。
注6） ファイルの位置を表示するのに特化したウィンドウ。grepコマンドやmakeコマンドなどで出力されたファイル名、行番号、内容を表示し、該当箇所を開くことができる。
注7） オンライン上でソースコードのコンパイルや実行を行うことのできるWebサービス。40以上のプログラム言語に対応。

プラグインで理想のエディタを

表1のプラグインはあくまでも筆者の用途に合わせて集めたものですが、いずれも作業を効率的に行うためにインストールしたものです。Vimの魅力は比較的軽量なエディタながら、プラグインを利用することで自分にとって最も使いやすいエディタを作ることができる点だと思います。

今回紹介したプラグインは、すべてGitHub上で公開されています。また、表1のNo.1で挙げたneobundle.vimの機能を使って簡単にインストールできます。気になるプラグインがあれば、ぜひ試していただき、Vimをあなただけの理想のエディタにカスタマイズしてみてはいかがでしょうか。 SD

1-5

達人に聞く

Emacs入門者がまず学ぶべきこと

太田 博志　OOTA Hiroshi

本稿では、Emacsをこれから利用していこうとする方のために、最初に覚えておきたいことを、なるべくわかりやすく解説しました。Emacsは最初のハードルは高いですが、使い慣れるにしたがって作業が効率アップしていきます。

はじめに

　Emacsは拡張性の高いスクリーンエディタで、UNIX上ではviと人気を二分しています。emacsは1970年代に最初のバージョンが作られてから、多くの実装が作られました。1980年代にリチャード・ストールマン氏が開発を始めたGNU Emacsとそれから派生したXEmacsがその拡張性の高さから支持を受け、今日よく使われています。

　GNU Emacs(XEmacs)には、強力な拡張言語であるEmacs Lispで書かれた多くのアプリケーションが提供されています。Emacsの中でプログラムソースやテキストファイルの編集、コンパイル、対話的シェル、メールの読み書きと言ったUNIX上での作業の大部分を行うことができます。

　このように多機能な反面、覚えることがたくさんあり過ぎて、最初のハードルが高く、テキストの編集にだけに着目するとWindows上のテキストエディタのほうが使いやすいケースもあります。

　筆者はEmacsを単なるテキストエディタとして使うのはもったいないと考えています、本稿がEmacsをテキストエディタとしての枠から一歩超えて使い込むための手助けとなることを願います。

Emacsのドキュメントシステム

　EmacsにはInfoと呼ばれるハイパーテキストドキュメントシステムが組み込まれています。Emacsのすべての情報は、Emacsをインストールしてあれば Emacs上ですぐに閲覧できます。また、Emacsの拡張言語である Emacs Lispにもドキュメンテーション機能が搭載されていて、コマンドや変数の説明も Emacs上で読むことができます。

　EmacsのInfoでは自らを「The extensible self-documenting text editor」と特徴づけています。ユーザが知りたいことの答えは目の前のEmacsの中にある場合が多いのです。

英語アレルギーについて

　このようにEmacsは優れたドキュメントシステムを搭載していますが、英語圏で開発されているのでドキュメントは、ごく少数の例を除いて英語で書かれています。加えて、多くのアプリケーションのドキュメントもほとんど英語で書かれています。Emacsからの確認メッセージも英語です(といっても中学英語程度で十分です)。英語の説明が出てくると思考停止して読むことを放棄してしまう英語アレルギーの方は、本稿を読み進まない方がいいでしょう。テキストエディタとしての比較ならばEmacsに劣らず、むしろ使いやすいテキストエディタが

存在するので、そちらを使ったほうが学習コストも低くお勧めです。

Emacsを始める

表記と入力方法

Emacsでは、[Ctrl]と[A]を同時にタイプすることを「C-a」と表記します。「C-x C-b」と書いた場合は[Ctrl]キーと[X]を同時にタイプし、続けて[Ctrl]キーと[B]を同時にタイプします。[Ctrl]キーはいったん離す必要はありません。普通は[Ctrl]を押したまま離さずに[X]に続けて[B]を押します。

「C-x b」と表記した場合は、[Ctrl]を押したまま[X]を押し、[Ctrl]を離した後で[B]を押すことになります。

Emacsではこのほか、[Meta]キーを使った入力を使用します。[Meta]キーは、昔のキーボードに存在していましたが、最近のPCのキーボードには[Meta]はありません。[Alt]キーがあればそれで代替可能な場合が多いですが、不可能な場合は[ESC]を使います。ただし[ESC]はほかのキーとの同時押しができないので、[ESC]を押して離したあとに次のキーをタイプします。

[Meta]キーで修飾したキーを「M-」と表記します。「M-x」は[Meta]を押しながら[X]を押します。「M-%」などは[Meta]+[Shift]+[5]のように入力します。環境によってはうまく入力できない場合もありますが、そのときは[ESC]を用いて入力します。

「C-M-a」は[Ctrl]と[Meta]と[A]を同時にタイプします。同時と言ってもタイミングを合わせる必要はなく、[A]を押した時点にこれら3つのキーが押された状態になっていればかまいません。[Meta]キーとして[ESC]を使う場合は[ESC]を押して、離したあとに[Ctrl]を押しながら[A]をタイプします。

文字列はその文字列を入力することを意味します。

> **コラム コントロールコード**
>
> コントロールコードとはASCIIコードで0x00～0x1fの範囲のコードのことを言います。入力する際には[Ctrl]とこれらに0x40を加えたコード、すなわち[@]、[A]～[Z]、[[]、[¥]、[]]、[^]、[_]を同時に押すことで入力します。ただし、[@]、[_]はシフトキーが必要になるので、[Ctrl]と、[Space]、[/]を押すことで入力できる場合が多いです。
>
> 逆にいうと、これ以外のコントロールコードは存在しないということになります。Emacsを使いこんでいくうちによく使うコマンドをキーバインドしたくなり、空いているキーとして「C-A ([Ctrl]と[Shift]と[A]を同時にタイプ)」などに割り当てたくなりますが、そんなコントロールコードは存在しないので割り当てられません。「C-M-」はコントロールコードのMSB(Most Significant Bit: 2進数の最上位ビット)を立てたものです。
>
> ただしWindows版のEmacsでは、修飾キーの状態を独立に取得できるので、たとえば[Ctrl]を押しながら[1]を押すと「C-1」というキー入力ができます(ほかのGUI版のEmacsでも可能かもしれません)。

最初に覚える10個の重要な用語(概念)

Emacsの開発スタートは、かれこれ四半世紀以上前と非常に古く、使用されている用語(概念)も今日のスタンダードとされているものとは違うものが使用されている場合もあります。Emacsを使いこなしていく上で最初に覚えるべき10個の用語(概念)を表1にまとめました。

画面の構成要素は図1と照らし合わせて理解を深めてください。

最初に覚える10個の基本操作

次に、Emacsの10の基本操作を解説します。各操作の中でEmacsがミニバッファから入力

第1章 エンジニアはなぜエディタにこだわるのか？ VimとEmacs

▼表1　最初に覚える10の重要な用語（概念）

用語	概念
バッファ	Emacsではバッファと呼ばれるものの中にファイルの内容を読み込み、それを編集していく。Windowsアプリでいうところの「ドキュメント」に相当する
ウィンドウ	Emacsはフレームを2つ以上の「ウィンドウ」に分割することができ、それぞれのウィンドウには任意のバッファを表示することができる。Emacsは端末版から開発がスタートした経緯から、フレームを分割したそれぞれを「ウィンドウ」と読んでいる。GUIシステムでのウィンドウと異なるので注意
フレーム	Emacsは複数の「フレーム」を持つことができる。開発当初の端末版ではフレームという管理単位はなかったが、GUI版にて複数のGUIウィンドウがサポートされるようになり、これがフレームと呼ばれることになった。その後端末版にもバックポートされ、端末版では選択されている「フレーム」が全画面に表示される
モード	Emacsはさまざまな種類のテキストファイルを効率よく編集するための「モード」を持っていて、それぞれのモードでインデンテーション（字下げ）、カーソル移動の振る舞い、使用できるコマンドなどが変わってくる。バッファにはどれか1つのメジャーモードが割り当てられている。メジャーモードは拡張子などによって自動的に選択される。実行時に明示的に切り替えることも可能。ほとんどすべてのテキスト形式に対して何らかのモードが用意されている。Emacs上のアプリケーションは「モード」として実装されることが多い。バッファの情報はウィンドウの最下部にあるモードラインに表示される
キーバインド	Emacsではすべてのキー入力に対してコマンドが実行される。文字入力も例外ではなく、self-insert-commandというコマンドが実行された結果として文字が入力される。キーシーケンスに対してコマンドを割り当てることをキーバインドと言う
キーマップ	キーバインドを管理する単位。キーマップはモードごとに固有のローカルマップと、Emacs全体に有効なグローバルマップの2つがある
マーク	バッファ上の位置を記録しておくレジスタ。たとえばリージョン指定の開始位置などに使う
リージョン	マークと現在位置の間の領域。Emacsの編集コマンドはこのリージョンに対して作用するものが多く用意されている
キルリング	キル（カットアンドペーストのカットに相当）されたテキストを保持している。この内容をヤンク（ペースト）することができる
ミニバッファ	Emacsへ入力を与えたり、エラーを表示するために使われる。ミニバッファでの入力は「M-p」、「M-n」で履歴をさかのぼることが可能な場合が多い

▼図1　画面の構成

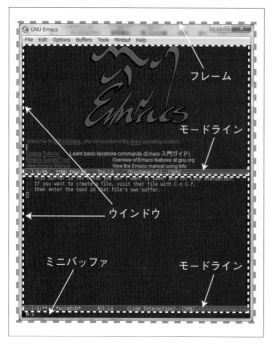

を求めてくる場合もあります。ミニバッファでの入力は入力補完[注1]（コンプリーション）が有効な場合が多く、入力を楽に行うことができます。

なお、用語解説でも触れましたがミニバッファでの入力は「M-p」、「M-n」で履歴を参照することができます（pはPrevious、nはNextです）。

1　終了、緊急脱出

・終了

Emacsを終了するためには「C-x C-c」を入力します。変更して保存していないバッファがある場合には「Save file ファイル名？ (y, n, !, ., q, C-r or C-h)」と確認してくるので、どれかを選択します（表2）。

・キャンセル

キャンセルのコマンドは表3のとおりです。

注1）入力補完とは、一部を入力するとEmacsが残りの部分をすべて、あるいは決定可能な可能な限り補う機能です。

達人に聞く Emacs入門者がまず学ぶべきこと 1-5

動作の違いは細かくなるので割愛しますが、下に行くほど強力な脱出になっています。

2　文字挿入、削除

編集を行うモードでは基本的にタイプした文字がそのまま入力されます。Tabは自動的にインデントされるモードになっている場合もあります。カーソルの前の文字を削除するにはBackSpace、カーソル位置の文字を削除するには「C-d」で行います。

3　カーソル移動

慣れていない間はカーソルキーでも良いですが、Forward、Backward、Previous、Next、A、Endと修飾キーの組み合わせでの移動を使うほうが効率的です（表4）。EmacsはWindowsのエディタのように高速なカーソル移動は行えません。適切な移動単位でのカーソル移動が効率アップには欠かせません。

この移動コマンドの割り当てですが、ホームポジションから指を離さずに移動できるよう設計されているviとは対照的で、カーソル移動のキーバインドのいい加減さはEmacsの欠点の1つです。EmacsのInfoには「カーソル移動もカスタマイズできるよ」と書かれていますが、これはやってはいけないことの1つです。

Emacsには独自のキーマップを持ったたくさんのアプリケーションが存在します。これらのカーソル移動はF、B、P、Nを基本に割り当てられています。モードが切り替わることでカーソル移動の設定が切り替わることに追随できるほど、人の脳は柔軟にできていません。となると、アプリケーションのキーマップも全部カスタマイズする必要があります。

筆者もかつてWordStarのダイアモンドカーソル（コラム：ダイヤモンドカーソル参照）に合わせたカスタマイズを試みましたが、2、3のアプリケーションをカスタマイズしたところで力尽き、自分をEmacsのキーバインドに慣らすほうに方針転換して今日にいたっています。

4　リージョン指定

マークと現在のカーソル位置の間がリージョンです。カーソル位置にマークをつけるには「C-@」で行います。また、次で説明するインクリメンタルサーチを行うと検索開始位置にマークが設定されます。リージョンは反転表示されます。

5　検索、置換

・検索

検索文字全体を入力したうえで検索するの

▼表2　終了時の選択肢

入力	意味
y	保存
!	ほかの未保存バッファも含め保存
n	保存しない
q	ほかの未保存バッファも含め保存しない
C-g	キャンセル
.	問い合わせ中のバッファをセーブして終了

▼表3　キャンセルのキー

意味	入力
キャンセル	C-g
再帰編集から脱出	C-]
汎用脱出コマンド	ESC ESC ESC

▼表4　カーソル移動

意味	入力	同じ意味のキー
1文字進む	C-f	→
1文字戻る	C-b	←
1行上	C-p	↑
1行下	C-n	↓
1語進む	M-f	
1語戻る	M-b	
行頭	C-a	Home
行末	C-e	End
文頭	M-a	
文末	M-e	
1カッコ進む	C-M-n	
1カッコ戻る	C-M-p	
ファイル先頭	M-<	
ファイル末尾	M->	
1ページ進む	C-v	Page Up
1ページ戻る	M-v	Page Down

第1章 エンジニアはなぜエディタにこだわるのか？ VimとEmacs

ではなく、文字が入力されるたびに検索が行われるインクリメンタルサーチです。「C-s」または「C-r」で検索モードに入ったあとは、検索文字または「C-s」、「C-r」で次の候補への移動ができます（表5）。正規表現を検索対象にするコマンドや検索文字列を一度に全部入力する通常の検索方法もありますが、本稿では触れません。

・置換

fromとtoをミニバッファから与えます。置換対象が見つかるとミニバッファで確認を求めてきます、スペースまたはyで置換、Delまたはnでスキップ、Returnまたはqで終了です。

6 キル

Emacsではキル（kill）と削除（delete）は異なります。キルされた文字列はキルリングに格納され任意の場所に挿入できます（表6）。削除された文字列は挿入できません。これらのコマン

コラム ダイヤモンドカーソル

1980年代前半に、CP/M-80上の英文ワードプロセッサであったWordStarが採用していたカーソル移動の上下左右をそれぞれ「C-e」「C-x」「C-s」「C-d」に割り当てる配列をダイヤモンドカーソルと呼んでいました。QWERTY配列注2では、これらのキーがダイアモンド状（というよりひし形ですが）に並んでいるためこのようにこのように呼ばれたのです。また初期のキーボードではAキーの左隣がCtrlだったために、小指でCtrlを押しながら片手で操作できました。また、「C-a」「C-f」にワード単位での左右移動、「C-r」「C-c」に上下スクロールが割り当てられていました。

この配列はホームポジションから大きく指を動かさずに左手だけでカーソル移動が行えるうえに、位置も直観的で習得しやすく非常に優れたUIでした。

▼図2　ダイヤモンドカーソル

注2） タイプライターやPCの通常の英文字配列。左上からキートップ6文字をとって名付けられました。

コラム キーバインドのカスタマイズ

本稿を執筆するにあたり編集部からキーバインドのカスタマイズの方法を紹介してほしいというリクエストがありましたが、残念ながら筆者は前述のようにキーバインドの変更は基本的に行わないというスタンスです。しかし、PC-ATキーボードのCtrlはShiftの下にあるので、使い方を知らずにEmacsを使うと指がつるのも事実です。

Emacsを快適に使うための方法はいくつかあるのでそれを紹介します。

- Aの左をCtrlに割り当てる
  最初からAの左がCapsLockでなくCtrlになっていたり、スイッチで入れ替えられるキーボードもありますし、OSのキーボードドライバの設定で入れ替えることもできます。入れ替え方法はここでは紹介しませんが検索してみてください。

- Ctrlの押し方を変える
  Shiftの下にある位置はそのままで押し方を変えます。小指の付け根で押すようにします。筆者はこの方法です。ホームポジションから指が離れない利点があります。

- フットペダルを導入する
  フットペダルを外付けして、修飾キーをフットペダルにカスタマイズして入力します。

- 逆側の小指で押す
  PC-ATキーボードの設計者はどのように使用法を想定して設計したのかと考えると、逆側の小指で押すというのもありかもしれません。

1-5 達人に聞く Emacs入門者がまず学ぶべきこと

ドで削除されたテキストはキルリングに格納されます。

7 コピー&ペースト

ペースト（ヤンク）はキルリングにあるデータをペーストします。「M-w」は前の「キル」で説明したC-wとは違いキルリングへの登録だけ行います。キルリングのデータをペーストするには「C-y」をタイプします。「C-y」でペーストした直後では「M-y」が有効になりキルリングをさかのぼってペーストすることができます（**表7**）。

キルリングはその名のとおり環状になっていて、通り過ぎてしまってもM-yを繰り返せば1周回って戻ります。

8 アンドゥ

編集結果を取り消すにはundoコマンドを使用します（**表8**）。undoはよく使うコマンドですがキーボードによってはコードが発生しない場合もあり2ストロークの「C-x u」にもバインディングされています。同一のコマンドですのでどれを使っても一緒です。繰り返しタイプすることで履歴をさかのぼることができます。行き過ぎた場合はほかのキーシーケンスをタイプ（たとえば「C-f」）すると中断されそこからのundoはundoした結果を取り消していくこと、すなわち先ほどundoした履歴を逆に戻ることになります。残念ながらいわゆるredoは標準では提供されていません。

9 ファイル操作

Emacsではファイルオープンでファイルの内容をすべてバッファに読み込み、以降バッファに対して編集操作を行っていきます（**表9**）。「C-x C-f」でバッファを作成し、そのバッファにファイルを読み込み、バッファをウィンドウに表示する一連の動作を行います。「C-x C-s」あるいは「C-x s」で明示的にセーブされるまでは自動セーブ機能が働き定期的に自動セーブファイルに対して保存していきます。

Emacsがクラッシュした場合でも、この自動セーブファイルから回復することができます。

10 ウィンドウ、バッファ操作

ウィンドウはバッファを表示しているだけなので、ウィンドウを閉じてもバッファの内容は失われません。1つのバッファを複数のウィンドウで表示することもできます（**表10**）。

「C-x C-b」で表示したBuffer Listに「C-x C-o」で移り、表示したいバッファの行でReturnをタイプすることでバッファを切り替えることもできます。

▼表5 検索

意味	入力
前方検索	C-s
後方検索	C-r
検索終了	Return
確認しながら置換	M-%

▼表6 キル

意味	入力
リージョンをキル	C-w
行末までキル	C-k
単語の終わりまでキル	M-d
単語の始めまで削除	M-Del

▼表7 コピー&ペースト

意味	入力
リージョンをキル	C-w
行末までキル	C-k
単語の終わりまでキル	M-d
単語の始めまで削除	M-Del

▼表8 アンドゥ

意味	入力
undo	C-/
	C-_
	C-x u

▼表9 ファイル操作

意味	入力
ファイルオープン	C-x C-f
ファイルセーブ	C-x C-s
全ファイルセーブ	C-x s
自動セーブファイルから回復	M-x recover-file

第1章 エンジニアはなぜエディタにこだわるのか？ VimとEmacs

 一歩踏み出す編集操作

前節では基本的な編集機能の説明をしました。ここからは効率的な編集操作のために一歩踏み込んだ使い方を紹介していきます。誌面の制限もありますので覚えるコストが少なく、得られるパフォーマンスの高いものを紹介します。

プリフィックス引数（数引数）

Emacsのコマンドにはすべて数引数を与えることができて、コマンドによっては引数を繰り返し回数と解釈します。数引数指定は「C-u」で数指定モードに入る方法と Meta キー＋数字で開始する方法の2通りがあります。

たとえば、

▼表10　ウィンドウ、バッファ操作

意味	入力
他のウィンドウを閉じる	C-x 1
ウィンドウを上下に分割	C-x 2
ウィンドウを左右に分割	C-x 3
次のウィンドウに移る	C-x o
バッファを切り替える	C-x b バッファ名
バッファ一覧	C-x C-b
バッファを閉じる	C-x k バッファ名
バッファのリードオンリーをトグルする	C-x C-q

コラム 初期化ファイル

Emacsは歴史が古く初期化ファイル名も当初は「~/.emacs」でした、今のバージョンでは「~/.emacs.d/init.el」が利用できます。せっかくですのでこちらを使用しましょう。

「~/.emacs」が存在するとそちらが優先です。このあとで紹介するnarrow-to-regionなどは初期化ファイルへの書き込みを行いますが、初期化ファイルが存在しないと「~/.emacs」を作成してしまうのでディレクトリ「~/.emacs.d」を作成し、そこにinit.elという空ファイルを置いてください。

```
C-u 5 C-n
```

は5行下に移動します。これは「M-5 C-n」としても同じです。

セルフインサートコマンド（ようするに文字入力）も繰り返し回数と解釈するコマンドの1つです。

```
C-u 5 a
```

は5個のaを挿入します。数字キー以外のキー入力で数指定が終了します。数字に対して数引数を与える場合は「C-u」で数指定モードが終了させます。

```
C-u 5 C-u 1
```

とすれば2回目の「C-u」で数指定モードを終了するので5個の1が挿入されます。

数指定中の「C-u」の動作は数の指定モードが2通りあることを理解していないと混乱するかもしれません。「C-u」で数指定に入った直後はデフォルトの4が設定されています。このデフォルト値は続けて数字を入力することで上書きされます。

「M-数字」で数指定に入った場合はデフォルトの設定を飛ばして、いきなり指定された数が設定されます。前者のモード中の「C-u」の入力はデフォルト値を4倍していきます。

```
C-u C-u C-u a
```

では64（4×4×4）個のaが入力されます。

キーボードマクロ

Emacsの拡張言語Emacs Lispは高度な拡張性を実現していますが、Lispに慣れていない人には学習コストが高過ぎるので、コストパフォーマンスを考えると面倒だと思いながらも機械的な作業を繰り返すことになります。

キーボードマクロという機能を使えば、このギャップを埋めることができます。キーボードマクロとは一連のキーシーケンスを記録し呼び

達人に聞く Emacs入門者がまず学ぶべきこと 1-5

出す機能です。記録したキーボードマクロをキーバインドしたり、Emacs Lispのプログラムに変換して保存することもできます。

「`C-x (`」でキーボードマクロの記録が開始されます。一連の操作が完了したら「`C-x )`」で記録を終了します。キーボードマクロの呼び出しは「`C-x e`」です。前節で紹介した数引数を与えることにより指定した回数だけ実行されます。

例としてリスト1からリスト3への変換を行ってみましょう。コマンド値と文字列の構造体の初期化データ作成というよくありがちな場面です。

■定義と実行

1行分を変換するマクロを作り、数引数を与えて実行することで全体を変換します。

- プリ整形（余計な文字列を除去します）
  リスト1の先頭に移動します。
  「`M-x replace-string`」で "#define " を ""（空文字列）に置換します。
  再び先頭に移動します。
  「`M-x replace-regexp`」で " .*"（スペースで始まり2文字目からは任意の文字が続く文字列）を ""（空文字列）に変換します。

- キーボードマクロ記録、実行
  リスト2の先頭に戻ります。
  「`M-x (`」でキーボードマクロの記録を開始します。
  「`{`」を入力します。
  「`C-s`」でインクリメンタルサーチを開始し、"WM_"とタイプした後 Return で検索を完了します。
  「`C-k`」で行末までいったんキルして、「`C-y`」でペーストします。
  「`, "`」を入力します。
  「`C-u C-y`」でペースト（カーソルは移動しない）[注3]します。
  「`M-l`」で1ワード小文字に変換します。
  「`"},`」を入力します。
  「`C-f`」で次行の先頭に移動します。
  「`C-x )`」でキーボードマクロの記録を終了します。
  「`C-u 1 0 C-x e`」で10回実行します（少ない場合は繰り返せば良いし、多い場合はマクロの実行は中断するので数は適当で良いです）。

■キーバインドする

キーボードマクロをキーバインドすることもできます。

「`C-x C-k b`」でバインドするキーを聞いてくるので、キーシーケンスを入力します。キーシーケンスがほかのキーバインディングで使用されている場合は、上書きして良いかと聞いてきます。Emacsでは空いているキーシーケンスが少ないので空いているキーを探すのは厄介で

[注3]「`C-y`」コマンドはプリフィックス引数を付けるとペースト後カーソルを移動しません。

▼リスト2　キーボードマクロサンプル（プリ整形後）
```
WM_COMMAND
WM_SYSCOMMAND
WM_TIMER
WM_HSCROLL
WM_VSCROLL
WM_INITMENU
WM_INITMENUPOPUP
WM_MENUSELECT
```

▼リスト1　キーボードマクロサンプル（ソースデータ）
```
#define WM_COMMAND          0x0111
#define WM_SYSCOMMAND       0x0112
#define WM_TIMER            0x0113
#define WM_HSCROLL          0x0114
#define WM_VSCROLL          0x0115
#define WM_INITMENU         0x0116
#define WM_INITMENUPOPUP    0x0117
#define WM_MENUSELECT       0x011F
```

▼リスト3　キーボードマクロサンプル（変換後）
```
{WM_COMMAND, "command"},
{WM_SYSCOMMAND, "syscommand"},
{WM_TIMER, "timer"},
{WM_HSCROLL, "hscroll"},
{WM_VSCROLL, "vscroll"},
{WM_INITMENU, "initmenu"},
{WM_INITMENUPOPUP, "initmenupopup"},
{WM_MENUSELECT, "menuselect"},
```

す。「`C-x C-k 0`」から「`C-x C-k 9`」と「`C-x C-k A`」から「`C-x C-k Z`」はこの目的のために予約されているのでここを使いましょう。

■保存する

キーバインドしたキーボードマクロはEmacsを終了すると消えてしまいます。キーボードマクロをEmacs Lispでの定義に変換して保存することができます。カーソル位置に定義が挿入されるので、適切なバッファに切り替えてから実行し、挿入されたEmacs Lispコードを初期化ファイル(~/emacs.d/init.el)に保存します。

- 名前を付ける

  保存に先立ち名前を付ける必要があります。「`C-x C-k n`」とタイプすると名前の入力を求めてくるので入力します。

- Emacs Lispに変換する

  「`M-x insert-kbd-macro`」でEmacs Lispに変換します。名前を聞いてくるので、さきほどで名付けた名前を入力します。入力補完が使用可能です。

narrow-to-region

前節で紹介したキーボードマクロ作成時のような作業を行う場合や、置換をある範囲に限定したい場合に有効な機能を紹介します。

リージョンを指定して「`C-x n n`」と入力してみましょう。この機能は混乱を招く場合があるのでデフォルトで無効になっています。初めて使う場合は有効にして良いか確認してきます。選択肢は**表11**の通りです。

バッファの内容がリージョン内だけになり、モードラインにNarrowと表示されているはずです。どんなに間違えても見えていない範囲外には影響を及ぼしません。このモードから抜けるには「`C-x n w`」を入力します。このモードはファイルには影響を与えません、「`C-x C-s`」でセーブすればファイル全体がセーブされます。

dynamic-abbrev

Visual StudioのIntelliSenseのような入力支援機能はとても魅力的な機能です。筆者もVisual StudioのIDEで作業する場合もあります。Emacsにもauto-complete-clangやcompany-clangというパッケージで同様の機能を利用できます。これらはバックエンドにclangを利用し構文解析を行うのでIntelliSenseに劣らない機能を持っています。しかしバックエンドをインストール[注4]するのはひと手間かかります。

ここでは設定不要でキーをタイプするだけでバッファ中のシンボルを検索し展開してくれるdabbrevを紹介します。途中まで入力した文字列の後ろで「`M-/`」とタイプするだけです。さらに「`M-/`」とタイプすることによりほかの候補が表示されます。

最近は関数や変数にわかりやすいような名前を付けることが多く、名前が長くなる傾向にあります。同じような機能でabbrevがありますが、こちらは事前に辞書を用意する必要があります[注5]。dabbrevは「`M-/`」をおぼえるだけのコストパフォーマンス最高の機能です。

 情報源

Help、チュートリアル、Info

何と言ってもEmacsのことはEmacsに聞くことが一番です。Emacsには Help、チュート

[注4] auto-complete-clangはclangパーサライブラリを使用した、独自サーバプログラムを利用。company-clangはclangを解析モードで利用します。

[注5] 筆者は辞書を用意するのが面倒で1回も使用したことがありません。

▼表11　リージョン指定時の選択肢

入力	意味
y	有効にする(今後は確認しない)
n	無効のまま
Space	今回だけ有効
!	このセッションに限り、ほかの無効にされているコマンドも含み有効

リアル、Infoと言った情報源が最初から提供されています（**表12**）。

- **チュートリアル**
  Emacsには日本語で書かれたチュートリアルが付属しています。真面目に全部学習すると1時間かかると思いますが、途中まで学習し続きから再開もできるのでぜひ学習してください。
- **モードのヘルプ、キーバインド一覧**
  現在のバッファにおけるキーバインドを知ることができます。2つの違いは前者はモードのドキュメントの表示であり、モードの開発者が必要と思いドキュメントに記述したものが表示されます、モードの説明が書かれている場合もあります。後者はキーマップから取り出したキーバインディングが表示されます。正確ですが冗長かもしれません。
- **ヘルプのヘルプ**
  ヘルプの一覧が表示されます。
- **Info**
  Emacsのドキュメントシステムです。Infoモードはリードオンリーになっているので編集は行えません。そのためコマンドにコントロールコードを使用する必要がないので操作が楽です（**表13**）。

これまでに覚えたカーソル移動操作もそのまま使えます。Infoでは1つの情報のまとまりを「ノード」と読んでいます。関連するノードへのリンクが貼られたハイパーテキストシステムです。Spaceでスクロールができ「ノード」の最後に到達してさらにスペースをタイプすると次のノードに移動できます。Info自身の操作方法もInfoに書かれているので探検してみてください。

- **Emacs 電子書棚**
  http://www.bookshelf.jp/
  最近更新されていませんが、日本語での情報が一番集まっているサイトです。
- **EmacsWiki**
  http://emacswiki.org/
  有用なアプリケーションがアップロードされています。
- **本家のMailinglist**
  http://savannah.gnu.org/mail/?group_id=40
  FSFで運営されているMailinglistの一覧です。英語ですが最新の情報ならばここです。

 まとめ

Emacsに馴染みのない人向けに概念と便利な使い方、情報を得る方法を紹介しました。Emacsは開発開始以来、とどまることなく進化を続けています。あなたが抱えている問題は過去に誰かが直面して、すでに解決済みである可能性が高いです。あなたの抱えている問題を解くカギはすでにEmacsの中にあるのです。

一方、入門者に対してのハードルが高く便利に使いこなす前にギブアップしてしまう人も少なくないと思います。本稿がそのような人の助けになれば幸いです。 **SD**

▼**表12 Help、チュートリアル、Info**

意味	入力
チュートリアル	C-h T
モードのヘルプ	C-h m
キーバインド一覧	C-h b
Info	C-h i
ヘルプのヘルプ	C-h C-h

▼**表13 Infoの操作**

意味	入力
カーソル付近のノードへ移動	Return
次のノードへ移動	n
前のノードへ移動	p
一つ上のノードへ移動	^
ノードメニューから選択	m
1ページ進む	Space
1ページ戻る	BackSpace
ノードの先頭へ移動	.

1-6 Emacsシーン別 究極のカスタマイズに迫る

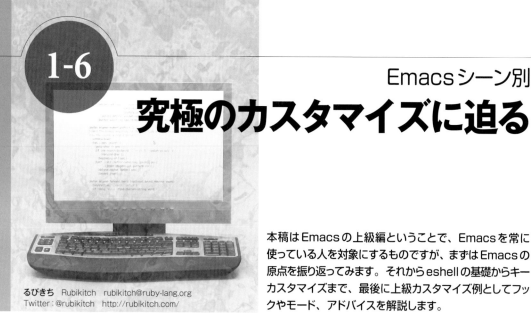

本稿はEmacsの上級編ということで、Emacsを常に使っている人を対象にするものですが、まずはEmacsの原点を振り返ってみます。それからeshellの基礎からキーカスタマイズまで、最後に上級カスタマイズ例としてフックやモード、アドバイスを解説します。

るびきち　Rubikitch　rubikitch@ruby-lang.org
Twitter：@rubikitch　http://rubikitch.com/

Emacsとはいったい何なのか？

文字入力に関わるすべての作業を統一化する

筆者はプログラミングはもちろん、記事を書いたり、メールを書いたり、シェルコマンドを実行したり、音楽や動画を視聴したり、ゲームを起動したり、ブラウザを開いたり……ありとあらゆることをEmacsで行っています。まさに、よく言われている「Emacs環境」です。

まず最初に、Emacsの本質を少し考えてみたいと思います。なぜ、熟練Emacsユーザはあらゆる作業をEmacs上で「快適に」行っているのでしょうか。

それは、「文字入力に関するすべての作業に一貫性がある」からにほかなりません。

多くの方はプログラミングはIDEで行い、メールはメールソフトかWebブラウザ、インスタントメッセンジャーは標準のクライアントを、ブラウザのテキストエリアはそのままブラウザで入力しています。それぞれのソフト上での文字入力操作は異なっているため、いちいち個別に覚えないといけませんし、何より編集機能が貧弱過ぎます。テキストエリアの文字入力をEmacsライクにする拡張もありますが、本物のEmacsではない以上、Emacsにある機能が実装されてなくてイライラするものです。

筆者は文字入力に関することならば、「それEmacsでできないか？」と考えます。なぜなら、作業に一貫性を持たせたいからです。

Emacsを使っていれば、コーディング中でも、メールを書いていても、C-pを押せば前の行に移動するし、C-aを押せば行頭に移動します。自作の編集コマンドも高度なコマンドも常に使い放題です。テキストの内容を変更する場合、無意識に指が動くようになっています。自転車の運転をするときに、運転することそのものを考えていないのと同じです。当たり前のことを当たり前のように行えることが、文字入力をEmacsに統合している理由です。

文字入力を統合することで、操作におけるストレスから解放されます。

「つなげる」

Emacsのもうひとつの本質はツールを「つなげる」ことです。

■シェルコマンド

M-!やM-|はシェルコマンドの出力をバッファに取り込むことができます。M-x shellやM-x eshellを使えば、シェルコマンドの実行結果をさかのぼることもできます。これらの機能はEmacs本来の編集機能と融合しているので、シェルコマンドの実行結果をを含む文章の作成はとても簡単になります。

Emacsは外部プログラムの使いやすいインターフェースになってくれるのです。

■dired

diredはls -lの結果をバッファに蓄え、カーソル位置のファイルに対してコピーや閲覧などの操作を行います。diredバッファを書き換えて、その結果に応じてファイルを一括リネームすること(wdired)さえも可能です。

■M-x grep、M-x compile

`M-x grep`や`M-x compile`は、コマンド出力が示す行へジャンプできます。コマンドラインでgrepを実行してから該当個所を閲覧する場合は、そのファイル名と行番号をわざわざ入力しなければなりません。それに対して、Emacsならば行きたい個所にカーソルを合わせて Enter を押せばすぐにたどり付けます。また、M-g M-nで順次マッチした行(エラー行)を渡り歩くこともできます。

■ediff

ediffは、比較対象を横に並べて相異点に色を付けてくれるとても素晴しいツールです。内部でdiffプログラムを呼んでいるのですが、ediffを使えば、diff形式やdiffプログラムについて何も知る必要はなくなります。

■emacs-w3m

w3mはテキストブラウザで、HTML解析結果を標準出力に出力する機能もあります。そこで、HTML解析をw3mに任せ、emacs-w3mはEmacsでの表示やインターフェースを担うことで、Emacs上で動くテキストブラウザになりました。

■vc

vcはバージョン管理システム(VCS)に対する基本的なインターフェースを提供してくれます。VCSは数多くの種類が存在しますが、コミットしたり、変更点や履歴を見るなどの基本的な機能は共通です。そこで、vcはVCSの共通操作をEmacsのコマンドとして使えるようにしてあります。たとえば、ファイルの登録やコミットは`C-x v v`、変更点は`C-x v ~`、履歴は`C-x v l`となっています。vcの重要な特徴は、これらのコマンドはVCSの種類に依存していないことです。おかげさまでEmacsでVCSを使うのはとても簡単です……詳細を知らなくても良いのですから。

■magit

現在のVCSはGitが大人気で、Gitを学んでいる人はたくさんいます。EmacsユーザがGitを使うのならば、magitは必須です。Gitにはたくさんの機能があるのですが、magitはこれらを使いやすい形でまとめてくれています。たとえば履歴を見る場合、メニューが出てきてgit logの細かいオプションを選択できたり、reflog(リポジトリ変更の履歴)を参照できたりとかゆいところに手が届いています。履歴を見ながらそのバージョンをgit checkoutすることはもちろん、コミットの順番を入れ替えたりさえもできます。筆者はGitの多機能さに圧倒されてなかなかGitを覚えられなかったのですが、magitのおかげでGitの理解度は一気に深まりました。また、git resetなどの危険な操作もmagit上ならば安心してできるようになりました。

このようにEmacsは外部プログラムとエディタを有機的につなげるものなのです。

 準備

elispプログラムのインストールは標準のパッケージシステムをおもに使います。補助的にauto-install.el[注1]を使えば、URLやEmacsWikiからのelispプログラムのインストールがすぐに終わります。

注1) http://www.emacswiki.org/emacs/download/auto-install.el

第1章 エンジニアはなぜエディタにこだわるのか？ VimとEmacs

まずリスト1-Aの設定を加え、`M-x package-install auto-install` で auto-install.el をインストールします。その後でリスト1-Bの設定を加えればauto-install.elが使えるようになります。

 ## eshell

Emacs愛好家ならば、ぜひともeshellを使ってみましょう。メロメロになること間違いなしです。

eshellはelispで書かれたシェル

eshellとは何かを一言で言うと、Emacsで動くシェルで、`M-x shell`同様にプロンプトにシェルコマンドを入力して実行するものです。elispの特徴を考えればほかのシェルにはないメリットがたくさんあり、Emacsヘビーユーザを強く惹き付けるツールになります。

■プラットフォーム非依存

eshellはelispプログラムであるため、プラットフォームに関係なく動作します。Windowsのコマンドプロンプトは劣悪そのものですが、eshellならばUNIX同様のシェルを使えるのです。筆者はWindowsネットブックを「Emacs専用機」として使っていますが、普段の使い勝手はGNU/Linuxとまったく変わりません。

■優れた拡張性

elispは変数を設定したり関数を再定義する ことでプログラムの挙動を自在に操ることができるので、eshellも当てはまります。C言語で書かれているシェルのカスタマイズ範囲は限定されます。eshellならばシェルの構文解析を乗っ取り、zshやRubyなどに実行させられます。

elispは拡張可能なので、機能を追加したいと思ったらコードを書けば良いのです。挙動が気に入らなければ、その場で修正すればいい……eshellはそんなツールです。

■シェルとしての機能

eshellのシェルとしての機能も申し分ありません。UNIXシェルを使い慣れているならば、すぐにeshellに慣れることができます。

とはいえ、使い慣れているシェルを切り替えるというのは敷居が高いです。幸いeshellでは既存のシェルと併用することができます。

eshellはEmacs上のシェルなので、当然Emacsとの親和性が高いです。Lisp式を評価することもできますし、Lisp関数をeshellのシェルコマンドとして実行させることもできます。eshellはバッファなので、長い出力をさかのぼることも問題ありません。

ただ、w3mなどの画面指向のプログラムはeshell内で動かすことはできません。筆者はこれらをGNU Screenで動かしています。

eshellの基礎

ここでは、eshellのシェルとしての基本的な機能を紹介します。

▼リスト1-A　auto-install.elの設定1

```
(package-initialize)
(add-to-list 'package-archives '("melpa" . "http://melpa.org/packages/") t)
```

▼リスト1-B　auto-install.elの設定2

```
(add-to-list 'load-path "~/.emacs.d/auto-install/")
(require 'auto-install)
(auto-install-update-emacswiki-package-name t)
(auto-install-compatibility-setup)
(setq ediff-window-setup-function 'ediff-setup-windows-plain)
```

■eshellを起動する

eshellを起動するには`M-x eshell`を実行します。プロンプトが出るので、そのままコマンドを入力できる状態にあります。

`C-u M-x eshell`で別のeshellが起動します。同時に複数のコマンドを実行したり、別ディレクトリで実行したりするのに使います。eshellは、単なるEmacsのバッファなので何個起動してもEmacsが重くなることはありません。

■eshellのコマンド解釈

eshellのコマンド解釈は、「だいたい」UNIXシェルに似ています。「;」で複数のコマンドが記述できるし、「&&」と「||」も期待通りに動作します（図1）。

ただし、コマンドの実行結果を埋め込むバッククォート構文は、UNIXシェルと異なり「{}」で囲むようになっています（図2）。

▼図1　複文

```
~ $ echo a
a
~ $ echo a; echo b
a
b
~ $ sh -c 'exit 0' && echo normal
normal
~ $ sh -c 'exit 1' && echo normal
~ $ sh -c 'exit 0' || echo abnormal
~ $ sh -c 'exit 1' || echo abnormal
abnormal
```

▼図2　バッククォートは{}

```
$ pwd
/tmp
$ echo `pwd`
`pwd`
$ echo {pwd}
/tmp
```

▼図3　eshellでLisp式を評価

```
$ (+ 1 2)
3
$ (emacs-version)
GNU Emacs 23.4.1 (i686-pc-linux-gnu, GTK+
Version 2.20.1)
 of 2012-03-11 on meg
```

eshellはLisp式を対話的に評価できます（図3）。

■eshellの変数

eshellにおけるシェル変数は、Emacsの変数そのものです。シェル変数はsetqで設定し、「$変数名」で参照します（図4）。

■eshellのエイリアス

eshellのエイリアスには永続性があります。つまり、いったんエイリアスを定義したら即座にファイルに保存され、ほかのeshellはもちろん、Emacs再起動後でもすぐに使えます。

エイリアス定義構文は、bashやzshとは多少異なります。まず、別名と定義の間に=を入れません。また、残りすべての引数をエイリアスに渡すためには、明示的に「$*」を指定する必要があります。図5の例では`ls -l`に`ll`というエイリアスを定義して、使用しています。

Windowsでは次のエイリアスで、eshellからファイルを「開く」ことができます（図6）。

▼図4　eshellの変数

```
$ setq a 2
2
$ echo "<$a>"
<2>
$ echo $emacs-major-version
23
```

▼図5　エイリアス

```
$ alias ll 'ls -l $*'
$ ll /
合計 180
drwxr-xr-x   2 root     root      4096
2012-01-29 04:54 bin
drwxr-xr-x   4 root     root      4096
2012-02-12 14:15 boot
（略）
```

▼図6　ファイルを開く

```
$ alias , 'cmd /c start $*'
$ , .
（フォルダが開かれる）
```

第1章 エンジニアはなぜエディタにこだわるのか？ VimとEmacs

eshellのカスタマイズ

ここではeshellのキーカスタマイズとeshell関数を定義する方法を紹介します。

■eshellのキー

普通のUNIXシェルでは、`C-p`で過去のコマンドライン履歴を取り出すことができますが、eshellでは`M-p`になっています。これはEmacs的にはもっともらしいですが、シェルとしては違和感を感じる人もいるでしょう。筆者はシェルのプロンプトを見たら、無意識的に`C-p`で履歴を取り出してしまいます。「`C-p`本来のカーソルを上に移動する機能が潰れてしまうのでは？」と思われるかもしれません。解決策はシンプルで、カーソルがeshellのプロンプトの行にある場合に履歴を取り出し、それ以外ではカーソルを移動するような挙動にすればいいのです（リスト2）。`M-n(C-n)`についても同様です。

■独自のeshell関数を定義する

eshellでは、Lisp関数をeshellのコマンドとして実行できます。たとえば、eshellでgrepを実行すると、外部プログラムのgrepではなくて`M-x grep`が呼ばれるようになっています。このしくみは、eshellがgrepを解釈するときに、eshell/grep関数が定義されているかどうかをたしかめ、定義されているので呼び出した結果です。このように、eshellはelispと密接なつながりがあります。

eshellがLisp式かどうかを判別する基準は、最初の文字が「(」であるかどうかです。しかしそれでは変数の値を見るのは面倒です。eshellで変数名そのものを打ち込んだら、コマンドと解釈されて意図とは異なる動作をしてしまいます。これを解決するためには、eshell/e関数を定義し、「e 変数名」で変数の値を表示できるようにします（リスト3）。

eshellから呼ばれる関数の引数は、可変長引数(&rest引数)で渡されます。たとえば、「e 1 2 foo」を実行したら(eshell/e 1 2 "foo")を呼び出します。eshell/eは最初の引数のみを評価の対象にするので、(car args)で最初の引数を取り出します。それから(format "%s" ?)で文字列化し、readでLisp式に変換（数値はそのまま、文字列はシンボルに変換）し、evalで評価します。eshellはeshell/eの戻り値を出力します（図7）。

▼リスト3 eshell/e関数

```
(defun eshell/e (&rest args)
  (eval (read (format "%s" (car args)))))
```

▼図7 emacs-major-versionの値を表示

```
~/sd-1206 $ e emacs-major-version
23
```

▼リスト2 C-pとC-nでコマンドライン履歴を取り出すための設定

```
(defun eshell-in-command-line-p ()
  "カーソルがeshellのプロンプトにあるときに真を返す"
  (<= eshell-last-output-end (point)))
(defadvice eshell-previous-matching-input-from-input (around shellish activate)
  (if (eshell-in-command-line-p)       ;カーソルがプロンプトにあるとき
      ad-do-it                         ;コマンドライン履歴を取得
    (call-interactively 'previous-line))) ;そうでないときはカーソルを上に
(defadvice eshell-next-matching-input-from-input (around shellish activate)
  (if (eshell-in-command-line-p)
      ad-do-it
    (call-interactively 'next-line)))
(defun eshell-mode-hook--shellish ()
  (define-key eshell-mode-map " C-p" 'eshell-previous-matching-input-from-input)
  (define-key eshell-mode-map " C-n" 'eshell-next-matching-input-from-input))
(add-hook 'eshell-mode-hook 'eshell-mode-hook--shellish)
```

eshellでzshなどを呼び出す

eshellは十分実用的ですが、さすがにすべてをeshellで賄えるわけではありません。eshell初心者はどうしても、eshellに完全に慣れるまで時間がかかります。使い慣れたzshの機能を使いたい場合も出てきます。eshellの機能面でも入力リダイレクトが未実装だったり、出力リダイレクトもelispでやっているため動作が遅いです。これらの問題は、次のようにeshellからzshを呼び出せば解決します。

`M-x auto-install-from-emacswiki esh-myparser.el`

でesh-myparser.elを実行し、リスト4の設定を加えます。

これで次の接頭辞が使えるようになり、接頭辞以降の文字列は丸ごとプログラムに渡されます。特定の接頭辞が登場したら、挙動を変えるようeshellに改造を加えました（表1）。こんな芸当ができるのは、eshellがelispで書かれているからこそです（図8）。

キーカスタマイズ

Emacsカスタマイズの定番キーカスタマイズの基礎から応用を取り上げます。

自分用のキーを確保せよ

Emacsの魅力の1つはカスタマイズ性ですが、最も効果が高いのがキーカスタマイズです。なぜなら、キーボード関連は操作性に直接に影響するからです。せっかく便利な機能なのに、押しづらいキーバインドだと使う気が起きません。筆者はM-%が押しづらいのでC-l rに割り当てています。

Emacsにはありとあらゆるキーにコマンドが割り当てられていると思いがちですが、案外余っているキーはあるものです。余っているキーの多くはemacs -nwでは使えないので、-nwはお勧めしません。以後は-nwではないことを前提として話を進めます。とくに Ctrl +1文字は押しやすいため、貴重です。

C-;、C-:、C-.、C-,、C-\、M-[、M-]、F5 ～ F9 、F11 、F12 、C-@、C-c 英数字には無条件で割り当てられます。使用頻度の低いとされるC-z、C-t、C-l、C-q、C-]、F2 も候補です。

プレフィクスキー

さらっと余っているキーを挙げましたが、Emacsヘビーユーザはたくさん機能を割り当てるので、単一のコマンドを割り当てるだけでは足りません。当然いくつかのキーをプレフィクスキーにする必要が出てきます。プレフィクスキーとは、C-xやC-cなど、それだけではコマンドが完結していないキーのことです。プレフィクスキーにするのは、とくに押しやすいキーにするのがお勧めです。筆者はC-lをプレフィクスキーにしています。しかし、C-lにはすでに割り当てられているので、いったんC-lの割り当てを解除する必要があります（リスト5）。

グローバルなキーバインドを変更する関数はglobal-set-keyですが、キーの指定にはkbdを使ってください。

▼リスト4　esh-myparser.elの設定

```
(require 'esh-myparser)
```

▼表1　esh-myparser.elで使える接頭辞

接頭辞	プログラム
z	zsh
b	bash
rb	ruby

▼図8　実行例（zsh、ruby）

```
$ z for a (1 2 3) echo $a
1
2
3
$ rb a=1; b=2; a+b
3
```

第1章 エンジニアはなぜエディタにこだわるのか？ VimとEmacs

特殊なキーカスタマイズ

キーバインド関係のelispプログラムは、いろいろ存在します。

■連続的にプレフィクスキーを有効にする

プレフィクスキーを導入することで、たくさんのコマンドをキーに割り当てることに成功しました。しかし、連続的にプレフィクスキーを使うのは煩わしくなってきます。たとえば、org-modeで見出し単位に移動するには、C-c C-pとC-c C-nを使うのですが、連続的に使う場合にはC-cを毎回押さなければなりません。C-c C-pとC-c C-nを実行後、すでにC-cが押されている状態ならば、C-c C-p C-p ……と打鍵数が減ります。これを実現するのがsmartrep.elです[注2]。

```
M-x package-install smartrep
```

■コマンド連続実行時の挙動を設定する

同じコマンドを、たて続けに実行したときの挙動を設定するのがsequential-command.elです（リスト6）。

たとえば、C-eは行末に移動しますが、連続で実行しても結果は同じです。そこで2度目に実行したらバッファ末尾に移動し、3度目で元の位置に戻すような挙動にすることで、C-eが有効活用できます。M->よりもC-e C-eのほうが押しやすいので快適です。C-aも同様に、行頭→バッファ先頭→元に戻るの挙動をします。

また、M-u、M-l、M-cもデフォルトとは挙動を変更し、カーソル後方の単語を次々と大文字化、小文字化、キャピタライズ（先頭の文字だけ大文字化）していきます。デフォルトの挙動だと、それらのコマンドを使うにはいちいちM-bで戻らないといけないのですが、その手間を省きます。

```
M-x package-install sequential-comand
```

■キー同時押しでコマンドを発動させる

2つのキーを同時押しすることでコマンドを実行するのがkey-chord.elです（リスト7）。プレフィクスキーが好きではないならば、この方法を試してみるのも良いでしょう。

```
M-x package-install key-chord
```

■同じキーを連続で押して別の文字列を入力する

同じキーを連続して押すと、別の文字列が入力されるように設定するのがsmartchr.el（後継key-combo.el）です。sequential-command.elに似ていますが、これはコーディングにおける打鍵数減少が目的です。たとえば、==を押すと両脇にスペースが入った状態で「 == 」が入力されるようになります[注3]。

[注2] http://sheephead.homelinux.org/2011/12/19/6930/ に作者による詳しい説明があります。

▼リスト5　C-lをC-l C-lに変更する

```
(global-set-key (kbd "C-l") nil)
(global-set-key (kbd "C-l C-l") 'recenter-top-bottom)
;; 以後、自由にC-lから始まるキーにコマンドを割り当てる
```

▼リスト6　sequential-command.elの設定

```
(require 'sequential-command-config)
(sequential-command-setup-keys)
```

[注3] http://tech.kayac.com/archive/emacs-tips-smartchr.html に作者による詳しい説明があります。

▼リスト7　df同時押しでfind-fileを実行する設定

```
(require 'key-chord)
(key-chord-mode 1)
(key-chord-define-global "df" 'find-file)
```

Emacsシーン別 究極のカスタマイズに迫る 1-6

■メニュー選択でプレフィクスキーを使いやすくする

キーボード選択メニュー形式でコマンドを呼び出すのがguide-key.elです。Emacsはプレフィクスキー経由で無数のコマンドが定義されていますが、覚えるのがとてもたいへんです。そこで、guide-key.elを導入後に特定のプレフィクスキーを押すとプレフィクスキーから始まるコマンドのメニューが出てきます。たとえばC-x rを押したら、レジスタ、矩形、ブックマークのコマンドが選択できます（図9）。うれしいのは、メニューが出るだけで操作方法そのものは通常と変わらないことです。Emacsのキーが覚えられない人には、ぜひともお勧めです。

```
M-x package-install guide-key
```

それから、.emacsの末尾にリスト8の設定を加えます。

場面に特化した上級カスタマイズ

最後に、Emacsを手足のごとく操れるようになるために、場面に特化したカスタマイズの指針をお話します。究極のカスタマイズとは、あらゆるテキストを快適に編集／管理できるようにすることだと考えています。それもできるだけ早く得たい結果に到達することが大切です。

独自形式のファイルで特定のキーワードに色を付けたり、#以降をコメントにしたい……それならばサクッとメジャーモードを作成します。

特定のファイルに対して独自の機能を追加したモードが欲しければ、派生メジャーモードを作るか、マイナーモードを作成します。

ファイルを保存する前後に何か処理をしたいのならば、そのタイミングで実行されるフック関数を記述します。適切なフックが見つからず、関数の挙動を変更する必要があるのならば、アドバイスです。

フック

フックとは特定のタイミングで実行される関

▼リスト8　guide-key.elの設定

```
(require 'guide-key)
(setq guide-key/guide-key-sequence '("C-x r" "C-x 4"))
(guide-key-mode 1)
```

▼図9　C-x rで起動するメニュー

Special Issue - 41

数群です。設定することで、簡単にEmacsを自分好みにできます。

■フックの基礎

Emacsには、特定のタイミングで実行する関数群を登録するフックという機能があります。

有名なのがメジャーモードのフック（モードフック）で、モード名に-hookを付けた名前になっています。たとえばemacs-lisp-modeを有効にした直後に実行されるのが、emacs-lisp-mode-hookです。モードフックはキーカスタマイズをしたりマイナーモードを有効にするのが定番です。

もちろんモードフック以外にも、ありとあらゆるタイミングでフックが定義されています。主なフックを表2に挙げておきます。

フックに関数を追加するには、関数を定義したあとに、add-hookを使います。たとえば、バッファを削除したときにメッセージを表示するには、リスト9のようになります。関数定義→フック追加のひな形として使ってください。

■before-save-hook

before-save-hookはファイルに保存する前に実行されるフックです。ここでは改行直前の余計なスペースを削除する、delete-trailing-whitespaceをbefore-save-hookに追加することを考えます（リスト10）。

この設定を施すと、すべてのファイルに対して保存前にdelete-trailing-whitespaceが実行されます。それだと意図的に改行前スペースを入

▼リスト9　フックの設定例

```
;;; カレントバッファを削除したという
;;; メッセージを出す関数を定義
;;; 関数名は任意でよい
(defun showmsg ()
  (message "Killed %S" (current-buffer)))
;;; showmsgをkill-buffer-hookに登録する
(add-hook 'kill-buffer-hook 'showmsg)
;;; 削除するにはremove-hookを使う
;; (remove-hook 'kill-buffer-hook 'showmsg)
```

▼リスト10　改行直前のスペースを削除してから保存する設定

```
(add-hook 'before-save-hook
          'delete-trailing-whitespace)
```

▼表2　主なフック

フック	実行されるタイミング
after-save-hook	バッファをセーブした後
before-save-hook	バッファをセーブする前
find-file-hook	ファイルを開いた直後
after-change-major-mode-hook	メジャーモードに切り替えた直後
after-init-hook	.emacsをロードした直後
change-major-mode-hook	メジャーモードを切り替える前
delete-frame-functions	フレームを削除する前
emacs-startup-hook	.emacs、コマンドライン引数処理後
first-change-hook	初めてバッファを修正したとき
input-method-activate-hook	インプットメソッドを有効にした後
isearch-mode-end-hook	isearchを終えた直後
isearch-mode-hook	isearch開始直後
kill-buffer-hook	バッファを削除する直前
kill-emacs-hook	Emacsを終了する直前
minibuffer-exit-hook	ミニバッファ入力を終えるとき
minibuffer-setup-hook	ミニバッファを作成した直後
window-configuration-change-hook	ウィンドウ構成構成変更後
post-command-hook	各コマンド実行後
pre-command-hook	各コマンド実行前

れたファイルが作成できません。よって特定のメジャーモードのみ有効にするのが良いです。add-hookの第4引数を「t」にして、フックをバッファローカルにします。リスト11の例では、emacs-lisp-modeでのみ保存前にdelete-trailing-whitespaceを実行します。add-hookが2つ出ていますが、バッファローカルなフック関数を登録する処理をモードフックに設定しています。

■after-save-hook

after-save-hookはbefore-save-hookの逆で、ファイル保存後に実行されるフックです。保存後に自動的に特定のシェルコマンドを実行したいケースはかなり多いですよね。ファイルの内容を反映するコマンドとして、Xのリソースを取り上げます。.Xdefaultsや.Xresourcesを書き換えたら、それを反映させるにはxrdbを実行する必要があります（リスト12）。

この設定に使ったコードでは、最初にwhenによる条件付き実行を使っています。バッファローカルなフックを定義することもできますが、フック関数の中で処理を実行する条件を設定する方法もあります。関数の中身をまるごとwhenで囲んで条件が合うときのみ実行するコードはフック関数にしばしば登場します。

ほかにはcrontabファイルに対してcrontab -eを実行するケースがあります。elisp開発では、保存後に自動バイトコンパイルを行うauto-async-byte-compile.elにもafter-save-hookは使われています。

モードを作成する

特定の形式のファイルを快適に編集するためには、やはりメジャーモードを作成するのが基本となります。メジャーモードを作成するというと、どうしても難しそうに思えるのですが、簡単なものなら数行で定義できるほどなので気張る必要はありません。

■generic-modeを作成する

generic-modeは、ファイルに関する情報を教えるだけでメジャーモードが作成できる「お手軽メジャーモード作成キット」です。とりあえず、.emacsに(require 'generic-x)を入れておくだけで、多種類の設定ファイルのgeneric-modeが自動的に有効になります。/etc/hostsを開けばhosts-generic-modeになり、/etc/fstabを開けばetc-fstab-generic-modeになります。Windowsならば.iniファイルに対してini-generic-modeになります。

generic-xで定義されていない独自のファイル形式をサポートする場合ですが、コメントやキーワードに色を付けるくらいならばとても簡単です。たたき台から流用してしまうのが最短です。たとえば、ネームサーバの設定ファイルである/etc/resolv.confに対応するresolve-conf-generic-modeはリスト13の定義になって

▼リスト11 emacs-lisp-modeでのみ実行されるbefore-save-hook

```
(add-hook 'emacs-lisp-mode-hook
  (lambda () (add-hook 'before-save-hook
    'delete-trailing-whitespace nil t)))
```

▼リスト12 .Xdefaults保存後にxrdb -mを実行する設定

```
(defun run-xrdb-m-maybe ()
    ;; メジャーモードがconf-xdefaults-modeかx-resource-generic-modeの場合のみ実行
    (when (memq major-mode '(conf-xdefaults-mode x-resource-generic-mode))
      ;; shell-commandでシェルコマンドを実行し、結果を表示する
      ;; formatでコマンドラインを組み立てる
      (shell-command (format "xrdb -m %s"
                        ;; シェルのメタ文字をエスケープする
                        (shell-quote-argument buffer-file-name)))))
(add-hook 'after-save-hook 'run-xrdb-m-maybe)
```

第1章 エンジニアはなぜエディタにこだわるのか？ VimとEmacs

います。

たとえば、コメント開始文字が「;」で.mlterm/以下のファイルが対象のmlterm-generic-modeはリスト14のようになります。

コメント行が色付けされるだけでも見た目がわかりやすくなるので、generic-modeはお手軽なEmacsカスタマイズです。そのほかの例は、`M-x find-library generic-x`を実行してコードを読んでください。もっとも、コメントが#から始まり、文字列が""で囲まれるようなUNIX伝統の設定ファイルならば、勝手にdefault-generic-modeになってくれます。

■ 派生メジャーモードを定義する

元のメジャーモードに特定の機能を追加するには派生メジャーモードを定義する方法があります。筆者はだいたいorg-modeで文章を書くので、用途に特化したorg-modeの派生メジャーモードを定義しています（リスト15）。そうすることで、その用途専用のコマンドを定義し、キーに割り当てることができるからです。特定のファイルのみに有効となる派生メジャーモードに独自のコマンドを割り当てるひな形を示します。記事を書いて、整形スクリプトorg-article-compileを実行することを想定しています。

なお、派生元をnilにすると、どこからも派生していない新しいメジャーモードができます。define-derived-modeはメジャーモード作成の基本となるマクロです。本記事はカスタマイズ

▼リスト13　resolve-conf-generic-mode

```
(define-generic-mode
 resolve-conf-generic-mode
 ;; コメント文字リスト
 '(?#)
 ;; キーワードリスト
 '("nameserver" "domain" "search"
   "sortlist" "options")
 ;; 色付けリスト
 nil
 ;; ファイルの正規表現リスト
 '("/etc/resolv[e]?.conf '")
 ;; 初期化関数リスト
 nil)
```

▼リスト14　mlterm-generic-mode

```
(define-generic-mode mlterm-generic-mode
 ;; コメント文字リスト
 '(?;)
 ;; キーワードリスト
 nil
 ;; 色付けリスト
 nil
 ;; ファイルの正規表現リスト
 '("/ .mlterm/")
 ;; 初期化関数リスト
 nil)
```

▼リスト15　org-article-mode

```
;;; org-modeから派生したorg-article-modeを作成する
;;; モードラインにOrgArticleと出るように設定
(define-derived-mode org-article-mode org-mode "OrgArticle"
  "記事作成に特化したorg-mode"
  ;; C-c C-sにorg-article-compileコマンドを割り当てる
  (define-key org-article-mode-map (kbd "C-c C-s") 'org-article-compile))
(defun org-article-compile ()
  (interactive)
  ;; カレントバッファをファイルに保存する
  (save-buffer)
  ;; org-article-compileコマンドを実行させる
  ;; buffer-file-nameはカレントバッファのファイル名
  ;; ただし、このコードはひな形なのでechoしているだけ
  (shell-command (format "echo org-article-compile %s"
                         (shell-quote-argument buffer-file-name))))
;;; articleディレクトリのorgファイルを開くとorg-article-modeになる設定
;;; "/article/.+org$" は、メジャーモードを有効にするファイル名の正規表現
(add-to-list 'auto-mode-alist '("/article/.+org$" . org-article-mode))
```

に重点を置いているので、既存のメジャーモードを拡張するお話をしました。

■マイナーモードを定義する

用途に特化したモードを作成するもう1つの方法がマイナーモードを定義することです。派生メジャーモードは1つのメジャーモードを拡張するものですが、マイナーモードはどんなメジャーモードとも併用できるメリットがあります。上のひな形をマイナーモードに翻訳したのがリスト16です。

キーマップ定義はdefine-minor-modeよりも前に置いておく必要があります。さもないと、キーマップの変更が困難になるからです。

アドバイス

フック関数を設定することで、Emacsを縦横無尽にカスタマイズできます。しかし、必ずしも適切なフックが存在するとは限りません。そこで登場するのがアドバイスという機能です。アドバイスを使えば関数呼び出しの前後に行う処理を記述できます。関数呼び出し前後にかかっているフックのようなものと思ってください。関数の挙動にまで踏み込んでカスタマイズできるので、アドバイスは最強のカスタマイズ手段です。うまく使えば少量のコードで大きな効果をもたらします。

アドバイスは、関数の高機能な再定義です。アドバイスは、元の関数に結合する形になります。元の関数定義は保存されているので、元の関数を再定義したら再びアドバイスと結合します。気に入らない関数の挙動を正したり、バグが含まれている関数を直したりするのにアドバイスは使われます。

アドバイスには結合のタイミングを表す3種類の「クラス」があります。前に結合するbefore、後に結合するafter、そして関数全体を覆うaroundです。aroundはbeforeとafterの機能を含みますが、それらよりも内側に結合します。まとめると、アドバイスされた関数はbefore→around→本体→around→afterの順序で実行されます。

典型的なアドバイスの書式は次の通りです。アドバイス名は任意の名前で、関係あるアドバイスはみな同じ名前にしておくと良いです。引数リストは、アドバイスの中で関数の引数を使うときに指定します。

・書式

(defadvice 関数名 (クラス アドバイス名 activate) アドバイス定義)
または

▼リスト16　article-minor-mode

```
;;; article-minor-modeのキーマップを指定
(defvar article-minor-mode-map (make-sparse-keymap))
(define-key article-minor-mode-map (kbd "C-c C-s") 'org-article-compile)
;;; article-minor-modeを定義
;;; Articleとモードラインに出るように設定
(define-minor-mode article-minor-mode
  "記事作成に特化したマイナーモード"
  nil " Article")
;;;; org-article-compile関数は同じ

;;; articleディレクトリのorgファイルに対してarticle-minor-modeを有効にする
(defun enable-article-minor-mode-maybe ()
  (when (and buffer-file-name
             (string-match "/article/.+org$" buffer-file-name))
    (article-minor-mode 1)))
;;; org-modeとarticle-minor-modeを併用する
(add-hook 'org-mode-hook 'enable-article-minor-mode-maybe)
```

第1章 エンジニアはなぜエディタにこだわるのか？ VimとEmacs

(defadvice 関数名 (クラス アドバイス名 (引数リスト) activate) アドバイス定義)

beforeとafterアドバイスの挙動を確かめるために、数値の関数を例にしてみます（リスト17）。fは引数に1を足す関数で、引数と戻り値を加工する例です。

ここで変数ad-return-valueが出てきましたが、これは元の関数の戻り値です。これに代入することで戻り値を変更できます。逆に、代入しないと戻り値は変更されないので、戻り値を使う関数のアドバイスは気を付けてください。

アドバイスされた関数呼び出しの流れを追ってみましょう。(f 2)を呼び出すと、beforeアドバイスの効果で引数が変更され、(f 200)となります。そして元の関数を呼び出し、201が返ります。最後にafterアドバイスの効果で(+ 201 10 200)すなわち411が戻り値となります。

aroundアドバイスについては、eshellのカスタマイズのところで出てきました。aroundアドバイスに出てくるad-do-itは、元の関数の中身のコードを置き換えたものです。ad-do-itが登場しないaroundアドバイスは、元の関数を丸ごと置き換えます。

実用的な例として、ミニバッファの履歴に関するアドバイスを紹介します（リスト18）。ミニバッファでC-gを押したらミニバッファが閉じられますが、途中まで入力していた内容が失われます。この設定をすれば、間違ってC-gを押したときでも履歴に残っているのでM-pで入力を取り戻すことができます。

終わりに

ここまでお読みいただき、ありがとうございます。いかがだったでしょうか？ Emacsユーザがとくに興味を持ちそうなテーマをいくつか取り上げてみました。誌面の関係上かなり駆け足になってしまいましたが、おもしろいと感じていただければ幸いです。

筆者はEmacsの極秘ネット塾を運営しています。毎週土曜日メルマガ『Emacsの鬼るびきちのココだけの話』を発行しています[注4]。内容は塾生（読者）からリクエストされたものです。一部のハッカーしか知らない奥義や裏技をたった5分で自分のものにできる内容となっています。塾生からの質問は随時受け付けていて、個別に指導しています。質問内容は、メルマガとは無関係でもかまいません。うまく動かないなどの悩みも解決します。

Emacsのあらゆる問題を解決したい、もっとEmacsについて知りたい、Emacsを手足の如く操りたいと思うのであればぜひともメルマガを講読してください。初月無料の月々527円です。内容が気に入らなければ翌月までに解約すればいいので、心配はいりません。あなたのEmacsを無敵化して、面倒な仕事を楽しくスパッと片付けてみませんか？ **SD**

▼リスト17　関数に前後のアドバイスを設定する

```
;;; f(x) = x+1 なる関数
(defun f (x) (1+ x))
;;; 関数呼び出し前に引数を100倍にする
(defadvice f (before test (x) activate)
  (setq x (* 100 x)))
;;; 関数呼び出し後に返り値に10とxを足す
(defadvice f (after test (x) activate)
  (setq ad-return-value
        (+ ad-return-value 10 x)))
(f 2)
; => 411
```

▼リスト18　ミニバッファを保護するアドバイス

```
(defadvice abort-recursive-edit
  (before minibuffer-save activate)
  "ミニバッファでC-gを押しても履歴を残す"
  (when (eq (selected-window)
            (active-minibuffer-window))
    (add-to-history
     minibuffer-history-variable
     (minibuffer-contents))))
```

注4) https://www.mag2.com/m/0001373131.html

Appendix

エンジニアのもう1つの仕事道具
一流プログラマはキーボードにもこだわる

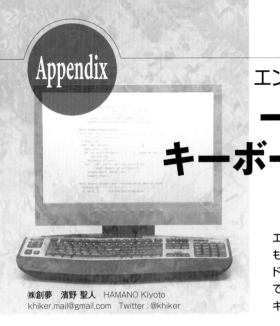

㈱創夢　濱野 聖人　HAMANO Kiyoto
khiker.mail@gmail.com　Twitter：@khiker

エディタにこだわるなら、さらに一歩進んでキーボードにもこだわりたいものです。自分に合ったエディタとキーボードがそろえば、作業効率は格段にアップするはず。本稿ではエディタから少し目線を変えて、プログラマに適したキーボードをいくつか厳選して紹介します。

 ## はじめに

筆者はUNIX系のプログラマをしており、Emacsユーザです。仕事、プライベートに関係なく、1日中PCの前にいることがよくあります。もちろん、その際はずっとキーボードを叩いて、Emacsで何らかの作業をしています。そのせいもあってかキーボード収集が趣味で、毎月1枚以上のキーボードを購入し注1、総計で80枚以上注2のキーボードを所持しています。

本稿では、そんな筆者が利用している入力環境と、所持しているものの中からお勧めのキーボードや変わったキーボードを紹介します。

 ## 筆者の入力環境

読者のみなさんは普段どのような入力環境をお使いでしょうか。プログラマの方ならば、REALFORCEやHappy Hacking KeyboardのProfessionalを使っておられる方が多いでしょうか。筆者は、Thinkpad X201にマウスとしてEvoluent Vertical Mouse3を、キーボードとしてKINESISコンタードキーボードを少し改造したものを、接続して使っています。ここではKINESISコンタードキーボードについて深く紹介します。

KINESISコンタードキーボード

KINESISコンタードキーボードとは、米国KINESIS社が販売しているキーボードです。手首に負担のかからないエルゴノミクスキーボードです。日本では、日本の正規代理店やAmazonから購入できます。大きく次の4つの特徴を持ちます。

・人間工学（エルゴノミクス）に基づいた形状
・柔軟なカスタマイズ機能
・メカニカルスイッチを採用
・専用のフットスイッチと接続可能

それぞれについて詳しく述べます。

■人間工学に基づいた形状

キーボードが人間工学に基づいたお碗型の形状をしており（写真1）、格子状にならんだ配列を持ちます。このため、指を上下に動かすだけで操作でき、腕や手首にあまり負担がかかりません。親指で打てるキーが12個配置されており、親指を有効活用できるデザインとなっています。[Ctrl]キーや[Alt]キーなどの修飾キーを親指で扱うことができ、Emacs使いによくある左手小指を使い過ぎて痛くなるという現象を回避できます注3。

注1）　多いときは、週に1枚購入しています。
注2）　きちんと数えてはいないため、正確な数はわかりません。
注3）　かくいう筆者も小指が痛くなり、REALFORCEからKINESISに変更しました。変更後に指が痛くなったことはありません。

第1章 エンジニアはなぜエディタにこだわるのか？ VimとEmacs

■柔軟なカスタマイズ機能

キーボードの機能として、キー配列を自由自在にカスタマイズすることができます。たとえば、CapsLockキーとCtrlキーの入れ替えや、左右の修飾キーを対象に配置、また通常のQwerty配列をDvorak[注4]やColemak[注5]などの別の配列に変更することが、容易にできます。これらはキーボードの設定で行えるのでOSの設定は不要です。キーボード側でリマップすると次のような利点があります。

- OSは何でもよい。OSの管理者権限も不要
- BIOSでもログイン画面でもLiveCDでも自分の好きな配列が使える

■メカニカルスイッチを採用

メカニカルスイッチを採用しており、打鍵感も良いです。搭載しているスイッチはCherryの茶軸です。

Cherryのスイッチはスイッチにある「軸」の色で区別され、最近のキーボードには黒軸、茶軸、青軸、赤軸がよく使われています。これらのスイッチは4mmまで押し下げることができ、2mmまで押し下げるとキーが押されたと認識します。大まかな違いは表1のとおりです。

筆者は軸を赤軸に入れ替えて使用しています[注6]。赤軸はリニアな特性を持つ軸で、深く押し込めば押し込むほど線形に反発が強くなります。対して茶軸は押したと認識する少し手前で反発が強い個所があります。2mmまで押し込めば認識するので、リニアな特性を持つ軸のほうが2mmの地点ぐらいで止めるという打ち方がしやすいです。この特性を持つ軸は黒軸と赤軸ですが、筆者は反発の弱い軽い軸のほうが好みですので赤軸に入れ替えています。軸の入れ替えは、多少根気のいる作業[注7]ですが、それに見合うだけの結果は得られています。

■専用のフットスイッチと接続可能

専用のフットスイッチとも接続が可能です。KINESISコンタードのProfessionalモデルであれば、ボタンが1つのフットスイッチが付属します。別売でボタンが3つあるフットスイッチもあり（写真2）、筆者はこちらを使用しています。フットスイッチのボタンにどのキーを割り当てるかについても、自在に設定できます。

[注4] http://ja.wikipedia.org/wiki/Dvorak%E9%85%8D%E5%88%97
[注5] http://colemak.com/
[注6] 現在は赤軸版のコンタードキーボードもKINESIS本社もしくは、日本代理店に問い合わせると購入できます。
[注7] 軸1つにつき4ヵ所、はんだを取る必要があります。

▼表1　Cherryのスイッチにおける軸の種類と特徴

軸の種類	特徴
黒軸	深く押し込めば押し込むほど線形に反発が強くなる軸
赤軸	反発の弱い黒軸
茶軸	認識する少し手前に反発が強い個所がある軸
青軸	認識する直前に反発が強い個所があり、クリック音のある軸

▼写真1　KINESIS Advantage USB コンタードキーボード

▼写真2　フットスイッチ

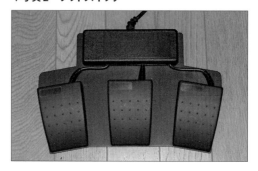

フットスイッチを使用する上で注意しなければならないのは「足は想像する以上に、手ほどうまく動かせない」ということです。CtrlキーやShiftキーのようなキーを割り当ててもおそらくうまく使うことはできません。Caps LockキーやPrint Screenキーのようなたまに使用するキーを割り当てておくと便利です。

お勧めキーボード

キーボードと一口にいってもさまざまな種類があります。ここでは筆者が所持している中から、先ほど紹介したKINESISコンタードキーボード以外でお勧めしたいキーボードや変わったキーボードを紹介します。英字キーボードが中心となりますが、読者のみなさんの琴線に触れるキーボードを紹介できれば幸いです。

Happy Hacking Keyboard

プログラマの間で非常に有名な小型のキーボードで、Aキーの左横にCtrlキーがあり、必要最小限のキーのみを持つことが特徴です（**写真3**）。HHKやHHKBと略されます。大きく分けてHHKB Lite、HHKB Professional2、HHKB Professional2 Type-Sの3種類があります。購入されるのであれば、Professional以上をお勧めします。Professional以上で使われているスイッチは、REALFORCEでも採用されている静電容量無接点方式であり、非常に心地良い打鍵感です。Type-Sは最上位機種でProfessional2と比較してスイッチが静音版となっており、キーのぐらつきも抑えられています。Type-Sはほかの種類とともに㈱PFUのWebサイトで販売されています。

REALFORCE

静電容量無接点方式のスイッチを持つキーボードです（**写真4**）。テンキーあり／なし、日本語配列／英語配列、静音版、等荷重[注8]／変荷重[注9]、Windowsキーあり／なし、PS/2版／USB版など多くの種類があります。普通のキーボード配列で打鍵感の良いものを探しているのであれば、選択肢に入れると良いです。

Majestouch2/Majestouch Ninja

標準的なキー配列を持つメカニカルキーボードです。Cherryのメカニカルスイッチを採用しており、黒軸版、赤軸版、青軸版、茶軸版とあり、それぞれにテンキーあり／なし、英字配列／日本語配列のバージョンがあります。またキーへの印字をキー前面に施し、印字が削れて消えないように工夫をしたNinjaというバージョンもあります（**写真5**）。

Truly Ergonomic Keyboard

格子状の配列とパームレストが特徴的な

注8) すべてのキーの反発力が同じ重さです。
注9) キーごとに反発力が違う重さとなっています。たとえば、力の弱い小指で打つキー（aキーやqキー）は軽い反発となっています。

▼**写真3** HHKB Professional2（黒）とLite（白）

▼**写真4** REALFORCE 10th anniversaryモデル

第1章 エンジニアはなぜエディタにこだわるのか？ VimとEmacs

エルゴノミクスキーボード[注10]です（写真6）。Cherryのメカニカルスイッチを採用しており、発売当時は茶軸、青軸、赤軸から選べました。104キー、105キー、109キーの3種類のタイプがあり、109キーのタイプであれば、英字キーボードにもかかわらず、変換キー、無変換キー、半角／全角キーもあります。

プログラマブルキーボードでもあり、キーマップを自由に変更することができます。

Comfort Keyboard Systems

キーボードが3つの部位に分かれていることが特徴的なエルゴノミクスキーボードです（写真7）。電話線のようなコードでそれぞれの部位をつなぎ、部位の順番を入れ替えたり、部位それぞれの角度を変えたりできます（写真8）。たとえば、左利きの人でたまにある「テンキーの部分は左にあったほうが良い」という要求も満たすことができます。また、このキーボードはプログラマブルキーボードであり、キー配列を自在に入れ替えられます。

終わりに

筆者がキーボードを探すときは、「長時間使用しても疲れないか」、「打鍵感は良いか」、「プログラム機能を持つか」という点に主眼を置いて探しています。長時間キーボードを使用することが多く、打鍵感のよさにもこだわりたい、またキーのスワップ（入れ替え）などはキーボード上の設定で完結できるならば、そこで済ませたいというのが理由です。今回はその観点に合ったキーボードを中心に紹介しました。

本稿で挙げたキーボードすべてを実際に触って試せる店はおそらくありませんが、購入はインターネット上にあるさまざまなショップから行えます。また、古いキーボードもYahoo!オークションやeBayから購入できます。一度、自分の好みのキーボードがないか探してみるとおもしろいかもしれません。

本稿が読者のみなさんの入力環境に良い影響を与えることができれば、これに勝る喜びはありません。 **SD**

注10）プリオーダーで注文（支払い含む）してから商品発送まで1年弱かかったことが一部で話題となりました。

▼写真5　印字がキー前面にあるMajestouch Ninja

▼写真6　Truly Ergonomic Keyboard

▼写真7　Comfort Keyboard Systems（上から）

▼写真8　Comfort Keyboard Systems（キーボードの角度を変更）

第2章

使うほどなじむ
「Vim使い」事始め
プログラマ・インフラエンジニア・文章書きの心得

　正直なところ、Vimは最初の敷居が高いエディタです。にもかかわらず、世界中のエンジニアに愛用され続けています。エンジニアを惹きつけてやまない魅力——その片鱗は、本特集の2つのコラム記事から感じ取ってもらえるはずです。
　そして、Vimを常用エディタにできるかどうかは「Vimで快適に仕事ができるか」にかかっています。2-2～2-4は、その道で日々活用しているVim使い（Vimmer）から、実務で効果を発揮するポイントを紹介してもらいます。

※本特集の初出は2015年1月号です。

CONTENTS

2-1 犬でもわかる!?
Vim導入＆カスタマイズの超基本 52
Writer 林田 龍一

2-2 IDE並みの機能を軽快な動作で！
実用Tips＆対策［プログラマ編］ 66
Writer mattn

2-3 運用作業であわてないために
実用Tips＆対策［インフラエンジニア編］ 74
Writer 佐野 裕

2-4 vim-markdownという選択
実用Tips＆対策［文書作成編］ 82
Writer mattn

コラム1 「とっつきにくい変態エディタ」
だったVimが「私の素敵な相棒」に変わるまで 64
Writer 伊藤 淳一

コラム2 Vimの真のチカラを引き出すパラダイムシフト
Vimは編集作業をプログラムにする 90
Writer MURAOKA Taro

表記注釈 本特集では、一部キーの入力について次のように表記します。
・半角スペース……□
・Ctrlキー……Ctrl または Ctrl
・Escキー……Esc または Esc
・Ctrlキーを押しながらaキーを押す……Ctrl-a

第2章 使うほどなじむ
「Vim使い」事始め
——プログラマ・インフラエンジニア・文章書きの心得——

2-1 犬でもわかる!? Vim導入&カスタマイズの超基本

Writer 林田 龍一（はやしだ りゅういち） URL https://twitter.com/Linda_pp Mail lin90162@gmail.com

Vimの導入はそれほど難しくありません。本稿ではこれからVimを使い始めたい、Vimをちょっと使ってみようかなという方を対象に、愛犬家の筆者がVimのインストールから各基本機能の学び方、設定の基礎まで説明します。

インストールおよびセッティング

Vimの魅力を語りたいのはやまやまですが、百聞は一見にしかず、早速Vimをインストールしてみましょう。Vimは20年以上前からある有名なエディタですので、各OSやディストリビューションでパッケージが用意されており、簡単にインストールすることができるようになっています注1。

Windows

WindowsでVimを使うなら、香り屋さんが提供されている「KaoriYa Vim」がお勧めです注2。更新が活発で、便利な追加機能やスクリプトが加えられています。

香り屋さんのサイトから自分の環境に合ったバージョンをダウンロードし、お好きな場所（たとえば、C:¥vim）に展開してください。ファイルパスに空白が含まれるとうまく動かないプラグインがあるため、避けることをお勧めします。

展開したフォルダ内にあるvim.exeがCLI（Command Line Interface）版のVim、gvim.exeがGUI（Graphical User Interface）版のVimです。gvim.exeのショートカットをデスクトップに作成しておきましょう。

Mac

Macではアプリ単体として配布されている「MacVim KaoriYa」を使う方法と、Mac用パッケージマネージャのHomebrewを使って「MacVim」をインストールする方法とがあります。デフォルトの状態でも/usr/binにVimは入っていますが、Mac向けにビルドされたものではないのでMacVimをインストールすることをお勧めします。

MacVim KaoriYa

MacVim KaoriYaはKaoriYa Vimの便利な追加機能やスクリプトをMac向けのVim実装であるMacVimに適用し、MacでKaoriYa Vimの使い勝手を目指すプロジェクトで、splhackさんによってメンテナンスされています。次のURLよりDownloadsタブを選択してダウンロードしてください。

https://github.com/splhack/macvim-kaoriya/releases

Macのパッケージになっているため、ダウンロードしてきたファイルをダブルクリックするだけでインストールが完了します。コマンドラインから利用するには$PATHに/Applications/MacVim.app/Contents/MacOSを含め、Vimコマ

注1) 本稿の情報は2014年11月上旬にまとめ、2016年1月に修正を加えたものです。
注2) http://www.kaoriya.net/software/vim/

ンドで起動します。

Homebrew + MacVim

　MacVim KaoriYaはお手軽ですが、コマンドラインから利用しづらかったり、パッケージ管理したいと思うかもしれません。そういうときはHomebrewを利用します。Homebrewには多数のMac向けパッケージがあり、MacVimもHomebrewを用いてインストールすることができます。Homebrewをまだインストールしていない人は、次のURLにある説明に従って、まずはHomebrewをインストールしましょう。

https://github.com/Homebrew/homebrew/blob/master/share/doc/homebrew/Installation.md

　完了したらbrewコマンドを使って、図1のよ

▼図1　Homebrewを使ったMacVimのインストール

```
$ brew install macvim --with-lua --with-python3 --with-override-system-vim
$ brew linkapps
```

コラム　ソースコードからのビルド

　用意されているパッケージを使ったインストールは簡単ですが、最新のバージョンのVimが使いたいときやパッケージで提供されているVimで有効になっていない機能を利用するには、ソースコードからVimをビルドする必要があります。ここではUbuntuでソースからビルドする方法を紹介しますが、他のディストリビューションでも同様にしてビルドできるはずです。Windowsについては、KaoriYa Vimで必要になる機能がすでにほぼすべて有効になっているため割愛します。

　図Aのようにして、まずはビルドに必要なパッケージと依存パッケージをインストールします。Lua連携機能を有効にしたい場合はlua5.2 liblua5.2-devも必要です。

　VimのソースコードはMercurialで管理されているため、図Bのようにソースコードを取得します。

　続いて、ビルド設定を行います（図C）。詳しいビルドオプションの一覧は./configure --helpで見ることができます。LuaやRuby、Pythonの連携機能を使いたい場合は--enable-rubyinterp、--enable-pythoninterp、--enable-luainterpオプションをそれぞれ追加します。

　最後にビルドし、インストールします（図D）。これで/usr/local/bin/vimにVimがインストールされます。

▼図A　ビルドに必要なパッケージをインストール

```
$ sudo apt-get build-dep vim
$ sudo apt-get install libxmu-dev libgtk2.0-dev libxpm-dev git
```

▼図B　Vimソースコードの取得

```
$ git clone https://github.com/vim/vim.git
```

▼図C　ビルド設定

```
$ cd vim/
$ ./configure --with-features=huge --enable-gui=gtk2 --enable-fail-if-missing
```

▼図D　ビルド&インストール

```
$ make -j
$ sudo make install
```

第2章 「Vim使い」事始め
——プログラマ・インフラエンジニア・文章書きの心得——

うにインストールします。CLI版のVimはvimで、GUI版のVimはLaunchpadからMacVimを選択するか、コマンドラインからopen -a MacVimで起動します。

✓ Ubuntu

UbuntuではVimのパッケージが標準のパッケージマネージャaptによって提供されています。

```
$ sudo apt-get install vim
```

コマンドライン内ではvimで、GUI版はコマンドラインからvim -gで起動できます。

✓ CentOS

CentOSではVimのパッケージが標準のパッケージマネージャyumによって提供されています。

```
$ sudo yum install vim-X11
```

これでGUI版がインストールされます。GUI版を使わない場合は、vim-enhancedパッケージを利用できます。

ファイル構造

Vimのインストールが完了したら、最初にVimの各設定ファイルの置き場所を把握しておきましょう。

- `~/.vimrc`または`~/.vim/vimrc` …設定を書くためのファイルで、Vim scriptという言語で書くことができる（Windowsの場合は$HOME/_vimrcまたは$HOME/vimfiles/vimrc）
- `~/.gvimrc`または`~/.vim/gvimrc` …GUI版のみで読み込まれる設定ファイル（Windowsの場合は$HOME/_gvimrcまたは$HOME/vimfiles/gvimrc）
- `~/.vim` …プラグインなどのVim関連のファイルを置くためのディレクトリ（Windowsの場合は$HOME/vimfiles）

プラグインはVimの機能を拡張するためのスクリプトファイルで、プラグインの設定やVim本体の設定を`.vimrc`で行います。また、`.gvimrc`ではGUI版のみで読み込みたい設定（たとえばツールバーの設定）を行います。

Vimチュートリアル「vimtutor」

Vimには「vimtutor」というチュートリアルが付属しています。このチュートリアルがとても良くできており、Vimの基本操作やVimの独特なしくみであるモードに慣れることができます。まずはチュートリアルから始めてみましょう。

コマンドラインから次のように起動できます。

```
$ vimtutor
```

コマンドを入力するとVimが立ち上がり、そのVimの中でチュートリアルが開きます。KaoriYa VimではVimを起動した後、`:Tutorial`と入力して Enter キーを押すとチュートリアルを開始できます。

Vim内でチュートリアルを読みながら、直接チュートリアルの文章を編集してVimの各機能に触れてみましょう。h、j、k、lによるカーソル移動やVimの起動／終了といった最も基本的なことから順番に説明されていきます。

Vimはモードの存在など、ほかのエディタに比べて取っ付きにくいところがありますが、チュートリアルで丁寧に基本操作が説明されているため、ひととおりこなした後は基本的な操作で困ることはほとんどなくなるはずです。テキストの編集（削除、挿入、カーソル移動など）の重要な操作がたくさん含まれているので、たまに時間を見つけて操作が身につくまで繰り返すことをお勧めします。

最初から最後までかかった時間を記録しておいて、どれだけ早く正確に編集できるようになっ

犬でもわかる!? Vim導入&カスタマイズの超基本 2-1

たかを見てみるのもおもしろいかもしれません。

Vim設定の超基礎

ひととおりチュートリアルを終えたら、早速Vimを自分好みにカスタマイズしてみましょう。Vimはファイル構造の節で説明した.vimrc（Windowsなら_vimrc）に設定を書くことで、Vimの各種機能の設定を行ったり、拡張したりすることができます。この節ではVimに標準添付されているデフォルト設定ファイルvimrc_example.vimから、いくつか例を取り上げてVimを設定する方法の超基礎を紹介します。

vimrc_example.vimはVimのインストール先の中にあるランタイムディレクトリ（Vim実行時に読み込まれるファイル群が入ったディレクトリで、Ubuntuなら/usr/share/vim/vim74/）にあります。

✓ コメントの書式

まず最初に、設定ファイル内のコメントは"から行末までです。設定の意味を忘れないように適宜コメントを書いていくことをお勧めします。

```
" 行末までコメント
```

✓ オプションを設定する書式

基本的な各オプションの設定はsetを使って行えます。

```
set nocompatible
set backspace=indent,eol,start
set undofile
```

有効／無効で設定するオプションはset {オプション名}で有効に、set no{オプション名}で無効になります。よって、set nocompatibleはcompatibleを無効にするという意味になります。compatibleはVimとviの互換機能を有効にするかどうかのオプションです。

また、set undofileではundofileというオプションを有効にしています。undofileはVimを終了してもアンドゥ情報が保存され、次回同じファイルを開いたときにアンドゥを行える便利機能です。

文字列を指定するオプションの場合は、=で値を指定します。set backspace=indent,eol,startでは、backspaceオプションに"indent,eol,start"という値を設定しています。backspaceはバックスペースキーでの削除の挙動を決めるためのオプションです。それぞれindentは自動挿入されたインデントを超えて削除できるように、eolは改行を超えて削除できるように、startは挿入モード開始位置を超えて削除できるようになります。

✓ キーマップの書式

次にキーマップのカスタマイズ方法について説明します。

```
map Q gq
inoremap <C-U> <C-G>u<C-U>
```

map Q gqはQというキー入力がされたときに、それをgqというキー入力にマッピングします。つまり、Qを入力するとgqを入力したのと同じ扱いになります。gqがさらに別のキー入力にマッピングされていた場合は、それがさらに適用されます。gqがほかにマッピングされていなければ、Vimのデフォルトの機能である"行の整形機能"が使われます。

なお、マッピングがどのモードに対して行われるかはマッピング用コマンドの頭1文字で決まっており、表1のようになっています。

次にinoremap <C-U> <C-G>u<C-U>について説明します。

まず、inoremapについてです。mapでなくnoremap（= no recursive mapping）を使うと再帰的なマッピングを行いません。再帰的なマッピングと言われてピンとこない場合は、試しに

Special Issue - 55

第2章 「Vim使い」事始め
使うほどなじむ
――プログラマ・インフラエンジニア・文章書きの心得――

Vimを開いて`:nmap w ww`と入力してみましょう。このあと`w`を押すと一気にファイル末尾までカーソルがジャンプしてしまったはずです。これはマッピングによって`w`が`ww`に置き換えられ、置き換えられた`ww`がさらにまた置き換えられてしまうためです。これを禁止するのが`noremap`で、`nnoremap w ww`とすると2単語分しかカーソルが移動しなくなります。

また、Ctrlキーを含むキー入力は`<C-文字（表記には大／小文字の区別なし）>`と書きます。したがって、上記の例は"挿入モードでCtrl＋uを入力した際に、Ctrl＋g→u→Ctrl＋uにマッピングする"という意味になります。再帰的なマッピングを行わないため、`<C-G>u<C-U>`はそれ以上別のマッピングが適用されず、Vimのデフォルト機能が実行され、undoの変更点を作った後undoを実行します。.vimrcでは基本的にこの`noremap`を使ってマッピングすると事故が起きにくいのでお勧めです。なお、このほかにもEnterキーを表す`<CR>`、BackSpaceキーを表す`<BS>`などがあります。

マッピングについての詳細は`:help key-mapping`で見ることができます。

auto commandの書式

最後に、auto commandについて説明します。Vimには特定のタイミングで実行されるイベントに対して、任意のコールバックを指定できるauto commandというしくみがあります。

```
autocmd FileType text setlocal ⏎
textwidth=78
```

この場合では`FileType text`がイベント、`setlocal textwidth=78`がコールバックになります。具体的にはファイルタイプが`text`になったとき（.txtなファイルを開いたときなど）に、`textwidth`を78に設定しています。`textwidth`は指定された文字数で自動的に行を折り返す機能です。また、`setlocal`は現在編集しているファイルに対するローカルな設定を行います。

以上、Vimに関する基本的な設定について紹介しました。これらはすべてVim scriptの機能の一部なので、本来は変数や制御構文といった言語機能も存在しますが、最初の時点では本体の簡単な設定方法を把握していれば十分です。

ヘルプの引き方

では早速設定していきましょう！と言いたいところですが、設定を書いているとわからないことが次から次へと出てくると思います。まずはその調べ方について知っておいたほうが良いでしょう。

Vimでわからないことがあったとき、Googleで検索するよりも前に試してみるべきことがあります。Vimにはしっかりメンテナンスされている膨大なドキュメントがあり、`:help`コマンドによってVimの中からドキュメントを調べることができます。

ヘルプの基本的な使い方

Vim内でヘルプを閲覧するには`:help`コマンドを使います。では、早速やってみましょう。Vimを立ち上げて、次のように入力してください。

```
:help help
```

`:help`コマンドのヘルプが表示されたはずです。このように`:help {検索ワード}`でヘルプ

▼表1　マッピング用コマンドとモードの対応表

マッピングコマンド	マッピングするモード
map	ノーマル・ビジュアル・モーション待ち
imap	挿入
nmap	ノーマル
vmap	ビジュアル
cmap	コマンドライン
omap	モーション待ち

※モーション待ち……d や y などのオペレータ（後述）直後の範囲指定用マッピング

犬でもわかる!? Vim導入&カスタマイズの超基本 2-1

を検索できます。

　調べている中でわからないオプション名やコマンド名、マッピングなどはどんどんヘルプを引きましょう。ヘルプ中ではWebページのリンクのようにほかの用語へのリンクが貼られており、`Ctrl-]`でカーソル下のリンクにジャンプできます（`Ctrl-t`で元の場所に戻ってこられます）。

　多くのプラグインのドキュメントもヘルプとして書かれており、`:help {プラグイン名}`で検索できます。プラグインの導入の仕方については次の節で説明していきます。

✓ 項目別ヘルプの引き方

　前節で出てきた undofile という設定値について、もっと詳しく知りたいと思い、次のコマンドを実行したとしましょう。

```
:help undofile
```

　しかし、実際には undofile() という関数のヘルプが表示されてしまいます。これは、オプション undofile と同名の組み込み関数があり、`:help`は最初に検索にヒットしたヘルプを表示するためです。このようなときどうすれば良いでしょうか。

　ヘルプには一定の書式があり、それに従った検索ワードを用いることで、オプションやコマンド、キーマッピングなど対象を絞ることができます。表2に例をあげます。

　また、キーマッピングについて、`Ctrl`キーを含んだマッピングは`CTRL-{キー}`で検索します。たとえば次は、`Ctrl-o`を検索したい場合です。

```
:help CTRL-o
```

　この場合、"ノーマルモード"の`Ctrl-o`（カーソル位置の履歴をたどる）が検索されます。

　では、"挿入モード"の`Ctrl-o`（一時的にノーマルモードのマッピングを使う機能）をどう検索すれば良いでしょうか？

　マッピングのモードを指定するには、各モードのプレフィックス（表3）を使います。

```
:help i_CTRL-o
```

　最後に、複数の文字入力で`Ctrl`キーを含む場合は`_`を付けてつなげます。たとえば、挿入モードの`Ctrl-x` `Ctrl-o`（オムニ補完実行[注3]）は次のように検索します。

```
:help i_CTRL-x_CTRL-o
```

　なお、この時点ではヘルプページは英語で表示されており、読むのに少し苦労したかもしれません。後ほどプラグイン導入の節で日本語ヘルプを導入します。

✓ 便利なまとめヘルプページ

　残念ながらヘルプには逆引きはありませんが、情報がまとめられているヘルプがいくつかあります。

注3）カーソル位置の文脈にあわせた補完候補リストが表示される。

▼表2　ヘルプの書式例

検索したい種類	検索方法	検索例
オプション	''で囲む	`:help 'undofile'`
コマンド	:を頭につける	`:help :write`
組み込み関数	()を末尾につける	`:help empty()`

▼表3　各モードのプレフィックス

	ノーマル	挿入	ビジュアル	コマンドライン
プレフィックス	付けない	i	v	c

第2章 使うほどなじむ 「Vim使い」事始め
── プログラマ・インフラエンジニア・文章書きの心得 ──

- `:help quickref` …クイックリファレンスマニュアル。チートシート的に操作の簡単な説明が載っている
- `:help usr_toc` …ユーザが順に読んでいくことを想定した、Vimのユーザマニュアルの目次
- `:help reference_toc` …Vimのリファレンスマニュアルの目次。各機能ごとにまとめられている
- `:help key-mapping` …マッピングのコマンドや書き方などのまとめ
- `:help function-list` …組み込み関数一覧

ほかの人の「.vimrc」を参考にする

ヘルプを順番に見て.vimrcをいちから書いていくのは大変です。代わりに、最初はほかの人が公開している.vimrcを参考にして、設定ファイルを書いていく方法がお勧めです。

GitやGitHubは設定ファイルを管理するのにも非常に便利なため、.vimrcはほかのさまざまなツールの設定ファイルと共に、GitHubで多く公開されています。慣例的に、dotfilesという名前のリポジトリを使っている人が多いようです。Vimを使っているエンジニアで気になる人がいれば、その人のdotfilesリポジトリを探してみるのも良いかもしれません。

また、Lingr（p.62のコラム参照）ではvimrc読書会という.vimrcを読むイベントが毎週開催されています。vimrc読書会で読む対象に選ばれたものを使ってみるのも良いかもしれません。一覧は次のURLにあります。

http://vim-jp.org/reading-vimrc/archive/index.html

Vimに詳しい人の設定を参考にするのは、自身のVimの設定を行ううえでかなり近道になります。

✓ いろんなところから設定を持ってくる場合の注意点

ほかの人の.vimrcを参考にするのはとても有効な設定の書き方ですが、注意点もあります。

まず、よくわからないまま設定をコピー＆ペーストして使うのは避けるべきです。わからないオプションやコマンド、マッピングなどが出てきた場合には、前節で説明した方法でヘルプを確認しましょう。設定の意味がわからないまま書いてしまうと、Vimの挙動がおかしくなった場合などにどの部分に問題があるか見当すらつかなくなってしまいます。

また、Vimを使い込んでいる人はVim scriptでかなり高度な設定をしている場合があります。しかし、最初からそういう設定を真似るよりは、基本的な部分（setによるオプション設定やマッピング、変数による各プラグイン設定など）から始めるほうが無難です。複雑な設定を書いてしまうと、今後メンテナンスしていくのが大変になってしまいます。

多くの人はプラグイン管理用のプラグインを使って、ほかのプラグインを管理しています。プラグイン管理プラグインの使い方を先に知っておくことで、ほかの人がどのようなプラグインを使っているかを知ることができます。プラグイン管理プラグインについては次の節で解説します。

✓ 設定ファイルをバージョン管理する

Vimの設定ファイルはバージョン管理システムで管理することをお勧めします。設定を書いていると、思わぬところでVimの挙動がおかしくなってしまったり、前の設定に戻したくなるときがあります。そのようなときに、今までの変更履歴を保存していると元の状態に戻したり、どの時点からVimの挙動がおかしくなったのかを二分探索したりすることができ、非常に便利です。

たとえば、Gitを使ってdotfilesというリポジトリで設定ファイルを管理するときは**図2**の

犬でもわかる!? Vim導入&カスタマイズの超基本 2-1

ようにします。

　シンボリックリンクによって、dotfiles内で複数ある設定ファイルを管理しつつ、ホームディレクトリに設定ファイルを配置します。設定ファイル内に公開できない情報などが含まれていない場合は、このリポジトリをGitHubで管理しておくと、git cloneを使うだけでほかの環境にもお手軽に設定ファイルを持ってくることができます。

✓ オススメのvimrc

　最後に、GitHubで公開されている.vimrcのうち、設定に対するコメントが丁寧であるなど、筆者がお勧めするものを紹介します。かなり長いものもありますが、まずは基本的な設定を行っている個所(setによるオプション設定やマッピングなど)を読んで参考にさせてもらいましょう。

- https://github.com/cohama/.vim/blob/master/.vimrc
- https://github.com/rhysd/dotfiles/blob/master/vimrc
- https://github.com/deris/dotfiles/blob/master/.vimrc
- https://github.com/daisuzu/dotvim/blob/master/.vimrc

プラグイン管理プラグイン

　Vimプラグインは本来は~/.vimディレクトリ(Windowsなら$HOME/vimfiles)以下に直接展開しますが、最近では"Vimプラグインを管理するためのVimプラグイン"を使って管理するのが一般的となっています。

　プラグイン管理プラグインはpathogen.vim、Vundle.vim、vim-plug、neobundle.vimなど多数ありますが、ここでは筆者も利用しているneobundle.vimの使い方を説明していきます。neobundle.vimの詳しい使い方や最新の情報はインストール後にヘルプページ(`:help neobundle`)で参照することができます。

✓ 基本的な使い方

　gitコマンドが必要なので、Xcode(Mac)やGit for Windows(Windows)、各種パッケージマネージャ(Linuxなど)でGitをインストールした後、図3のコマンドでneobundle.vimをローカルにダウンロードします。Windowsでは~/.vimを適宜$HOME/vimfilesに読み替えてください。

　次に、Vimでneobundle.vimを利用するための最小限の設定を書きます。.vimrcの先頭にリスト1のように書いてみましょう。この時点でVimを起動してみてエラーなどが出なければ、次のステップに進みましょう。

▼図2　Gitでdotfilesリポジトリを管理する

```
$ mkdir ~/dotfiles
$ cd ~/dotfiles

...(.vimrcをdotfiles内に書く)

$ git init . && git add .vimrc && git commit -m "first commit"
$ ln -s .vimrc ~/
```

▼図3　neobundle.vimのダウンロード

```
$ mkdir -p ~/.vim/bundle
$ cd ~/.vim/bundle
$ git clone https://github.com/Shougo/neobundle.vim.git
```

第2章 使うほどなじむ
「Vim使い」事始め
――プログラマ・インフラエンジニア・文章書きの心得――

インストールするプラグインの指定には`:NeoBundle`コマンドを使います。書き方はリスト2のようになります。

▼リスト1 neobundle.vimを使うための設定例（.vimrc）

```
if has('vim_starting')
    set nocompatible
    set runtimepath+=~/.vim/bundle/neobundle.vim
endif

call neobundle#begin(expand('~/.vim/bundle'))

" neobundle.vim自身をneobundle.vimで管理する
NeoBundleFetch 'Shougo/neobundle.vim'

"""""""""""""""""""""""""""""""""""""""""""""""
" ここにインストールしたいプラグインの設定を書く
"    :help  neobundle-examples
"""""""""""""""""""""""""""""""""""""""""""""""

call neobundle#end()

filetype plugin indent on

" プラグインがインストールされているかチェック
NeoBundleCheck

if !has('vim_starting')
    " .vimrcを読み込み直した時のための設定
    call neobundle#call_hook('on_source')
endif
```

▼リスト2 インストールするプラグインの指定方法

```
❶ https://github.com/{user}/{repo} で公開されているプラグイン
NeoBundle '{user}/{repo}'

❷ http://www.vim.org/scripts/ で公開されているプラグイン名
NeoBundle '{プラグイン名}'

❸ bitbucketで公開されているプラグインのリポジトリを指定
NeoBundle 'bitbucket:{user}/{repo}'
```

▼リスト3 ヘルプの日本語化プラグインのインストール指定（.vimrc）

```
NeoBundle 'vim-jp/vimdoc-ja'
```

▼図4 インストールの確認メッセージ

```
Not installed bundles:  ['vimdoc-ja']
Install bundles now?
(y)es, [N]o:
```

▼リスト4 ヘルプの日本語化プラグインの設定

```
set helplang=ja,en
```

ここで1つ具体例として、ヘルプページを日本語化するプラグインをインストールしてみましょう。Vimのヘルプは有志によって日本語に翻訳されており、次のリポジトリに置かれています。

https://github.com/vim-jp/vimdoc-ja

これはリスト2の❶の書式ですから、.vimrcに書いたneobundle.vimの設定（リスト1）のうち、`call neobundle#end()`の1つ前の行に、リスト3を追記してください。保存したら一度Vimを終了し、再度起動しようとすると、インストールするかどうかの確認メッセージが表示されます（図4）。

ここで「y」を選択すると、neobundle.vimが自動でGitHubから未インストールプラグインをダウンロードして配置してくれます。また、起動時の未インストールプラグインチェック時以外でも`:NeoBundle Install`コマンドを使ってインストールすることもできます。

プラグインのインストール自体はこれだけで完了です。次にプラグインの設定をします。.vimrc内にリスト4のように書いてみましょう。

これにより、日本語ヘルプのほうが英語ヘルプよりも優先して表示されます。試しに、`:help 'undofile'`などを試してみましょう。なお、明示的にヘルプの言語を指定したいときは、リスト4の末尾に`@ja`や`@en`を付けます。

このようにして、気になったプラグインを`:NeoBundle`コマンドを使って気軽に試してみたり、管理することができます。各プラグインのアッ

犬でもわかる!? Vim導入&カスタマイズの超基本 2-1

プデートは`:NeoBundleUpdate`、不要になったプラグインのアンインストールはプラグインの`:NeoBundle`の行を削除した後、`:NeoBundle Clean {プラグイン名}`を実行します。

✓ 初心者向けお勧めプラグイン

プラグインはGitHubやvim.orgなどで公開されています。最近では、VimAwesome[注4]という、GitHubに公開されている設定ファイルから使われているプラグインを抽出して集計するWebサービスもあります。この節では、初心者にお勧めだと思うプラグインを3つほど簡単にご紹介します。

vim-quickrun

https://github.com/thinca/vim-quickrun

現在開いているファイルをVim内で直接実行し、結果を表示できるプラグインです。ちょっとした動作の確認やプログラミング勉強中のコード片の実行などを非常に手軽に行えます。このタイプのプラグインはいくつかありますが、拡張性の高さや対応言語の多さからvim-quickrunを一番お勧めします。

seoul256.vim

https://github.com/junegunn/seoul256.vim

柔らかい色合いで視認性の良いカラースキームです。カラースキームはVim全体の色合いを決めるもので、人によってかなり好みが出ますが、目が疲れにくいと感じるものを選ぶのがベストです。ぜひお好みのものを見つけてください。

unite.vim

https://github.com/Shougo/unite.vim

Vim内で「候補のリストを表示して絞り込み選択して実行する」という一連のインターフェースを提供するプラグインです。たとえば、「カレントディレクトリのファイル一覧から目的のファイルを絞り込み検索して開く"といった操作ができます。もちろんファイルだけでなく、さまざまなリストを対象にすることができます。どのようなものがあるかはunite.vimのヘルプを参照してください。

▌オペレータとテキストオブジェクト

最後に、少し応用的な機能の紹介をします。

Vimには「ある範囲に対して特定の操作をする」という一連の処理を行えるしくみがあります。このしくみの基本的な部分だけでも知っておくと、編集がとても楽になります。このしくみは**どの範囲に対する操作か**を示すテキストオブジェクトと、**その範囲に対して何をするか**を示すオペレータに分かれており、それぞれマッピングで指定します。

たとえば、ノーマルモードで単語の上にカーソルを移動させてから`diw`と入力してみてください。カーソル下の単語が削除されたはずです。これは、オペレータ`d`とテキストオブジェクト`iw`から成っています。`d`は「対象範囲を削除する」というオペレータで、`iw`は「カーソル下の単語」を範囲とするテキストオブジェクトです。

次に、選択ではなくカーソル下の単語をコピーしたい場合はどうすれば良いでしょうか？ 範囲は変えず、オペレータを「対象範囲をコピーする」というオペレータである`y`に変更し、`yiw`とすれば可能です。

このように、オペレータとテキストオブジェクトを自由に組み合わせることでさまざまな編集を行うことができます。さらに、一連の操作は`.`で繰り返すことができます。なお、テキストオブジェクトには`i`で始まるものと`a`で始まるものがあり、対象の「内部」を選択するか、「全体」を選択するかの違いがあります。`i`は英語の"inner"の略、`a`は英語の"a"と覚えるとわかりやすいでしょう。たとえば、`iw`は"inner word"、`aw`は"a word"の略です。

注4) http://vimawesome.com/

第2章 「Vim使い」事始め
使うほどなじむ
――プログラマ・インフラエンジニア・文章書きの心得――

表4、5にそのほかの代表的なオペレータとテキストオブジェクトを示します。

プログラムの文字列中で`di"`や、C言語のifブロック内で`yi{`など、いろいろ試してみてください。慣れてくると、選択したい範囲に対してほとんど考えることなく適切なテキストオブジェクトを選べるようになり、リファクタリングなどの編集作業がとても速くなります。

オペレータやテキストオブジェクトの種類は多数あるため、詳細は`:help operator`や`:help text-objects`を参考にしてください。

まとめ

Vimの導入方法について基本的なことを駆け足で紹介しました。最初はモードに慣れず戸惑うかもしれませんが、普段のコーディングにVimを使って慣れてくると、どんどん効率的な編集ができるようになっていくことが体感できるはずです。この入門記事があなたのコーディングの生産性を上げるきっかけになればと思います。🆂🅳

▼表4 代表的なオペレータ例

オペレータ	操作の説明
c	対象を削除した後、挿入モードに入る（change）
y	対象をyank（コピー）する
>	対象のインデントを深くする
<	対象のインデントを浅くする

▼表5 代表的なテキストオブジェクト例

テキストオブジェクト	範囲の説明
i"またはa"	"..."で囲まれた内部または全体
i(またはa(	(...)で囲まれた内部または全体
i{またはa{	{...}で囲まれた内部または全体
itまたはat	HTMLなどのタグの内部または全体
ipまたはap	段落の内部または全体

コラム Vimコミュニティについて

● **Lingr**
http://lingr.com/signup?letmein=vim

Vimを使っていたり設定しているときにhelpで調べてもGoogleで検索してもわからないことが出てきた場合、よく知っている人に聞くのが一番の近道です。そういった疑問や問題を気軽に相談／共有する場として、Lingrというチャットサービスを利用できます。Lingrにはvim-jpというチャットルームがあり、日々Vimに関する雑談や相談などで賑わっています。また、vimrc読書会などのオンラインイベントも開催されています。

ここにはVimプラグイン開発者などといったVimを使いこなしている人たちがいて、質問すると丁寧に教えてくれます。ぜひ気軽に質問してみてください。筆者もLindanという名前でたまにログインしています。

● **vim-jp**
https://github.com/vim-jp/issues

GitHub上で日本のVimコミュニティが運営するvim-jpというorganizationがあります。Vim本体の挙動でバグを見つけたり、機能の要望がある場合はvim-jpが管理しているissuesというリポジトリが利用できます。

上記のリポジトリのissueにバグや要望を登録すると、Vimに長年コントリビュートしている一流のVimmer達からアドバイスがもらえたり、バグを修正するパッチを書いてもらえたりします。ここで出された成果はVim本体に還元されるため、Vim本体の改善にもつながります。

● **各地もくもく会**

日本各地で、Vimユーザが集まって交流したり、（おもにVimで）作業をしたりする「もくもく会」が開催されています。Sapporo.vim、Aizu.vim、TokyoVim、momonga.vim、nagoya.vim、Osaka.vimなどが不定期で開催されていますので、お近くにお住まいの方は参加してみてください。Vimmer達にアドバイスをもらったり相談したりできる良い機会になると思います。

犬でもわかる!? Vim導入&カスタマイズの超基本 2-1

コラム Vimの正規表現

vimtutorの中で`/{文字列}`を使って検索する例が出ていたと思います。これだけでも便利なのですが、ファイルを編集していると単純な文字列検索では不十分なことがあります。たとえば、「num」という変数を検索したいが、「number」という変数には検索がヒットしてほしくない場合などが典型例でしょうか。`/`による検索では、ほかの多くのテキストエディタが実装しているように、正規表現によるパターン検索を行うことができます。

```
/\w\+           ←任意の1単語を検索
/^\s*$          ←空行を検索
/\(foo\|bar\)   ←'foo'か'bar'のどちらか
                 を検索
```

正規表現の詳細については`:help regex`で参照できます。一般的な正規表現について説明しようとするととても長くなってしまうため、ここでは一般的な正規表現については紹介していません。正規表現ってそもそも何?という方は、まずは一般的な正規表現について調べてみると良いでしょう。

● Vimの正規表現の注意点

非常に便利な正規表現ですが、Vimの正規表現はRubyなどの正規表現と比べてパターンの書き方が異なっているものがあります。たとえば、Rubyで1回以上の繰り返しを表すのは`+`ですが、Vimの正規表現では`\+`となります。こういった違いはVimで正規表現を初めて使うときに戸惑う原因になりますので、よく使うものについて表Aにまとめてみました。

表に載っているもののほかにも "否定/肯定先読み" や "肯定/肯定後読み" などがあります。

なお、PerlやRubyの正規表現を利用できるようになるeregex.vim※というVimプラグインもあるので、本文で説明しているプラグインのインストール方法を参考にしながらインストールしてみるのも良いかもしれません。

※ https://github.com/othree/eregex.vim

● Vimの正規表現で便利なパターン

まずは単語の始まりにマッチする`\<`と単語の終わりにマッチする`\>`です。たとえば、前述の「num」にはマッチさせたいけれど「number」にはマッチさせたくない場合などは、`/num\>`と検索します。こうすると、numのすぐ後ろで単語が終了していなければならないため、numberにはマッチしなくなります。検索対象を絞るのに役立ちます。

次に、マッチを開始する位置を指定する`\zs`と`\ze`を紹介します。たとえば、「foo_bar」という変数名の内で、「bar」だけにマッチする正規表現を書きたいとします。このとき、Rubyなどでは肯定後読みを用いて`(?<=foo_)bar`などとすると思いますが、Vimでは`foo_`の後の`bar`からマッチが始まるという意味で、もっとシンプルに`foo_\zsbar`というふうに書けます。

これは、たとえば変数の一部を書き換えたいときに非常に便利です。`.`による繰り返しを利用して1ヵ所ずつ置換する方法もありますが、ここでは置換用のコマンド`:substitute`の省略形`:s`を使います。ファイル内を一斉置換するためのコマンドの書式は`:%s/{置換候補パターン}/{置き換え文字列}/g`です。`:%s/foo_\zsbar/hoge/g`と入力すると、「foo_bar」の「bar」を「hoge」に置き換えます。このほかにも、非空白行頭にマッチしたい場合は`^\s*\zs`で書けるなど、`\zs`や`\ze`はマッチさせたい個所の前後のパターンを指定したいときにいろいろ役立ちます。ぜひ試してみてください。

▼表A Vim特有の正規表現例

Ruby	機能	Vim
+	1回以上の繰り返し	\+
?	0 or 1回のマッチ	\? または \=
{n}	n回の繰り返し	\{n}
\b	語境界	\<(単語始まり)、\>(単語終わり)
(...)	グループ化	\(...\)
(?:...)	キャプチャなしグループ化	\%(...\)

第2章 「Vim使い」事始め
——プログラマ・インフラエンジニア・文章書きの心得——

使うほどなじむ

コラム1 「とっつきにくい変態エディタ」だったVimが「私の素敵な相棒」に変わるまで

Writer ㈱ソニックガーデン　伊藤 淳一（いとうじゅんいち）　Twitter @jnchito

なんでVimを使おうと思ったの？

今はRuby on Railsの開発がメインになっている私ですが、前職、前々職はそれぞれ、.NETやJavaの開発がメインでした。当時はVisual StudioやEclipseをほぼデフォルトの状態で使っており、特殊なキーバインドはまったく使っていませんでした。IDE（統合開発環境）を使わないときはサクラエディタをメインのテキストエディタとして使っていました。

そんな私がVimを使おうと思った理由は2点あります。

1つめの理由はLinuxサーバにログインすると、viぐらいしかデフォルトで入っているテキストエディタがなかったためです。自分の業務上、Linuxサーバを使って作業する機会はそれほど多くありませんでした。とはいえ、「viが使えないために簡単な設定ファイルの編集をするだけで右往左往してしまうのはちょっと恥ずかしい」という気持ちがありました。

2つめの理由は「Vimって便利ですよ！」と言いながらVimを使いこなす同僚のエンジニアがいたからです。どこからどう見ても扱いづらい変態エディタであるVimを「便利！」と絶賛する同僚が私は不思議でなりませんでした。しかし、同僚の言葉だけでなく、ネット上でも「Vimはすごい」「Vim最高！」といった声をよく目にしました。なので、「一度だまされたつもりでVimを使ってみよう。同僚の言葉が正しいのか、それともやはりただの変態エディタなのかはじっくり使い込んでから結論を出そう」と考えました。

このような理由から私はVimを本格的に使い始める決心をしました。

どんなふうにVimを始めたの？

前述のとおり、Vimは私にとって本当にとっつきにくい変態エディタでした。ですから、「Vimを使い始める」イコール「一時的に生産性が落ちる」ということを覚悟しました。また、「いつものキーバインドに戻れる」という逃げ道を作ってしまうと、なかなかVimの学習曲線が上昇しません。そこで、「テキストを編集するときは絶対にVimしか使わないぞ!!」という「Vim縛り」を自分に課すことにしました。

しかし、それだけでもまだ不十分です。Vimはインサートモードに入るとほとんど「メモ帳」のように使えてしまいます。それに頼ってしまうとVimを使う利点がなくなってしまうので、チートシートを手元に用意し（図1）、できるだけノーマルモードとVimコマンドの組み合わせでカーソルを移動させたり、テキストを編集したりすることを心がけました。

こういった練習を毎日繰り返すと、だんだんとVimが手に馴染んできます。2〜3日もすれば「あ、ちょっと慣れてきたかも」という実感がわいてきました。その感覚がつかめたら最初の大きな壁は越えたことになります。そこからはどんどん学習曲線が上がり、Vimを使うことが楽しくなってきました。

「とっつきにくい変態エディタ」だったVimが「私の素敵な相棒」に変わるまで

コラム1

で、Vimに対する結論はどうなったの?

はい、Vimはやっぱり便利でした!!

たとえば、Vimを使えばマウスや十字キーを使わなくてもカーソルをびゅんびゅんと好きなように移動できます(例:w、e、bやH、M、L)。「この行やこの単語を削除したい」と思ったときもコマンド一発です(例:dd、dw)。ほかにもカーソルの下にある数字を増減させる(Ctrl-a、Ctrl-x)など、「メモ帳系エディタ」にはマネできない操作を実現できる点もVimの大きな強みです。

Vimには数多くのコマンドがあり、確かに覚えるのにはちょっと時間がかかりますが、一度覚えてしまえば「頭の中にあるやりたいこと」をとてもすばやく実現できるようになります。

まとめ

というわけで、このコラムでは私がVimを使おうと思ったきっかけと、Vimを使い始めたころの練習方法、それにVimが使えるようになってから感じているVimの利点について、経験をふまえて書いてみました。数年前の私と同じように、「Vimを使いこなしたいがどうすればいいかわからない」という方の参考になると幸いです。

なお、Vimの練習方法やVimの便利なコマンドについては、私のブログやQiita記事に詳しく書いていますので、よかったらそちらも参考にしてみてください。 **SD**

- 僕がサクラエディタからVimに乗り換えるまで
  http://blog.jnito.com/entry/20120101/1325420213

- 脱初心者を目指すなら知っておきたい便利なVimコマンド25選(Vimmerレベル診断付き)
  http://qiita.com/jnchito/items/57ffda5712636a9a1e62

▼図1 私のチートシート

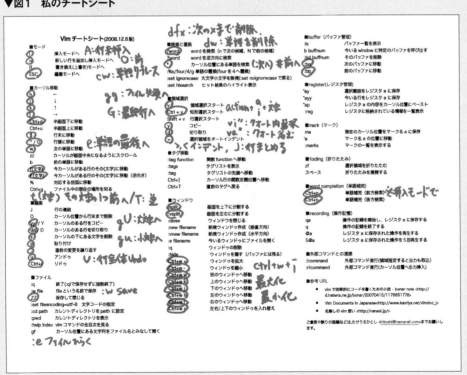

第2章 使うほどなじむ「Vim使い」事始め
──プログラマ・インフラエンジニア・文章書きの心得──

2-2 IDE並みの機能を軽快な動作で！ 実用Tips＆対策 [プログラマ編]

Writer mattn　Twitter @mattn_jp

Vimにも興味はある、けれどもIDEの便利さはなかなか手放せない。あるいは逆に、Vimを使っているけれどもIDEへのあこがれもある。そんなプログラマの方に向け、本稿ではIDEの良さをVimに取り込む、プログラマ向けカスタマイズのポイントについて解説します。

IDEとテキストエディタのいいとこ取りをしたい！

職業であっても趣味であっても、プログラミングをしている人であれば必ずお世話になるのがテキストエディタです。IDE（統合開発環境）を使って体系的にプログラミングを学ぶのも楽しいですが、IDEの多くは起動が遅く、イライラするうちにせっかく思いついたアイデアを失ってしまう場合もあります。いったんテキストエディタでプログラミングする快適さを覚えてしまった人達にとって、テキストエディタは切っても切れない存在になってしまうのです。

IDEが不便だと言っているのではありません。IDEの使い心地の良い機能を一度味わってしまうと、テキストエディタの非力さを感じてしまうことも多々あります。そしてどうしても同じ使い勝手を使い慣れたテキストエディタに求めてしまうのです。Vimmer（Vim使い）も例にもれず、IDEの操作感を模倣したvimrc（vimの設定ファイル）やプラグインをよく見かけます。

一般的なIDEの主な機能は次のようなものだと思います。

・入力補完
・GUIの作成
・コンパイラとの協調動作
・デバッガ
・プロジェクトファイルの管理

ネイティブなGUIの作成はさすがにIDEには敵わないのですが、WebアプリケーションのようにHTMLを書くのであればVimの強力な編集能力はIDEに勝ることもあるのです。

Git対応の強化

最近はGitでソースが管理されることも多くあります。Vimでも、リポジトリ内のファイルをプロジェクト管理されたファイルと見立ててファイル検索する便利なプラグインがあります。Unite[注1]（図1）、CtrlP[注2]（図2）などが有名です。

プロジェクトのルートディレクトリを検出する方法も指定できるため、リポジトリ内に複数のプロジェクトが存在し、特定のディレクトリ配下をプロジェクトと見立てて使う場合にも使用できます。これらのプラグインはバッファ／ファイルの検索だけでなく、最近使用したファイルやタグ一覧などの絞り込み検索もできます。

UniteやCtrlPはプログラマブルなインターフェースを提供しており、いろいろな拡張をユーザ側で作ることができます。たとえば、ローカ

注1）URL https://github.com/Shougo/unite.vim
注2）URL https://github.com/kien/ctrlp.vim
　　　CtrlPは現在、次のリポジトリでforkという形で開発が進められています。
　　　URL https://github.com/ctrlpvim/ctrlp.vim

実用Tip&対策［プログラマ編］

IDE並みの機能を軽快な動作で！ 2-2

ルでのGitHubのリポジトリ管理を楽にするghqをVimから簡単に扱えるようになるUnite/CtrlP用のプラグインもあります注3。

ソースファイル検索

Vimには標準で`:grep`コマンドや`:vimgrep`コマンドが用意されていますが、ag（the_silver_searcher）と連携するag.vim注4を使うことで高速にファイル検索を行うことができます。

agはスレッド、mmap、正規表現のJITなどを使って高速にファイルを検索できるプログラムです。Windowsでも動作します。検索結果はQuickfixウィンドウに表示されるので、一覧から選択とジャンプが可能です（図3）。

また、Vimの`:grep`コマンドは実行に外部プログラムのgrepを使用しますが、grepコマンドはeuc-jpやshift_jis、utf-8など、それぞれ別々のエンコーディングで書かれたファイルを扱うことはできません。そういった場合、jvgrep注5コマンドを使うことで解決できます。これもWindowsでも動作します。

タグジャンプ

Vimを使ってソースコードを編集する場合に役立つのがタグジャンプです。Vimプラグイン

注3) https://github.com/sorah/unite-ghq
https://github.com/mattn/ctrlp-ghq

注4) https://github.com/rking/ag.vim

注5) https://github.com/mattn/jvgrep

▼図3　agによる検索結果の一覧表示

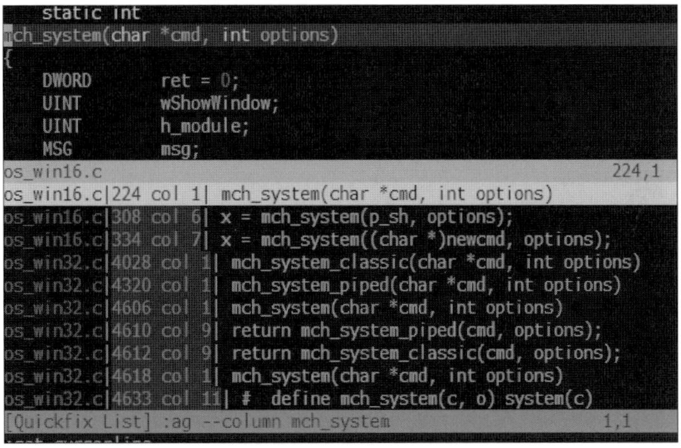

▼図1　Unite

▼図2　CtrlP

第2章 使うほどなじむ「Vim使い」事始め
── プログラマ・インフラエンジニア・文章書きの心得 ──

に頼っているユーザの中にはタグジャンプの使い方を知らないままの人もいますが、言う人に言わせれば「タグジャンプあってのVim」と言っても良いというほどにVimとtagsファイルは切っても切れない存在となっています。

tagsファイルを生成するctags[注6]は40を越えるプログラミング言語をサポートしています[注7]。この40を越えるプログラミング言語のタグジャンプを、Vimを使えば同じ操作感で扱えるのです。

一般的な使い方はソースツリーのルートディレクトリで次のコマンドを実行します。

```
$ ctags -R
```

これでtagsファイルが生成されます。Vimはtagsオプションで指定したパスリストにtagsファイルが存在すると、そのファイルを読み込んでタグジャンプを行います。

```
:set tags=./tags,tags,../tags
```

この例ではカレントディレクトリおよび親ディレクトリにあるtagsファイルが検索され、参照されます。また、

```
:set tags=/lib/**/tags
```

このように`**`を用いることで階層をくだって検索したり、

```
:set tags=/lib/**2/tags
```

このように数値を付与することで2階層限定の検索を行うこともできます。

タグジャンプはジャンプしたいシンボル上でCtrl-]をタイプします。ジャンプリストを戻るにはCtrl-tをタイプします。タグが複数存在するときは`:tag foo`のようにコマンドをタイプするか、g Ctrl-]をタイプしてタグを選択できます。

前述したUniteとCtrlPにも、このタグを扱える拡張が存在します。

ファイルブラウザ

Vim標準でnetrwというファイルブラウザが搭載されています。これを画面左側に表示することでIDEのファイルブラウザが実現できます。

リスト1の例は画面左側にツリー状のファイルブラウザを開き、その右側でファイルを開くという設定を`<leader>e`(何も設定していない状態であれば`\e`)というキーに割り当てています。

▼リスト1　netrwを開きIDE風に配置する設定

```
let g:netrw_liststyle = 3
let g:netrw_browse_split = 4
let g:netrw_altv = 1

function! ToggleVExplorer()
  if !exists("t:netrw_bufnr")
    exec '1wincmd w'
    25Vexplore
    let t:netrw_bufnr = bufnr("%")
    return
  endif
  let win = bufwinnr(t:netrw_bufnr)
  if win != -1
    let cur = winnr()
    exe win . 'wincmd w'
    close
    exe 'wincmd p'
  endif
  unlet t:netrw_bufnr
endfunction
map <silent> <leader>e :call ⏎
ToggleVExplorer()<cr><c-w>p
```

▼リスト2　NERDTreeを使ったIDE風配置設定

```
map <silent> <leader>e :NERDTreeToggle<cr>
```

▼リスト3　シンボルブラウザ(taglist)を右に表示する設定

```
let Tlist_Show_One_File = 1
let Tlist_Use_Right_Window = 1
let Tlist_Exit_OnlyWindow = 1
map <silent> <leader>E :TlistToggle<cr>
```

注6) Exuberant Ctags。ソースやヘッダ内にある名前のタグ(インデックス)ファイルを生成するプログラム。

注7) URL http://ctags.sourceforge.net/languages.html

また、NERDTreeというファイルブラウザを使う場合は**リスト2**のように設定します。

NERDTreeはnetrwよりもより高機能でカスタマイズ性が高く、キャッシュを使用することで高速化が図られています。

シンボルブラウザ

前述のタグジャンプをIDEのようにUIから行いたいのであれば、taglist.vim[注8]とtagbar[注9]の2つがお勧めです。

ファイルブラウザは**リスト1**または**2**で左側に表示したので、シンボルブラウザはエディタ画面の右側に表示してみます（**リスト3**）。キーは`<leader>E`に割り当てています。こ

れでIDEのような見栄えになりました（**図4**）。

あとはCtrlPやUniteなどでファイルを開く際に、中央のウィンドウで開かれるように、**リスト4**の設定を追加します。ほぼIDEと同じ見栄えになったのではないでしょうか。

ビルド

`:make`を実行すると`makeprog`というオプショ

▼**リスト4** CtrlPでファイルを中央のウィンドウで開く設定

```
function! CtrlP_OpenAtCenter(action, line)
  let cw = bufwinnr('.')
  for n in range(0, bufnr('$'))
    let bw = bufwinnr(n)
    if bw == cw && buflisted(n)
      exe bw . 'wincmd w'
      break
    endif
  endfor
  call call('ctrlp#acceptfile', [a:action, a:line])
endfunction
let g:ctrlp_open_func = {'files': 'CtrlP_OpenAtCenter'}
```

注8) https://github.com/vim-scripts/taglist.vim
注9) https://github.com/majutsushi/tagbar

▼**図4** ファイルブラウザを左に、シンボルブラウザを右に表示させたVim

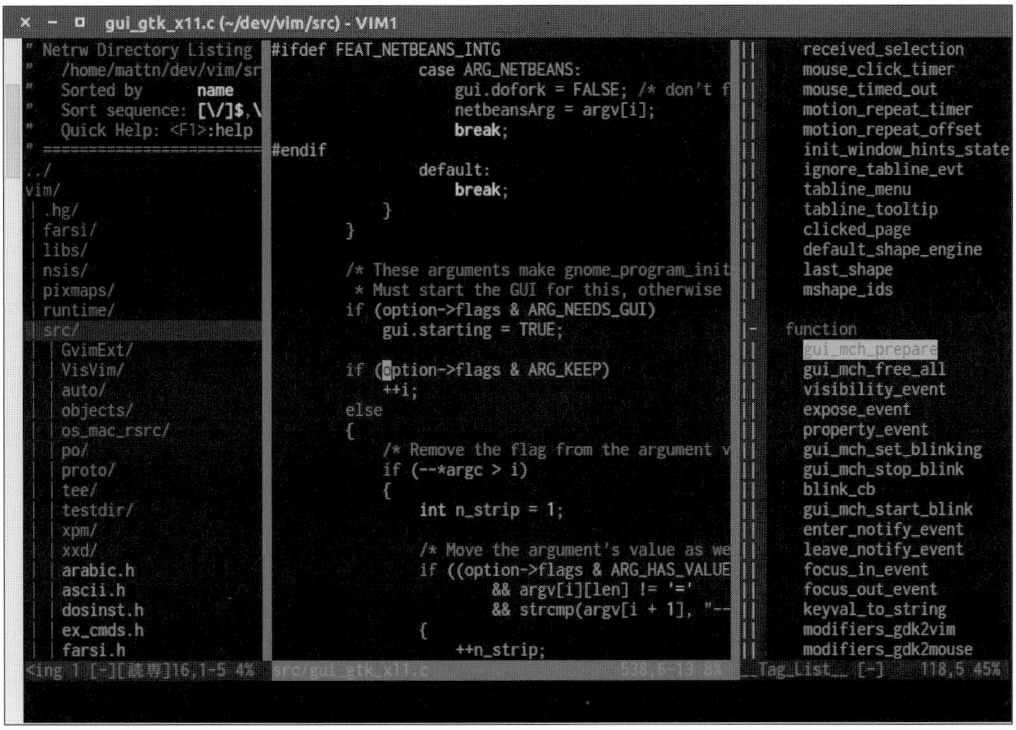

第2章 使うほどなじむ「Vim使い」事始め
──プログラマ・インフラエンジニア・文章書きの心得──

ンで指定されたコマンドが実行されます。Vimにはこの`makeprog`を言語ごとに切り替えられる`:compiler`コマンドが存在します。標準で59個もの`compiler`プラグインが含まれており、コンパイルだけではなくスクリプト言語の構文チェックを実行することもできます。結果はQuickfixに出力されるため、エラーの一覧から直したい個所を選んでジャンプできます。

なお、ファイルの書き込みと同時に`:make`を実行するflymake[注10]というプラグインもあります。

また、フルスクラッチからプログラミングする際には、現在のバッファを簡単に実行できるプラグインquickrun[注11]が便利です。

コマンドウィンドウ

IDEの中には小ウィンドウ内でコマンドラインシェルを実行できるものがありますが、Vimならtmuxを使うことで同様の機能を得ることができます。Vim本体の機能ではありませんが、UNIXでは個別のプログラムを組み合わせることで目的の機能を作り上げるのが一般的です。

また、vim-dispatch[注12]というプラグインを使うことで、Vimでシームレスなコマンドウィンドウを実現できます。

vim-dispatchをインストールすると、`:Dispatch`や`:Make`、`:Start`といったコマンドが使えるようになります。外部コマンド名を付与して実行することで非同期にコマンドが実行され

注10) URL https://github.com/kana/vim-flymake
注11) URL https://github.com/thinca/vim-quickrun
注12) URL https://github.com/tpope/vim-dispatch

コラム　あなたは常駐派？　それとも毎回起動派？

誰しもがVimをテキストエディタだと思ってはいますが、昨今のVimの進化によりVimを環境として使おうとする人が増えてきました。作業中はずっとVimを起動したままにしておき、ファイル操作やコマンド実行などのすべてをVimから行っている人もいるようです。さらにscreenやtmuxを使ってサーバ上でVimを何日も起動したままにしておくという人も見かけます。

こういった使い方はどちらかというとEmacs使いの人達に多く見られたのですが、昨今のこういった状況を見ると、VimもだんだんEmacs化してきたなぁと感慨深くなります。彼らはVimをめったに終了させません。代わりにVimプラグインをとにかくたくさんインストールします。Vimの起動に数秒かかるという人もいるようです。

それに比べて筆者はどちらかというと、shellとvimを行き来する使い方をします。`:wq`でVimを終了してshellを操作したり、Vimから`:shell`を実行してシェルを操作したりします。Vimが1秒以内に起動しないとイライラします。そのためにもプラグインはできるだけインストールせず、起動が遅くなってきたら使っていないプラグインを消したり、vimrcから必要ない設定をどんどん消していきます。

どちらかというと古い世代なのかもしれませんね。Vimを起動したままにするという使い方は筆者が知る限りなかったように思います。

こういった新しい使い方をする人達によって、未だ見ぬバグが発見される事例が最近いくつか出てきています。我々では気付かないバグです。いろんな人達によっていろんな使われ方をすることで、バグが発見されたり新しい要望が生まれたりします。とても良いことだと思います。

Vimはまだまだ変われるな、そう思ったりもします。バグを見つけた方はぜひ次のURLからissueを登録してください。私達vim-jpのメンバがお待ちしております。

https://github.com/vim-jp/issues/issues

実用Tip&対策[プログラマ編]

ます。`:Dispatch`コマンドでは出力結果を分割ウィンドウに表示することもできます注13。たとえば、実行時間の長い`make`コマンドを実行中にVimでほかの作業をするといった用途に使えます。

VimShellやConqueのようにVim上でインタラクティブシェルを実行できるプラグインがいくつかありますが、vim-dispatchはインタラクティブ性よりもリアルタイム性が優先されています。インタラクティブシェルを模擬するプラグインはVimの内部タイマ（updatetime）を短くすることで実現しているため、あまりシームレスとは言えません。

vim-dispatchはtmuxのほか、iTerm、screen、Windows上でのremote API、X11のWindow Manager Controlなどを扱うことができ、各プラットフォームで同じ動作となるように実装されています。makeだけでなくgrep、デプロイスクリプトの実行など、編集のかたわら別のコマンドが実行できるのはとても便利です。

入力補完

最近はVimの入力補完もどんどん便利になってきており、IDEに引けを取らない入力補完が実現できています。Vimは標準でも次にあげる補完をサポートしています。

・行補完
・キーワード補完
・辞書補完
・シソーラス補完
・参照ファイルを含むキーワード補完
・タグ補完
・ファイル名補完
・定義補完
・マクロ補完
・Vimのコマンドライン補完
・スペル補完

Vimではプログラマブルな機能を実装しており、次の補完拡張機能を用いることで未対応のプログラミング言語の入力補完機能を作成することができます。

・ユーザ定義補完
・オムニ補完

なお、標準では上記で紹介した補完機能は個別のキーアサインとなりますが、neocomplete注14

注13）Vimがtmux上で実行されている場合に限ります。
注14）URL https://github.com/Shougo/neocomplete.vim

▼図5　clang_complete

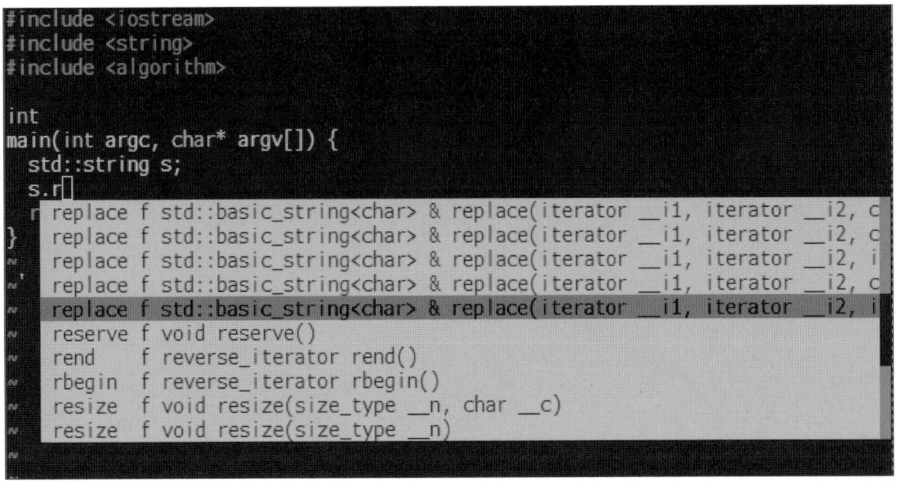

```
#include <iostream>
#include <string>
#include <algorithm>

int
main(int argc, char* argv[]) {
  std::string s;
  s.r
    replace   f  std::basic_string<char> & replace(iterator __i1, iterator __i2, c
    replace   f  std::basic_string<char> & replace(iterator __i1, iterator __i2, c
    replace   f  std::basic_string<char> & replace(iterator __i1, iterator __i2, i
    replace   f  std::basic_string<char> & replace(iterator __i1, iterator __i2, c
    replace   f  std::basic_string<char> & replace(iterator __i1, iterator __i2, i
    reserve   f  void reserve()
    rend      f  reverse_iterator rend()
    rbegin    f  reverse_iterator rbegin()
    resize    f  void resize(size_type __n, char __c)
    resize    f  void resize(size_type __n)
```

第2章 「Vim使い」事始め
使うほどなじむ ——プログラマ・インフラエンジニア・文章書きの心得——

というプラグインを入れることで統合的な操作感を得ることができ、標準のキーアサインを用いない自動補完を行うことができます。

✓ C言語系プログラマ向け

入力補完プラグインを入れることでC/C++のコーディングがかなり捗ります。

clang_complete

https://github.com/Rip-Rip/clang_complete

C/C++コンパイラであるclangのライブラリlibclangをバックエンドとして使用しています。構造体のメンバを補完したり、ネームスペース内の関数を補完したりできます（図5）。

YouCompleteMe

https://github.com/Valloric/YouCompleteMe

同じくlibclangを使い、バックグラウンドデーモンと通信することで高速な入力補完を行います。海外で絶大な人気のあるプラグインです。

marching.vim

https://github.com/osyo-manga/vim-marching

バックエンドとしてlibclangだけでなく、WandboxというWebサービスを利用することができます。上記2つのプラグインは補完動作に入るとVimがブロックしてしまいますが、marching.vimは外部プロセスに補完候補の抽出を依頼した後は非同期に結果を待つことができるため、補完を始めた直後でも文字のタイプを邪魔されることはありません。

✓ Java言語系プログラマ向け

javacomplete[注15]を使うことで補完が行えます。javacompleteは内部でclassファイルをコンパイルし、リフレクションを使って候補を作り出しています。若干、構文解析が弱いため、補完が得られるシーンに限りがあります。

✓ Web系プログラマ向け

HTMLのコーディングであればemmet-vim（旧zencoding-vim）[注16]が便利です。CSSセレクタに似た構文からHTMLを一気に生成できます。たとえば`html:5>div#content>ul>li*3>a{お知らせ$}`といった式を展開するとリスト5のHTMLが得られます。

そのほか、haml、slim[注17]でもHTMLと同じ記法で展開できたり、css、less、scss、sass内での展開入力もサポートしています。

注15) URL http://www.vim.org/scripts/script.php?script_id=1785
注16) URL https://github.com/mattn/emmet-vim
注17) HTMLのテンプレートエンジン。

▼リスト5　emmet-vimで生成されたHTMLの例

```html
<!DOCTYPE html>
<html lang="en">
<head>
  <meta charset="UTF-8">
  <title></title>
</head>
<body>
  <div id="content">
    <ul>
      <li><a href="">お知らせ1</a></li>
      <li><a href="">お知らせ2</a></li>
      <li><a href="">お知らせ3</a></li>
    </ul>
  </div>
</body>
</html>
```

▼表1　言語別入力補完プラグイン

言語	プラグイン
C/C++	clang_complete、marching.vim、YouCompleteMe
Python	jedi-vim
Perl	perlomni.vim
Ruby	RSense
golang	gocode
Java	javacomplete
JavaScript	tern.vim
Clojure	neoclojure
C#	OmniSharp
HTML	emmet-vim

IDE並みの機能を軽快な動作で！
実用Tip&対策［プログラマ編］ 2-2

言語別入力補完プラグイン

各言語の代表的な入力補完プラグインを**表1**にまとめました。

特筆したいのがjedi-vim[注18]です。Pythonの入力補完はjedi.vimの一人勝ちと言ってよいでしょう。内部でPython拡張（if_python）を使い、Python自身の構文解析を行うことで補完を実現しています。ファイルを開く関数openの戻り値を.で補完するとfileオブジェクトのメンバが補完候補に現れますが、openを実行しているわけでもないのに動的言語の型推論がきちんと行えています。

なお、Vimでcssを編集する際は、CSS3に対応したシンタックスプラグインを入れておくべきです[注19]。

IDEをVimライクに

使い慣れたIDEを逆にVimライクにする方法も存在します（**表2**）。拡張可能なIDEやテキストエディタではVim風のキーバインドを提供しているものもあります。

多くの拡張はどちらかというと「なんちゃってVimモード」と言わざるを得ませんが、EmacsのEvilに関してはEvil上の拡張も存在し、vim-railsをポーティングしたevil-railsや、vim-surroundをポーティングしたevil-surroundなど、多くのVimプラグインがEvil上にポーティングされています（**図6**）。

まとめ

IDEにあこがれを抱きつつ、それでもやっぱりVimが好きで使い続ける、そんなあなたも一手間入れるだけでいつも使っていたVimをIDEのように変身させることができるのです。Vimは高度な拡張ができるため、プラグインを導入したり設定を行うことで自分だけのIDEを作り上げることができます。ぜひやってみてください。**SD**

注18) URL https://github.com/davidhalter/jedi-vim
注19) URL https://github.com/hail2u/vim-css3-syntax

▼**表2** Vimライクな操作感を実現するIDE／エディタ拡張プラグイン

IDE/エディタ	拡張
Emacs	Evil
Atom	vim-mode
Eclipse	Vrapper
Visual Studio	VsVim
IntelliJ IDEA	IdeaVi

▼**図6** Evilを使ったVimライクなEmacs

```
6263            break;
6264 # endif
6265 # ifdef WIN3264
6266    case CONV_CODEPAGE:      /* codepage -> codepage */
6267    {
6268        int     retlen;
6269        int     tmp_len;
6270        short_u *tmp;
6271
6272        /* 1. codepage/UTF-8 -> ucs-2. */
6273        if (vcp->vc_cpfrom == 0)
6274            tmp_len = utf8_to_utf16(ptr, len, NULLぬるぽ, NULLぬるぽ);
6275        else
6276        {
6277            tmp_len = MultiByteToWideChar(vcp->vc_cpfrom,
-(Unix)--- mbyte.c    99% (6274,0)  <V>  Hg-6220  (C/l AC Helm Undo-Tree A
:'<,'>s/NULL/ぬるぽ/g
```

第2章 使うほどなじむ
「Vim使い」事始め
——プログラマ・インフラエンジニア・文章書きの心得——

2-3 運用作業であわてないために 実用Tips&対策 [インフラエンジニア編]

Writer　LINE㈱　佐野 裕(さの ゆたか)　Twitter　@sanonosa

日頃サーバ運用を行う場面では、必要に迫られて直ちにエディタを開いて操作するという場面が多いものです。vi系エディタはたいてい、どのUNIX系OSでも必ず標準でインストールされていて、動作が軽く消費ハードウェアリソース量が少ないので、インフラエンジニアの業務特性に合っていると言えます。本稿では、著者が考えるインフラエンジニアのVimとの付き合い方について述べます。

Vimを使う場面

インフラエンジニアがエディタを使う場面として、おおよそ次のものが挙げられます。

・設定ファイルを編集する
・バッチやスクリプトを作る
・ログファイルをじっくりみる

どのサーバやOSであっても、これらの操作をすばやく行えるVimはインフラエンジニアの業務特性に合ったエディタと言えます。

障害対応などの場面において、各種設定ファイルを編集するなどの操作が日常的に発生します。その際いちいち検索エンジンなどで操作方法を検索していては迅速な障害対応が行えません。お医者さんが医学書を見ながら手術を行えないのと同様、インフラエンジニアは最低限操作感に慣れていなければなりません。Vimの操作についてはほかの記事を参考にしてぜひ練習しておきましょう。

カスタマイズはあえてせず使う

Vimは~/.vimrcを書き換えることでさまざまなカスタマイズを行うことができます。しかし著者の場合は、日々さまざまなサーバを扱っている関係上、カスタマイズされた環境に慣れてしまうと、カスタマイズされていない環境のサーバでは即時対応力が落ちるので、カスタマイズして使ったほうが明らかに便利な設定があったとしても、あえて標準のままで使うようにしています。

Vimは初心者に敷居が高い

Vimの習得は、初級インフラエンジニアにとって負担が大きいと言えます。ただでさえLinuxなどのUNIX系OSのCUI操作に慣れていないのに、そのうえでVimの独特な操作感はますます敷居を高くしています。この件について筆者も過去、いろいろ考えてみたことがありますが、どうしても慣れてもらうほかに方法がないようです。

初級インフラエンジニアがVimを扱う際によく見られる失敗事例を見てみましょう。

✓ 場面1　Vimから抜ける方法がわからず Ctrl-Z で抜けてしまう

Windows上などで動くエディタであれば、通常は「ファイル」のドロップダウンリストから「終了」を選ぶとエディタから抜けることができます。それに対してVimでは :q!（編集中のファイルを破棄して抜ける）や :ZZ（編集中の

2-3 実用Tips&対策[インフラエンジニア編]
運用作業であわてないために

ファイルを保存して抜ける）などの方法でVimから抜けることができます。この操作はあらかじめ知識がないと絶対思いつかない操作と言えます。

経験の浅い初心者は、いろいろ試行錯誤をしているうちに Ctrl-Z でVimから抜けられる（ように見える）ことがわかり、以降Vimを使うたびに Ctrl-Z で抜けるようになります。ご存じのとおり Ctrl-Z はプロセスを中断するだけですので、Vimから抜けたように見えても、実際はプロセスが残っています。先輩エンジニアは、初級エンジニアがこういった悪習慣を行っていることに気づいたら直ちにやめさせなければなりません。

 場面2　ほかにVimで編集中のファイルがあるにもかかわらずVimで開く

先ほどの Ctrl-Z の話にもつながる部分がありますが、Vimでは、ほかにVimで編集中のファイルを編集しようとした場合、図1のような警告が出ます。初級エンジニアは「意味がわからない」「英語なので読めない」「読めても読みたくない」ため、この警告を無視してファイルを編集して保存しようとします。しかし当然のことながらいくら保存しようが、あとからもともとのファイルを編集中のプロセスが保存したら内容が上書きされることになります（この警告が出た場合は、素直に Q もしくは A で抜けるのが安全です）。

ここで紹介したことは、誰しも一度は同じような経験をしたことがある話です。ただし、インフラ運営においてはこれらのミスが致命的な障害を引き起こす可能性もあるため、単なる笑い話で済ませないように気をつけましょう。

知っておくと便利な操作

次に、インフラ運用の場面で知っておくと便利なVimの使い方の例を紹介します。

 UndoとRedo

基本的な操作ではありますが、UndoとRedoは知っておくとたいへん便利です。設定ファイルを書き換える途中でいろいろ試行錯誤するときに便利に扱うことができます。

ここでは実際にUndo/Redoの操作を試して

▼図1　Vimで編集中のファイルを別のVimで編集しようとしたときのメッセージ

```
E325: ATTENTION
Found a swap file by the name ".sample.txt.swp"
          owned by: root   dated: Thu Nov 20 14:57:20 2014
         file name: ~root/sample.txt
          modified: no
         user name: root        host name: TESTSVR01
        process ID: 71381 (still running)
While opening file "sample.txt"
             dated: Thu Nov 20 14:57:19 2014

(1) Another program may be editing the same file.
    If this is the case, be careful not to end up with two
    different instances of the same file when making changes.
    Quit, or continue with caution.

(2) An edit session for this file crashed.
    If this is the case, use ":recover" or "vim -r sample.txt"
    to recover the changes (see ":help recovery").
    If you did this already, delete the swap file ".sample.txt.swp"
    to avoid this message.

Swap file ".sample.txt.swp" already exists!
[O]pen Read-Only, (E)dit anyway, (R)ecover, (Q)uit, (A)bort:
```

第2章 「Vim使い」事始め
使うほどなじむ
――プログラマ・インフラエンジニア・文章書きの心得――

みましょう。

①文章の中でpenと入力します(図2)。
②ノーマルモードにして、そこでUndoをします。Undoはuです(図3)。
③さらにRedoをします。RedoはCtrl-rです(図4)。

直感的な操作方法とは言えないですが、VimにおけるUndoとRedoの操作は覚えておいて損はありません。

✓ ウィンドウ分割

たとえばログファイルを見ながら設定ファイルを編集したいといったようなことがあるとします。この場合いちいちファイルを開いて、閉じて、また別のファイルを開いて、というようなことをやるのではなく、Vim内のウィンドウを分割してそれぞれ別のファイルを操作／編集できます。

このウィンドウ分割機能の存在自体は知っていても、実際に使っていないという方も多いと思います。しかし使い慣れておくと、とくに障害対応やちょっとしたスクリプト編集などのときに少しだけ便利なので、この機会に練習しておくと良いと思います。

それでは実際に試してみましょう。まずはVimで1つめのファイルを開きます(図5)。

```
$ vim sample.log
```

続いて2つめのファイルを開きながらウィンドウを分割します(図6)。

```
:split sample.conf
```

するとウィンドウが分割され、1つのVimウィンドウ中に2つのファイルの内容が現れます(図7)。

▼図2　penと入力(This is a .はすでに入力されている場合です)

▼図3　ノーマルモードにして、uを押してUndoする

▼図4　Ctrl-rを押してRedoする

実用Tips&対策[インフラエンジニア編] 2-3
運用作業であわてないために

さらに Ctrl-W + という操作を行うと、操作中のウィンドウを1行広くできます（図8）。逆はCtrl-W - です。

ウィンドウの移動についてはいろいろなキーバインドがありますが、一番よく使われるのはCtrl-W Ctrl-Wです。この操作を繰り返すことで求

▼図5　sample.logファイルを開く

```
server
Jul 29 14:16:23 Updated: kernel-firmware-2.6.32-431.20.5.el6.noarch
Jul 29 14:16:28 Installed: kernel-2.6.32-431.20.5.el6.x86_64
Jul 29 14:16:36 Installed: kernel-devel-2.6.32-431.20.5.el6.x86_64
Jul 29 14:17:18 Installed: xfsprogs-3.1.1-14.el6.x86_64
Jul 29 14:17:18 Installed: xfsdump-3.0.4-3.el6.x86_64
Jul 29 14:17:34 Updated: glibc-common-2.12-1.132.el6_5.2.x86_64
Jul 29 14:17:35 Updated: glibc-2.12-1.132.el6_5.2.x86_64
Jul 29 14:17:36 Updated: 1:net-snmp-libs-5.5-49.el6_5.1.x86_64
Jul 29 14:17:36 Updated: glibc-headers-2.12-1.132.el6_5.2.x86_64
Jul 29 14:17:36 Updated: glibc-devel-2.12-1.132.el6_5.2.x86_64
Jul 29 14:17:36 Updated: 1:net-snmp-5.5-49.el6_5.1.x86_64
Jul 29 14:17:36 Updated: 2:irqbalance-1.0.4-9.el6_5.x86_64
Jul 29 14:17:36 Updated: 1:dmidecode-2.12-5.el6_5.x86_64
Jul 29 14:17:37 Updated: glibc-utils-2.12-1.132.el6_5.2.x86_64
Jul 29 14:17:37 Installed: 1:mcelog-1.0pre3_20120814_2-0.13.el6.x86_64
Jul 29 14:17:37 Updated: nscd-2.12-1.132.el6_5.2.x86_64
Jul 29 14:17:38 Updated: glibc-2.12-1.132.el6_5.2.i686
Jul 29 14:17:42 Updated: openssl-1.0.1e-16.el6_5.14.x86_64
Jul 29 14:17:58 Installed: libsmbios-2.2.27-4.12.1.el6.x86_64
Jul 29 14:17:58 Installed: python-smbios-2.2.27-4.12.1.el6.x86_64
Jul 29 14:17:58 Installed: smbios-utils-python-2.2.27-4.12.1.el6.x86_64
Jul 29 14:17:58 Installed: yum-dellsysid-2.2.27-4.12.1.el6.x86_64
Jul 29 14:18:07 Updated: libxml2-2.7.6-14.el6_5.2.x86_64
Jul 29 14:18:07 Updated: libxml2-python-2.7.6-14.el6_5.2.x86_64
                                                                    1,1         Top
```

▼図6　:split sample.confと入力（splitはspと省略可能）

```
server
Jul 29 14:16:23 Updated: kernel-firmware-2.6.32-431.20.5.el6.noarch
Jul 29 14:16:28 Installed: kernel-2.6.32-431.20.5.el6.x86_64
Jul 29 14:16:36 Installed: kernel-devel-2.6.32-431.20.5.el6.x86_64
Jul 29 14:17:18 Installed: xfsprogs-3.1.1-14.el6.x86_64
Jul 29 14:17:18 Installed: xfsdump-3.0.4-3.el6.x86_64
Jul 29 14:17:34 Updated: glibc-common-2.12-1.132.el6_5.2.x86_64
Jul 29 14:17:35 Updated: glibc-2.12-1.132.el6_5.2.x86_64
Jul 29 14:17:36 Updated: 1:net-snmp-libs-5.5-49.el6_5.1.x86_64
Jul 29 14:17:36 Updated: glibc-headers-2.12-1.132.el6_5.2.x86_64
Jul 29 14:17:36 Updated: glibc-devel-2.12-1.132.el6_5.2.x86_64
Jul 29 14:17:36 Updated: 1:net-snmp-5.5-49.el6_5.1.x86_64
Jul 29 14:17:36 Updated: 2:irqbalance-1.0.4-9.el6_5.x86_64
Jul 29 14:17:36 Updated: 1:dmidecode-2.12-5.el6_5.x86_64
Jul 29 14:17:37 Updated: glibc-utils-2.12-1.132.el6_5.2.x86_64
Jul 29 14:17:37 Installed: 1:mcelog-1.0pre3_20120814_2-0.13.el6.x86_64
Jul 29 14:17:37 Updated: nscd-2.12-1.132.el6_5.2.x86_64
Jul 29 14:17:38 Updated: glibc-2.12-1.132.el6_5.2.i686
Jul 29 14:17:42 Updated: openssl-1.0.1e-16.el6_5.14.x86_64
Jul 29 14:17:58 Installed: libsmbios-2.2.27-4.12.1.el6.x86_64
Jul 29 14:17:58 Installed: python-smbios-2.2.27-4.12.1.el6.x86_64
Jul 29 14:17:58 Installed: smbios-utils-python-2.2.27-4.12.1.el6.x86_64
Jul 29 14:17:58 Installed: yum-dellsysid-2.2.27-4.12.1.el6.x86_64
Jul 29 14:18:07 Updated: libxml2-2.7.6-14.el6_5.2.x86_64
Jul 29 14:18:07 Updated: libxml2-python-2.7.6-14.el6_5.2.x86_64
:split sample.conf
```

第2章 使うほどなじむ 「Vim使い」事始め
――プログラマ・インフラエンジニア・文章書きの心得――

めるウィンドウにフォーカスを移動できます。
　表1にウィンドウの基本的な操作について整理しましたので参考にしてみてください。

✓ インデントの編集

　設定ファイルを編集している際、きれいにインデントさせたいときがあります。もちろんカー

▼図7　上半分がsample.confで下半分がsample.log

▼図8　5行広げた例

▼表1　ウィンドウの基本的な操作

Ctrl-W Ctrl-W	次のウィンドウの移動
Ctrl-W k	上のウィンドウに移動
Ctrl-W j	下のウィンドウに移動
Ctrl-W +	操作中のウィンドウを1行広くする
Ctrl-W -	操作中のウィンドウを1行狭くする
:q!	操作中のウィンドウを閉じる
:qa!	すべてのウィンドウを閉じる
:w	操作中のウィンドウ内のファイルを保存する
:ZZ	操作中のウィンドウ内のファイルを保存して閉じる

ソルキーとスペースキーを駆使することでインデントさせることもできますが、対象の行数が多いと、その方法は結構手間がかかります。また手作業でインデントさせるとスペースとタブが混在する場合があり、あまりきれいに仕上がらないときがあります。こんなときはビジュアルモードを使って複数行を一括でインデントできます。

まずはインデントを行いたいファイルをVimで開き、Vでビジュアルラインモードにします（図9）。次にインデントさせたい行をkやjで選択します（図10）。そして>を押すとイン

▼図9　ビジュアルラインモード

▼図10　インデントする行を選択する

第2章 使うほどなじむ 「Vim使い」事始め
──プログラマ・インフラエンジニア・文章書きの心得──

デントされます(図11)。<を押すと戻ります。

この操作はそこそこ直感的ですし、ビジュアルモードを使いこなす最初の取っ掛かりとして活用してみるのも良いと思います。

✓ 選択部分の文字数をカウント

たまに作成しているファイル中の一部分の文字数をカウントしたいときがあります。こんなときにもビジュアルモードが活用できます。

文字数をカウントしたいファイルをVimで開き、Ctrl-v(WindowsはCtrl-q)でビジュアルブロックモードにします。ほかのモードでもかまいません。

次に文字数をカウントしたい範囲を移動キーを使って指定します(図12)。

そしてg Ctrl-gを押すとウィンドウの下部に文字数だけでなく行数、単語数、そして文字数(バイト数)が表示されます。図12の例では、22行中7行選択し、単語数98中62個、文字数703バイト中422バイトとなっています。

まとめ

最後にこういうことを言うのは何ですが、も

▼図11 インデントされた

▼図12 下から2行目に文字数などが表示されている

実用Tips&対策［インフラエンジニア編］

2-3 運用作業であわてないために

し「Vimが好きか」と問われたら、おそらく「とりわけ好きというほどでもないけれども、ほかに代替手段もないし、それなりに必要な機能がそろっているので使っている」と答えると思います。日常的に使うエディタですので好き嫌いがあって当然かと思います。しかしインフラエンジニアにとってVimは避けて通れない必須ツールですので、使わざるを得ないのであればさりげなく使いこなしたいものです。

Vimは最低限の操作（カーソル移動、ファイル保存、終了）さえ覚えれば、とりあえずは使えますし、それでも実運用上は多少不便であっても大きな問題はありません。しかしこの手のツールは使いこなせば使いこなすほど日々の仕事が楽になることは明確ですので、積極的に使いこなしていきましょう。

とはいえ、Vimの豊富な機能を無理して使いこなそうと考えなくても良いです。著者が大事だと考えるのは、日常不便と感じたことが出たら、それをVimの機能やプラグインで解消できないかと発想することだと思います。人は新しいことに挑戦するのは面倒に思うものですが、ちょっとした不便はちょっとした手間で解消できるものです。この機会にぜひVimを活用して日頃の不便を少しずつでも解消していきましょう。 **SD**

コラム 緊急時の対応例

Vimとは直接関係ないですが、Linuxサーバを運営する際たまに遭遇するVim操作関連の問題と対処方法を紹介します。

①rootアカウントでログインしているのに重要な設定ファイルが編集できない

とくに重要なファイルはimmutable（ファイルの変更を許可しない。削除もリネームもできない）属性がついている可能性があります。

```
# whois
root

# vim /etc/hosts
"/etc/hosts" [readonly] 3L, 206C
```

この場合はchattrコマンドを使って属性を無効にすることでファイルの編集が可能となります。

```
# lsattr /etc/hosts
----i--------e- /etc/hosts

# chattr -i /etc/hosts

# lsattr /etc/hosts
-------------e- /etc/hosts
```

ファイルを編集し終えたら元に戻しておきましょう。

```
# chattr +i /etc/hosts

# lsattr /etc/hosts
----i----------- hosts
```

②Linuxをシングルユーザモードで起動後に、ファイルの編集ができない

Linuxをシングルユーザモードで起動する際、/を読み込み専用でマウントしているためファイルの編集ができません。

そこで/を読み書きできるようにするために、下記の要領で再マウントする必要があります。

```
# mount -o remount,rw /
```

③日本語ファイルをVimで開くと文字化けする

文字化けの原因にはターミナルソフトの設定、OSの言語設定、vimの言語設定などさまざまな切り分けポイントがありますが、Vimの言語設定に絞ると、日本語ファイルをVimで開くと文字化けする際は、次のように設定すると解決する可能性があります。

~/.vimrcに、自動判別の設定を追加します。
.vimrcがない場合は作成します。

```
:set encoding=utf-8
:set fileencodings=utf-8,euc-jp,sjis,
iso-2022-jp
```

第2章 使うほどなじむ
「Vim使い」事始め
──プログラマ・インフラエンジニア・文章書きの心得──

2-4 vim-markdownという選択 実用Tips&対策［文書作成編］

Writer mattn　Twitter @mattn_jp

業務別Vimの使い方、最後のパートは日本語文書の作成編です。インプットメソッドまわりのVimの日本語入力は、これまでさまざまな改善がなされてきました。その実装の歴史をふりかえります。また、VimにおけるMarkdownの文法・シーン別の編集方法とそれを助けるプラグインを紹介します。

Vimはどちらかというとプログラマ向けのテキストエディタです。では、文章を書くのにはどうでしょうか？ プログラミング言語は英語ベース（1バイト文字）なので英文を書くにはとても適しています。しかし日本語文章を書くにいたっては残念ながら、巷の評判は良いものではありません。文章を書くときだけはほかのテキストエディタを使うという方もチラホラ目にします。本当にVimは日本語入力に適さないテキストエディタなのでしょうか？ ご存じのようにVimは拡張できるテキストエディタです。工夫しだいでは日本語の取り扱いも十分に可能なのです。ただし、Vimで文章を入力する際にはいくらか知識と準備が必要です。

Vimの日本語入力で困る点

Vimはモードを持ったテキストエディタです。ノーマルモードに戻る際、ユーザのほぼ全員がインプットメソッドがオフになっていることを期待しているでしょう。しかし残念ながら、インプットメソッドが持っている入力モードをVimから変更することは現状できません。その結果として、意識せずに Esc キー（もしくは Ctrl-[）をタイプすると、Vimは漢字変換モードのままノーマルモードになってしまいます。

Windows上での日本語入力

WindowsのGUI版（gvim.exe）の場合は次節で説明するiminsertというオプションによりこの「ノーマルモードでインプットメソッドがオンのままになる」問題を解決できています。CUI版（vim.exe）の場合は、後述のようにインプットメソッドを制御できません。

Linux上での日本語入力

Vimの開発を援助している側からこういうことを言うのはとても心苦しいのですが、Vimのインプットメソッドまわりはお世辞にもよくできているとは言えません。Vimはモードを扱うテキストエディタですが、そのモード切り替えとインプットメソッドの連携ができていないのです。なお、インプットメソッドを扱う実装には3者の立場を考慮しなければなりません。

❶インプットメソッドをまったく使わない（使いたくない）人
❷挿入モードでは常にオンを期待する人
❸挿入モードでオン／オフを切り替えたい人

英語圏の人は❶、日本人は❸にあたります。ハングルのインプットメソッドを使う人たちが❷にあたると聞いたことがあります。

実用Tips&対策［文書作成編］ 2-4
vim-markdownという選択

これらをふまえVimには2つの入力機構が実装されています。1つはインプットメソッド、もう1つはlmapです。インプットメソッドは昔で言えばkinput2、現代で言えばanthy、uim、mozcがそれにあたります。lmapは日本語のかな入力のようなものと思ってください。

もう少し説明すると、日本語入力は英字を数文字タイプしてひらがなを入力し、それを漢字に変換することで行われます。しかし世界には英字を数回タイプすることで特殊文字を入力する人々もいます。一般的にはdigraphが有名ですが、Vimではdigraphのほかにマルチバイトに特化した実装としてlmapがあるのです。

しかしながらlmapは前述のように、かな入力に値するものであり漢字変換は含まれません。lmapを使用してひらがなを入力することはできますが、それを漢字に変換する方法がないのです。結果としてVimで日本語入力を行うにはインプットメソッドを使うほかありません。Vimのインプットメソッドは❶～❸の要求を満たすために次のオプションを用意しています。

- imdisable
  インプットメソッドを無効にし、オンにできないようにするオプション
- iminsert
  インサートモードに入った際にインプットメソッドまたはlmapを切り替えるオプション
- imsearch
  検索モードに入った際にインプットメソッドまたはlmapを切り替えるオプション
- imactivatekey
  インプットメソッドをアクティブにするキーをVimに教えるオプション（Linux GUI向け）

WindowsのGVimではimactivatekeyを除くすべてが期待どおりに動作します。しかしながらLinuxのGUI上ではすべて期待どおりには動作しません。正確には正しく動作しなくなりました。インプットメソッドは今では各GUIコンポーネントの部品の1つとしてレイヤ状に構築されており、近代ではXIM（X Input Method）はほとんど使われないものになってしまいました。

XIMにはプログラムからインプットメソッドのオン／オフを切り替えるAPIが存在しました。しかしgtk_im_moduleなど、UIの入力機構には現状存在しません。つまり先の4つのオプションのすべてが正しく動作しなくなったと同時に、使いにくい状態に逆戻りしてしまいました。

前述のとおり、インサートモードでインプットメソッドをオンにしたあと、Escキー（Ctrl-[）をタイプすると、日本人Vimmerであればインプットメソッドがオフとなりノーマルモードに遷移することを期待してしまいます。

しかしこれらの理由で、Vimからインプットメソッドをオフに切り替えることができません。結果、ノーマルモードでインプットメソッドがオンのままとなってしまい、たとえば「nn」をタイプすると「ん」が入力され、期待しない動作となってしまいます。これに痺れを切らしてか、Linux上のインプットメソッドのいくつかにはEscキーを押したときにインプットメソッドをオフにする、いかにもVimmerのための設定が用意されている場合もあるので設定しておいた方が無難です。もちろんEscキーでなくCtrl-[を使う人は別途設定が必要です。

このような状況から抜け出そうと、Vimmerたちはいろいろなハックを行ってきました。

skk.vim

SKK入力方式を模擬できます。L辞書を使って漢字変換をし、~/.skk-jisyoにユーザ辞書を保存できるしっかりしたものです。Vimの中で動作するインプットメソッドですのでsshでログインしたサーバ内でも問題なく動作します。

vim onlineでは開発が止まってしまいましたが、現在はtyruさんのリポジトリ注1）で管理されています。

注1） URL https://github.com/tyru/skk.vim

第2章 「Vim使い」事始め
——プログラマ・インフラエンジニア・文章書きの心得——

使うほどなじむ

eskk

skk.vimに触発され、もっとカスタマイズ性に優れたSKK入力方式がほしいというVimmerたちの願いの中、tyruさんが開発を始めたプラグインがeskk[注2]です。skk.vimよりも細かい設定変更が可能であり、skkserverとも通信できるようになっています。

◆◆◆

なお、Vimのインプットメソッドまわりの状況が現在どのようになっているのかというと……実は以前から何も進化していません。これはおそらくユーザが現状に慣れてしまい、`Esc`キー(`Ctrl-[`)のタイプ前にはきちんと、インプットメソッドをオフにするという習慣ができてしまったのが理由だと推測しています。現に筆者もこの記事をLinux上のVimで書いていますが、文句も言わずにインプットメソッドをオフにしながらノーマルモードに戻る操作を繰り返しています。

autofmt

日本語の扱いで発生する問題はインプットメソッドだけではありません。エンコーディングに関しては最近はutf-8で決め打ちになりつつあるという、とても良い時代になってきましたが、日本語には良くも悪くも禁則処理が存在します。行を折り返した際、次の行が「、」で始まらないしくみや設定が必要になります。

また、ノーマルモードで`J`をタイプすると次の行がカーソル行の行末に連結されますが、英語圏の仕様により空白が挿入されます。この辺をうまくフォーマットしてくれるのがautofmt[注3]です。

行の折り返しで「、」が行頭に来ることがないように、また行連結で空白が入らないように動作します。

Markdownの入力に便利なカスタマイズ

最近のREADMEはMarkdownで書かれていることが多くなりました。ブログのエントリもMarkdownで書くという人も多いようです。

筆者も仕事や趣味でメモを取るときはMarkdownを使っています。とくにGitHubを使っているエンジニアであれば、Markdownは必須スキルと言っていいでしょう。

先に挙げた日本語まわりの設定を施しているならば、VimとMarkdownは実は非常に相性の良いテキストフォーマットであると言えます。

Markdownの文法と、そのシーンごとの編集方法を説明していきます。まずMarkdownをシンタックスハイライトするために、vim-markdown[注4]というプラグインをインストールしておきます。

ほかにもVim上でMarkdownをハイライトできるプラグインがいくつかありますが、筆者が知る限りTim Pope作のこのプラグインが一番よくできていると思います。

以降、Markdownの文法に対してどのようにVimを使っていくかを説明します。代表的なMarkdownの文法には次のものがあります。

- 見出し
- 箇条書き／リスト
- 水平線
- リンク／画像
- コード／引用
- 表

見出し

見出しは行の先頭に`#`を書き、その個数で段落のレベルを決めます。Vim使いであれば`/^#`で検索して見出しを行き来することができます。

注2) URL https://github.com/tyru/eskk.vim
注3) URL https://github.com/vim-jp/autofmt

注4) URL https://github.com/tpope/vim-markdown

vim-markdownという選択
実用Tips&対策[文書作成編] 2-4

✓ 箇条書き／リスト

筆者の経験上、箇条書きの多くはほかの資料からコピー&ペーストして作成することが多いように思います。ペーストされた行を箇条書きにする場合でもVimであれば簡単です。

```
aaa
bbb
ccc
```

このような行をビジュアルモードにおいて選択した状態で、

```
:'<,'>s/^/*_/
```

を実行すると、行頭が*で置換され、箇条書きができあがります。

```
* aaa
* bbb
* cc
```

リストは既存の行に連番を作る必要があり箇条書きほど簡単ではありません。そこでリストの作成にはマクロ(**p.89コラム参照**)を使います。次は一例にすぎませんが、連番付きの行を作る方法を紹介します。

```
0i1. Esc 0 qqvf_yjP0 Ctrl-a q
```
マクロ登録開始 レジスタ(a〜z) マクロ登録終了

と入力してください。分解して説明すると、

① 始めに `0i1. Esc 0` で最初の行の行頭に「1.」を足す。この数字が連番の開始番号となる
② 次に `qqvf_yjP` で「1.」の部分をyank(コピー)し、次行の先頭にペーストする
③ 最後に `0 Ctrl-a q` で行頭の数字をインクリメントする

この②と③の操作が「q」というレジスタに格納されるので、10個の連番付き行を作りたいのであれば `10@q` とタイプすることで既存の行に連番が作られます。

```
1. aaa
2. bbb
3. cccc
```

マクロはとても便利な機能ですが、慣れていないと結局手動で連番を書く方が早く終わってしまうこともあります。どうしてもマクロが慣れない人は、次のようなスクリプトを使って連番付きの行を作るという方法もあります。

```
function! s:vnr() range
  let n = 1
  for i in range(a:firstline, a:lastline)
    call setline(i, n . '. ' . getline(i))
    let n += 1
  endfor
endfunction
vnoremap <leader>nr :call <SID>vnr()<cr>
```

ビジュアル選択した状態で `<leader>nr`(何も設定していない状態であれば `\nr`)をタイプすると自動的に連番付きの行が生成されます。vimrcなどにコピーして使ってください。また、連番を作るという目的に特化したVimプラグインも存在します[注5],[注6]。Markdownだけでなく、プログラミングにもたいへん便利です。

✓ 水平線

水平線は数種類あるのですが、筆者は `----` を使います。Vim使いであれば `5i- Esc x` などと入力して一気に作ってしまいましょう。

✓ リンク／画像

Markdownのリンクは `[タイトル](URL)` の形式で記述します。そのままタイプしても良いのですが、次のように既存のURLからMarkdown記法に変換するマッピングをvimrcに書いておくと便利かもしれません。

[注5] URL https://github.com/deris/vim-rengbang
[注6] URL http://deris.hatenablog.jp/entry/2013/06/16/174559

第2章 「Vim使い」事始め
使うほどなじむ
―― プログラマ・インフラエンジニア・文章書きの心得 ――

```
vnoremap <leader>mdu ygvs[]
(<c-r>")<esc>?[]<cr>a
```

URLをビジュアルモードで選択した状態で`<leader>mdu`(何も設定していない状態であれば`\mdu`)をタイプすると

```
[](http://www.google.com)
```

このようなMarkdown記法のリンクが生成されます。`[]`の中にカーソルが移動するので、あとはタイトルを書けば完成です。

```
[Google](http://www.google.com/)
```

ちなみに筆者作のemmet-vim[注7]の最新版ではURLの末尾にカーソルを移動して Ctrl-y a をタイプすると、自動でリンク先のタイトルを調べてMarkdown記法を生成してくれます。

✓ コード/引用

Markdownでコードを書くには次のように記述します。

```
```ruby
[1, 2, 3].each do |x|
  puts x
end
```
```

`ruby`と書かれた部分にはそのコードがどのプログラミング言語で書かれているのかを表します。GitHubではこのプログラミング言語名を基にコードのシンタックスハイライトが行われています[注8]。

Vimは多くのプログラミング言語のシンタックスハイライトに対応していますが、Markdownに埋め込まれたコードに対しても色付けすることができます(図1)。

vimrcにリスト1を書いておくと、指定したプログラミング言語の識別が現れると自動で埋め込みシンタックスハイライトを行ってくれます。ここでは`js=javascript`のように別名を設定することもでき、短い表記に省略できます。

引用は正規表現を用いた置換を使います。引用行は先頭に`>_`を挿入すればいいので、引用表記したい部分をビジュアルモードで選択して、

```
:'<,'>s/^/>_/
```

とするだけです。簡単ですね。

✓ 表

Markdownの表はASCII文字で書きます。Markdown専用のプラグインを使ってもよいの

注7) URL https://github.com/mattn/emmet-vim

注8) Markdownパーサの中にはこの識別が扱えないものもあります。

▼リスト1 シンタックスハイライトの設定

```
let g:markdown_fenced_languages = [
\ 'coffee',
\ 'css',
\ 'erb=eruby',
\ 'javascript',
\ 'js=javascript',
\ 'json=javascript',
\ 'ruby',
\ 'sass',
\ 'xml',
\]
```

▼図1 マークダウン中のプログラミング言語へのハイライト

vim-markdownという選択
実用Tips&対策［文書作成編］ 2-4

ですが、筆者はAlignta[注9]というプラグインを使ってテーブルを整形しています。

まず体裁を無視して表を書ききります。

```
品名|値段
コーラ|120
ハンバーガー|200
スマイル|0
```

次に、表部分をビジュアルモードで選択して、

```
:'<,'>Alignta |
```

のようにAlignta コマンドを「|」（パイプ）を指定して実行すると選択部分が次のように整形されます。

```
品名        | 値段
コーラ      | 120
ハンバーガー | 200
スマイル    | 0
```

あとは2行目に罫線を入れて完成です。`19i-Esc`のように幅分の`-`を入力し、交差部分を`|`に書き換えます。数値など、右寄せ／左寄せを行うには罫線部分に`:`を指定します。

```
品名        | 値段
------------|----:
コーラ      | 120
ハンバーガー | 200
スマイル    | 0
```

これで、図2のように表示されます。

注9) URL https://github.com/h1mesuke/vim-alignta

▼図2　表への整形

品名	値段
コーラ	120
ハンバーガー	200
スマイル	0

なお、ほかにも整形プラグインはあるのですが、上記のようなマルチバイト文字が混じった場合でも正しく整形できるのは筆者が知る限りAligntaだけです。

✓ Markdownのプレビュー

Markdownを書いていると、実際にブラウザにレンダリングされた際にどのような見栄えになっているか気になってきます。

Markdownのプレビューを行えるプラグインはいろいろあるのですが、筆者はprevimを使っています[注10]。previmはkannokanno さんによって開発されており

- Webサーバのような外部プログラムが不要
- デフォルトでは Vim の操作感に影響を与えない
- 見た目のカスタマイズが可能
- リアルタイム編集も可能
- Markdown/reStructuredText/textideに対応

という聞いただけでも便利そうなプラグインです。ブラウザを自動で開く場合だけopen-browser[注11]が必要です。

使い方は、markdownファイルを開いたあと、次のコマンドを実行します。

```
:PrevimOpen
```

すると、ブラウザが起動して現在編集中の内容がプレビューで表示されます（図3）。バッファを変更し、保存するたびにプレビューが更新されるようになっています。

使用するブラウザを変更したい人は次のように変更します（Mac OS XでブラウザをFirefoxに変更する場合）。

```
let g:previm_open_cmd = 'open -a Firefox'
```

注10) URL https://github.com/kannokanno/previm
注11) URL https://github.com/tyru/open-browser.vim

第2章 「Vim使い」事始め
使うほどなじむ
――プログラマ・インフラエンジニア・文章書きの心得――

またデフォルトの見た目が気に入らない人は次のようにカスタムCSSを指定します。

```
let g:previm_disable_default_css = 1
let g:previm_custom_css_path = '/Users/mattn/public_html/style.css'
```

本記事もこのprevimを使いながら執筆しましたが、とても重宝しました。

メモ取りとしてのMarkdown

前述のように筆者は業務でメモを取る場合にMarkdownを使用しています。その際、memolistというプラグインを使っています注12。

注12) URL https://github.com/glidenote/memolist.vim

▼図3　previm

▼リスト2　memolistの設定

```
nnoremap ,mf :exe "CtrlP" g:memolist_path<cr><f5>
nnoremap ,mc :MemoNew<cr>
nnoremap ,mg :MemoGrep<cr>
let g:memolist_memo_suffix = 'md'
let g:memolist_path = '~/memo/_posts'
let g:memolist_template_dir_path = '~/memo'
```

筆者の場合はファイル名で検索したい場合が多いので、memolistのフォルダを指定してCtrlP注13を起動しています（リスト2）。

また次のMarkdownテンプレートファイルを~/memo/md.txtとして配置しています。

```
---
title: {{_title_}}
date: {{_date_}}
layout: post
---
```

業務中に何か思いついた場合や、気になったことなどをすべてMarkdownのメモとして蓄積していきます。自宅で作業する場合も同じです。

なぜこんなテンプレートなのか、勘のいい方は気づいたかと思います。Jekylやmiddleman、その他多くのブログエンジンがサポートしている形式なのです。~/memoで`jekyll _new _.`とすると_config.ymlなど、必要なファイルが生成されるので、あとは_postsディレクトリにメモ記事を書き溜めていくといった具合です。_postsディレクトリをDropboxやbtsyncなどで共有しておくと便利ですね。

ちなみに筆者はお手製のjekylクローン、jedie注14を使っており、高速なmarkdown/html変換を行っています。

このほかにもVimを使ってMarkdownを書く際に便利なプラグインがたくさん存在します。

まとめ

Markdownのような文章の入力には難があると思われがちなVimですが、やり方しだいではとても便利に、かつ強力に編集することができます。筆者が挙げたプラグインや編集方法は、数ある方法の一部にすぎません。ぜひ自分に適した自分向けの編集方法を探してみてください。 SD

注13) URL https://github.com/ctrlpvim/ctrlp.vim
注14) URL https://github.com/mattn/jedie

vim-markdownという選択
実用Tips&対策[文書作成編] 2-4

コラム マクロの活用方法

　マクロとは一連のキーボードを記録し、再生することで単純な`.`による繰り返し操作以上の高度な操作を行える機能です。マクロは「記録開始」「操作」「記録終了」「再生」で構成されます。

　記録の開始は`q`と**アルファベット文字**(`a`から`z`)をタイプして行います。記録の終了は`q`をタイプします。この間の操作が記録対象の操作となります。記録を行うと、記録開始でタイプしたアルファベット文字(たとえば`x`)が示すレジスタに操作内容が登録されます。あとは`@`のあとにレジスタをタイプ(例では`@x`)するとマクロが再生されます。また`@@`をタイプすると前回再生したマクロが再実行されます。

　マクロは、ほぼすべてのキーボード操作を記録できます。マクロ実行中のマークおよびジャンプ、マクロ実行中のマクロ記録および再生もできます。またマップされたキーも記録の対象ですので、複雑な機能をマップしておきマクロと組み合わせることもできます。undoと`.`によるやりなおし操作、繰り返し操作も記録されます。簡単な例を示します。たとえば以下のテキストがあったとします。

```
apple
banana
strawberry
```

　そして分割されたバッファに次の形式で英単語の和訳が書かれたテキスト(例はGENE95辞書の一部)があったとします。

```
apple
リンゴ,りんご,リンゴの木
```

　そして、apple、banana、strawberryのすべてを和訳に置き換えたいとします。単純にすべての単語で同じ動作を繰り返しても良いのですが、こういった場面でマクロが活躍します。では`qq`をタイプして「q」レジスタへの記録を開始しましょう。

(1) 英単語を消して無名レジスタに放り込む
ノーマルモード中、appleの上で`daw`をタイプします。これによりappleが削除されると同時に無名レジスタ`"`にappleが格納されます。

(2) 辞書バッファに移動して検索する
`Ctrl-w k`で上部に分割されたバッファに移動、appleという単語の行を探すために`gg/^Ctrl-r "$<cr>`をタイプします。`Ctrl-r "`で無名レジスタ`"`を貼り付けていますので実際には`/^apple$`に置き換えられます。冒頭では検索単語を1行目から検索するために`gg`をタイプしました。

(3) 1行下の最初の単語をyank(コピー)して元のバッファに戻ってpaste
辞書バッファで`j`をタイプして1行下に移動、`yw`で単語をyank、`Ctrl-w p`で元のバッファに戻り、`P`でpasteします。

(4) 連続実行するために次の行に移動しておく
`j`で次の行に移動します。これをしておかないと、`100@q`と実行しても同じ行に対して実行されてしまいます。

　ここまでできたら`q`をタイプして記録を終了します。これで「q」というレジスタには、カーソル上の単語を和訳し、1行下に移動する操作が格納されたことになります。では残りの2行に対しても実行するために`2@q`をタイプします。

```
リンゴ
バナナ
イチゴ
```

　大量に翻訳が必要な場合にとても有用な操作となりました。この説明でわかるとおり、マクロを使うためには編集前の状態から編集後の状態に変更するにはどのキーをタイプしたら良いのかを把握しておく必要があります。ここがマクロが難しいと思われる由縁でもあります。

第2章 使うほどなじむ「Vim使い」事始め
── プログラマ・インフラエンジニア・文章書きの心得 ──

コラム2 Vimの真のチカラを引き出すパラダイムシフト
Vimは編集作業をプログラムにする

Writer MURAOKA Taro (a.k.a. KoRoN)　Twitter @kaoriya

まるでロボットを操縦して文字を書くかのよう!?

　VimとそのほかのテキストエディタやIDEとの大きな違いを、一言で説明するのは簡単ではありません。しかしあえて挑むのであれば「ロボットを操縦しているようだ」と言うのが、Vimにおけるテキスト編集を説明付けてくれるでしょう。

　ここで言うロボットとは、人間が行うべき作業を完全に代行してくれる専門用語としてのロボットではなく、ガンダムなどのSF作品にでてくるような、人が乗って操縦するロボットをイメージしています。土木作業に用いるショベルカーのイメージでも良いでしょう。

　この比喩をもう少し具体的に掘り下げてみましょう。普通の紙に文字や絵を書くときには、自分の指でボールペンなどの筆記用具を持ち、とくに意識せずとも肩から腕、指を連動させて文字を書いていることでしょう。これならば非常に直感的で、自分が書きたいように書けます。これがまさにVim以外のエディタを扱うときの感覚です。

　一方、Vimを使う場合には話が違ってきます。ショベルカーの先端にボールペンを付け、コントロールスティックを操作して文字を書くのです。もしくはロボットハンドにボールペンを持たせ、そのロボットに指示をして文字を書かせるのです。突拍子もなく感じるかもしれませんが、長年Vimを愛用している私にすれば、これがVimを使っているときの感覚をもっとも良く説明できています。

操作すべてがプログラムである意義とは

　さらに大袈裟に言えば、このときの指示内容には各アームの角度調整や動作速度の指定、力加減の設定などの細かな情報、すべてを含んでいます。これでは慣れないうちは絵はおろか、ひらがな1文字を書くのにも大変苦労します。それこそがVimを使い始めたときに感じる、使いにくさの本質です。当然、文字を書くという目的だけの行為としては、しくみが大掛かりなうえにやるべきことが多くて、細か過ぎて、馬鹿げています。

　それでもVimを使うことの意味とはなんでしょう。この問いへの答えも、この比喩の中にあります。実はこのVimというロボットハンドへの操作・指示は、すべてプログラムでもあるのです。漢数字の「十」という文字を書くのに、必要になるはずの最初の一本の横棒を書くためのプログラムは、少しパラメータを変えてあげれば、次に書くべき縦棒にも使えそうです。

　プログラムであるということは、すなわち**再利用可能である**ことを示し、また**自動化できる**ということにほかなりません。これは非常に強力な概念です。日常行うテキスト編集作業が全部、プログラムであり、再利用可能であり、自動化の対象となりうるのです。

　ですから熟練VimユーザがVimで作業をしているときは、単に文章を書いている・編集している以上の意味を持っています。それは、ある種のプログラミングです。すなわち文章を書くための、編集するためのプログラムをライブで書いている

90 - Software Design

Vimの真のチカラを引き出すパラダイムシフト
Vimは編集作業をプログラムにする

コラム2

のです。しばしばVimがプログラマ向けのエディタだと考えられるのは、Vimのこのような性質に基づきます。

もしもVimを使ってプログラムを書いているならば、それは今風に言うと、プログラムを書くためのメタプログラムをしている、というのも過言ではありません。また、一部の熟練Vimユーザがvimを使ってある仕事をしているとき、気が付くと、その仕事をより効率的にこなすためのVimプラグインを作り始めている、トータルではプラグイン作りのほうにより多くの時間をかけてしまった、などということがあるのも、この性質を考えれば納得できるというものでしょう。

プログラムとシームレスなVimの機能

Vimの機能に話を戻しましょう。

Vimにおいて「FOO」という文字を入力するためにタイプすべき `iFOO Esc` は、それ自体がプログラムです。だから、このプログラムの直前に「3回繰り返す」という意味の「3」を付け加えて、`3iFOO Esc` とするだけで、「FOOFOOFOO」と入力できてしまいます。Vimはモーダルなテキストエディタではありますが、その機能はプログラムとモードレス=シームレスなのです。

ですから熟練Vimユーザは、Vimが「モーダル」であることを指摘され、批難されてもあまりピンとは来ません。Vimは、**インタラクティブなエディタとしてはモーダルですが、プログラマブルなエディタとしてはこのうえなくシームレス**だからです。そして一般的にはエディタはインタラクティブなモノとの認識があるかもしれませんが、熟練Vimユーザはプログラマブルなモノとして認識しているので、そもそもの指摘自体が誤っているように感じられてしまうのです。

このシームレスにプログラマブルなテキスト編集ロボット=Vimを構成する重要な機能には、操作を記録できるマクロ・レジスタや、制御構造を追加するVim script、それらをトリガーするキーマッピングやユーザコマンドやイベントを挙げる

ことができます。これらの機能はとても地味ですが、Vimを効果的に使うつもりであれば早晩避けては通れません。

Vimを使い始めの頃は、とかくシンタックスハイライトやウィンドウ分割、それにタブ表示などの派手でわかりやすい、ほかのエディタにもあるような機能に目が行くことでしょう。しかし、本当にVimを使うのであれば、**Vimによるテキスト編集行為自体がプログラミングである**という前提をふまえて、それに関する前述のような機能を積極的に学んでみてください。

Vimの真のチカラを得るために

話をまとめましょう。

Vimはシームレスにプログラマブルであることが、ほかのエディタやIDEとは異なる最大の特徴です。ゆえにその特徴を活かすことで、Vimを使う真のチカラが享受できます。そのためには、普段行うすべての編集作業がプログラムであることを意識し、どうすれば再利用・自動化できるか常に考え、それにかかわる機能を利用・実践し続けることが、とても重要になってきます。

ただし、なんでもかんでも再利用・自動化すれば良い、というものでもありません。再利用や自動化にこだわり過ぎて、膨大な時間を投資したあげくに、実質的にメンテ不能なマクロやスクリプト=独自システムを作りあげてしまう、そんな危険性があることは常に気に留めましょう。

この危険性はVimに限りません。プログラミング的な傾向の強いソフトウェアを使う際には、「なにかのタスクを完了させる」といった具体的な目標を掲げ、それを達成することがなにより重要です。そのうえで、次回以降の類似タスクに向けて、何を資産として残すべきか、それを考えることこそが真の再利用・自動化のメリットです。

とくに意識しないでも、普段の編集作業をほどほどに再利用・自動化できるようになったとき、そのときこそ熟練Vimユーザになったと、胸を張って言えるでしょう。**SD**

ソフトウェアデザイン プラス

Software Design plusシリーズは、OSとネットワーク、IT環境を支えるエンジニアの総合誌『Software Design』編集部が自信を持ってお届けする書籍シリーズです。

五味弘 著
B5変形判・272ページ
定価 2,580円（本体）＋税
ISBN 978-4-7741-8035-9

養成読本編集部 編
B5判・200ページ
定価 2,080円（本体）＋税
ISBN 978-4-7741-8034-2

髙橋基信 著
A5判・256ページ
定価 2,680円（本体）＋税
ISBN 978-4-7741-8000-7

データサイエンティスト養成読本 機械学習入門編
養成読本編集部 編
定価 2,280円＋税　ISBN 978-4-7741-7631-4

C#エンジニア養成読本
岩永信之、山田祥寛、井上章、伊藤伸裕、熊家賢治、神原淳史 著
定価 1,980円＋税　ISBN 978-4-7741-7607-9

Dockerエキスパート養成読本
養成読本編集部 編
定価 1,980円＋税　ISBN 978-4-7741-7441-9

サーバ／インフラエンジニア養成読本 基礎スキル編
福田和宏、中村文則、竹本浩、木本裕紀 著
定価 1,980円＋税　ISBN 978-4-7741-7345-0

Laravelエキスパート養成読本
川瀬裕久、古川文生、松尾大、竹澤有貴、小山哲志、新原雅司 著
定価 1,980円＋税　ISBN 978-4-7741-7313-9

Pythonエンジニア養成読本
鈴木たかのり、清原弘貴、嶋田健志、池内孝啓、関根裕紀、若山史郎 著
定価 1,980円＋税　ISBN 978-4-7741-7320-7

データサイエンティスト養成読本 R活用編
養成読本編集部 編
定価 1,980円＋税　ISBN 978-4-7741-7057-2

Javaエンジニア養成読本
きしだなおき、のざきひろふみ、田洋一、渡辺修司、伊賀敏樹 著
定価 1,980円＋税　ISBN 978-4-7741-6931-6

OpenSSH［実践］入門
川本安武 著
定価 2,980円＋税　ISBN 978-4-7741-6807-4

JavaScriptエンジニア養成読本
吾郷協、山田順久、竹馬光太郎、智大二郎 著
定価 1,980円＋税　ISBN 978-4-7741-6797-8

WordPress プロフェッショナル養成読本
養成読本編集部 編
定価 1,980円＋税　ISBN 978-4-7741-6787-9

内部構造から学ぶPostgreSQL 設計・運用計画の鉄則
勝俣智生、佐伯昌樹、原田登志 著
定価 3,300円＋税　ISBN 978-4-7741-6709-1

サーバ／インフラエンジニア養成読本 ログ収集～可視化編
養成読本編集部 編
定価 1,980円＋税　ISBN 978-4-7741-6983-5

Hinemos 統合管理［実践］入門
倉田晃次、澤井健、幸坂大輔 著
定価 3,700円＋税　ISBN 978-4-7741-6984-2

高宮安仁、鈴木一哉、松井暢之、村木暢哉、山崎泰宏 著
A5判・352ページ
定価 3,200円（本体）＋税
ISBN 978-4-7741-7983-4

斎藤祐一郎 著
A5判・160ページ
定価 2,280円（本体）＋税
ISBN 978-4-7741-7865-3

中村行宏、横田翔 著
A5判・320ページ
定価 2,480円（本体）＋税
ISBN 978-4-7741-7114-2

神原健一 著
B5変形判・192ページ
定価 2,580円（本体）＋税
ISBN 978-4-7741-7749-6

中井悦司 著
B5変形判・200ページ
定価 2,680円（本体）＋税
ISBN 978-4-7741-7654-3

上田隆一 著
USP研究所 監修
B5変形判・416ページ
定価 2,980円（本体）＋税
ISBN 978-4-7741-7344-3

中島雅弘、富永浩之、國信真吾、花川直己 著
B5変形判・416ページ
定価 2,980円（本体）＋税
ISBN 978-4-7741-7369-6

養成読本編集部 編
B5判・112ページ
定価 1,980円（本体）＋税
ISBN 978-4-7741-7992-6

養成読本編集部 編
B5判・176ページ
定価 1,980円（本体）＋税
ISBN 978-4-7741-7993-3

養成読本編集部 編
B5判・192ページ
定価 2,480円（本体）＋税
ISBN 978-4-7741-7858-5

養成読本編集部 編
B5判・168ページ
定価 2,280円（本体）＋税
ISBN 978-4-7741-7962-9

技術評論社

第3章

Vimを使いこなしていますか?
Vim至上主義

UNIXユーザにとって、最初に使うエディタはviではないでしょうか。多くのLinuxディストリビューションにも標準的に搭載されている便利なエディタです。サーバエンジニアのデフォルトエディタとも言えます。viさえあれば最高という方も多くいらっしゃいます。

viは非常にシンプルです。ある意味使用目的が特化しているため、現代風な使いやすさをもって多くの点で改善されたVimが主流になってきています。多くのユーザにとって、いきなり超一流の使い手になることはいろいろな面からみてハードルが高いかもしれません。そこで本特集ではVimの達人達の使いこなしを紹介します。彼らの経験と実績から生まれたたくさんのヒントを掲載しましたので日頃のソフトウェア開発などに役立ててください。

CONTENTS

3-1 これからVimを始めたいあなたに 94
Writer 後藤 大地

3-2 押さえるべき基本技 104
Writer 後藤 大地

3-3 Vimプラグインの導入 114
Writer daisuzu

3-4 生産性を向上させるVimのTips 128
Writer mattn

COLUMN

1. Vimで快適執筆環境 102
Writer 結城 浩

2. Vimをお勧めする理由 112
Writer 中井 悦司

3. VimでSwiftプログラミング 124
Writer 所 友太

4. XcodeをVimライクにして作業効率を上げる!? 134
Writer 森 拓也

5. 男は黙ってVim! 136
Writer 田中 邦裕

第3章 Vim至上主義

3-1 これからVimを始めたいあなたに

Writer 後藤 大地（ごとう だいち） BSDコンサルティング㈱ Twitter：@daichigoto、@BSDc_tweet

プログラミングを行う開発者はもちろん、HTMLやCSSを扱うWebデザイナ、書籍や雑誌・ニュースなどの執筆を職業にしている物書きの方、企業システムの計画立案からプロジェクト推進まですべてを束ねるマネージャ、企業システムの管理運用を任されているメンテナ、挙げていけばきりがないわけですが、文字を入力する作業が必要なすべての方にとって作業効率を大きく左右する超重要なソフトウェアが「エディタ」です。世界中には数限りないエディタがありますが、その中でもとくに異色で、使うのに訓練を必要とし、その関門を乗り越えた者に信じられないほどの高効率を与えるエディタが「Vim」です。本特集ではこのエディタの魅力と、最小限の努力で最大限の効果を得るためのさまざまなティップスやテクニックを紹介します。

Vimが優れている理由：ラインエディタの特性を継承

みんな大好き「攻殻機動隊」。その世界観もさることながら、やはり憧れるのは、映画「GHOST IN THE SHELL／攻殻機動隊」において、ドクター・ウィリスがキーボードを叩き出す瞬間です。ドクター・ウィリスの腕は義手になっており、タイピングの瞬間に1本の指がそれぞれ3本の指に別れて猛烈な速度でタイピングを始めます。1本が3本になるわけですから、合計で30本。入力効率は3倍に違いない（違）。

人間のままではドクター・ウィリスのような速度でタイピングすることは無理ですが、実は限りなくそれを可能にしてくれるソフトウェアがあります。そう、それが「Vim」です。物理的な入力速度には限界がありますが、Vimのコマンドモードを駆使すると、物理的な入力だけでは得られない効率での作業が可能になります。

……ドクター・ウィリスの使っているエディタがVimだった場合にはもはや太刀打ちできませんが、Vimを習得すればVimを使わないドクター・ウィリスには対抗できそうです……

Vimは「vi」と呼ばれるエディタを模倣し、さらに多くの機能を追加していった多機能エディ

タです。現在使われているエディタの中では「nvi」と呼ばれるエディタが、オリジナルのviに近いエディタです。nviはFreeBSD、NetBSD、OpenBSDのデフォルトのエディタとして使われています。nviはviと互換性が高く、機能を追加していったVimと違って軽量で高速という特徴があります。vi系エディタはLinuxやFreeBSDに最初からインストールされていることがほとんどで、sshでログインしてリモート管理する場合には欠かせないエディタでもあります。すでに使われている方は多いでしょう。Mac OS Xにもデフォルトでインストールされているので、使われている方は少なくないと見られます。

viには現在主流のエディタにはない異色な特徴があります。viは「ex」と呼ばれるエディタを拡張したものです。exはライン指向のエディタで（ときにラインエディタと呼ばれます）、行ごとにテキストを編集します。exは「ed」と呼ばれるラインエディタに影響を受けて開発されたラインエディタです。edは「QED」というラインエディタに影響を受けて開発されています。

つまり、Vimやviはラインエディタの系譜から機能を拡張していったエディタということになります。現在のエディタはラインエディタの系譜ではありませんので、Vim/viとそれ以外のエディタではそもそもの設計思想が異なっています。

3-1 これからVimを始めたいあなたに

Vim/viの動作がほかのエディタと比較して異色的に見えるのにはこうした理由があります。

ラインエディタでの編集

たとえばedと呼ばれるラインエディタでファイルを編集してみましょう。ファイルの一部を書き換えたい場合、図1のように操作します。edはラインエディタですので、出力は1行だけです。わかりにくいですが、edを実行したあとはedからの出力が1行、ユーザによる入力が1行という操作が繰り返されています。edはとても寡黙で、必要がなければ何も表示しません。

viはこうしたラインエディタを拡張したものです。edの操作だけみると、edの操作を引き継いだviはエディタとしては欠陥品のように思えてきますが、そうはなりませんでした。テキストの入力とは別にコマンドを入力できるというのは、編集という作業においてとても強力なものだったからです。

viでは1行だけではなくターミナル全体を編集領域として使います。ファイルの中身が見えた状態で編集できます。edやexと比較すると大きな進歩といえます。こういったエディタはスクリーンエディタと呼ばれています。

viは分類上はスクリーンエディタということになりますが、基本的にex/edといったラインエディタを拡張したような設計になっているのでex/ed時代の操作が使えるようになっています。つまり、図1のように「3」や「s/0003/000a/」、「w」、「q」をテキストの入力ではなく「コマンドの入力」として扱う機能を持っています。

コマンドモード

vi/nviではこれを実現するために「入力モード」と「コマンドモード」という2つのモードを持っています。入力モードのときはテキストをテキストとして入力できますが、コマンドモードになると入力されるテキストはコマンドとして解釈されます。edやexで実行できることはviでもできます。

皆さんは少なくとも1回はsedやgrepを使ったことがあるかと思いますが、sedとgrepはedの機能を個別のコマンドとして切り離したものです。edでの機能が便利だったので、外にその機能だけを持っていったコマンドです。sedは置換(swap)を意味する「s」を付けてsed、grepは正規表現に一致した行を表示するというedの命令「g/re/p」がコマンドになったものです。エディタを操作していてエディタの中でgrepやsedが使えれば良いのにと感じることがあるかと思いますが、edはもともとその機能を提供していますし、edを設計思想の源流においているviにもその機能が最初からエディタ内に含まれています。

Vimのモード

そしてVimです。Vimはviの設計をベースにさまざまな機能を取り込んでいきました。たとえばnviの提供するモードは「入力モード」と「コマンドモード」だけですが、Vimでは10を超えるモードが提供されています。基本となるモードは「挿入モード」「コマンドモード」「コマンドラインモード」「ビジュアルモード」です。

▼図1　edによるファイル書き換えの例

```
% cat data
0001 8485 494
0002 1124 570
0003 9720 956     ← この行の0003を000aへ変更したい
0004 3780 218
0005 9335 769
% ed data
70                → 開いたファイルサイズが表示される
                  ← ed(1)でファイルを編集開始
3                 ← 3と入力して3行目に移動
0003 9720 956     → 3行目の内容が表示される
s/0003/000a/      ← 0003を000aへ変更せよという命令
w                 ← 保存せよという命令
70                → 保存したファイルのサイズが表示される
q                 ← edを終了
% cat data
0001 8485 494
0002 1124 570
000a 9720 956     ← 編集されていることがわかる
0004 3780 218
0005 9335 769
%
```

第3章　Vim至上主義

とくに「ビジュアルモード」はVimの操作性を引き上げる重要なモードです。Vimではコマンドモードはノーマルモードと呼ばれていますが、慣れないうちは混乱するのでここでは「コマンドモード」とviでの呼び方を踏襲しておきます。

Vimの機能は、一生訓練を続けても使いこなすことは不可能ではないかと思われるほどたくさんあります。しかしこれは逆に、Vimは使い続けるほどスキルアップにつなげることができることを意味しています。最初は十中八九、間違いなく慣れない操作に苛立ちを感じるでしょう。しかし、スキルアップし続ければいずれはドクター・ウィリスのように高速な操作ができるんだ、と気力を奮い立たせてこの異色のエディタと四つに組んでいきましょう。

Vimの環境構築（.vimrcの書き方）

Vimは無限にも近いカスタマイズが可能なエディタでもあります。Vimの設定ファイルはホームディレクトリ直下の「.vimrc」というファイルです。ここではいくつか基本的な設定を解説しておきます。Vimのデフォルトの動きは現在のスクリーンエディタに慣れたユーザにとってはハードルが高いので、現在のエディタに近い動作をするようにしておいたほうが何かとストレスがなくなります。

viとの互換モードではなく、Vimの機能をフルに発揮できるようにnocompatibleを設定しておきます。

```
set nocompatible
```

Vimはデフォルトでは挿入モードで、バックスペースキーを押しても文字を削除できません。これは現在のスクリーンエディタに慣れたユーザに強いストレスを与えます。backspaceにstartを設定すると、挿入モードでバックスペースキーによる文字の削除ができるようになります。

```
set backspace=start,eol,indent
```

eolは改行も削除できるようにする指定です。行の先頭でバックスペースキーを押すとその行が1つ前に行にくっつくようになります。indentはインデントモードでインデントを削除できるようにする指定です。

Vimはデフォルトでは行の先頭または行の終わりにカーソルが到達しても、そこを超えて前の行や次の行に移動するといった設定になっていません。これも現在のスクリーンエディタに慣れたユーザに強いストレスを与えます。バックスペースキーやスペースキー、矢印キーでの移動が現在のスクリーンエディタと同じになるように「whichwrap=b,s,[,],<,>,~」を設定しておきます。よくわからないうちはこういう設定をするものだと思っておくと良いでしょう。

```
set whichwrap=b,s,[,],<,>,~
```

Vimを活用するにはマウスを使わないのが1つのポイントです。また、マウスとの連動機能はターミナルアプリケーションの実装に依存するため問題になることも多く、無効にしておいたほうが何かと無難です。

```
set mouse=
```

マウスは便利な機能ですが、画面を見ながらのマウスの細かい操作は実は大きなストレスになります。マウスを使わないでキー入力（**表1**）のみで済むなら、それにこしたことはありません。

Vimは強力なシンタックスハイライト機能を持っています（**図2**、**3**）。この機能を使いたい

▼**表1　Vimの代表的なキー入力**

記号	対応するキー	対応するモード
b	バックスペースキー	ノーマルモード、ビジュアルモード
s	スペースキー	ノーマルモード、ビジュアルモード
<	←キー	ノーマルモード、ビジュアルモード
>	→キー	ノーマルモード、ビジュアルモード
[	←キー	挿入モード、置換モード
]	→キー	挿入モード、置換モード
~	~キー	ノーマルモード

3-1 これからVimを始めたいあなたに

からVimを使うというプログラマは少なくありません。syntax onでシンタックスハイライトを有効にするとともに、検索時にはハイライトが有効にならないようにしておきます。検索時のハイライトは見難くなることが多いように思います。

```
syntax on
set nohlsearch
```

シンタックスハイライトを有効にした結果、どのような色が表示されるかはターミナルアプリケーションの実装に依存しています。まったく同じ設定ファイルでも、利用するターミナルを変更すると表示される色が変更されることがあります。次にバックグラウンドが黒色のターミナルでの色設定例を掲載しておきます(図4、5)。

図6の設定はターミナルの背景が白色の場合の色設定例です(図7)。こうした設定はターミナルアプリケーションごとに見やすさや見にくさが変わりますので、お使いのターミナルアプリケーションに合わせて調整してください。

次の設定はVimのステータスラインを設定しています。laststatus=2で常にステータスラインを表示させています。statuslineはステータスラインに何を表示するかの指定です。図8では長いパスでファイル名を表示させています。似たような名前のファイルを編集していると、今どこのディレクトリのファイルを操作していたのかわからなくなることがあるからです。このあたりは好みの問題でもあります。

```
set laststatus=2
set statusline=%F%r%h%=
```

▼図2　syntax onを設定する前

```
set nocompatible
set backspace=start,eol,indent
set whichwrap=b,s,[,],<,>,~
set mouse=

".vimrc" 4L, 87C
```

▼図3　syntax onを設定した後

```
set nocompatible
set backspace=start,eol,indent
set whichwrap=b,s,[,],<,>,~
set mouse=
syntax on
set nohlsearch

".vimrc" 6L, 112C
```

▼図4　バックグラウンドが黒のときの色設定例

```
highlight StatusLine cternfg=black ctermbg=grey
highlight CursorLine cternfg=none ctermbg=darkgray cterm=none
highlight MatchParen cternfg=none ctermbg=darkgray
highlight Comment cternfg=DarkGreen ctermbg=NONE
highlight Directory cternfg=DarkGreen ctermbg=NONE
```

▼図5　図4の設定後のターミナル表示

```
set nocompatible
set backspace=start,eol,indent
set whichwrap=b,s,[,],<,>,~
set mouse=
syntax on
set nohlsearch
highlight StatusLine cternfg=black ctermbg=grey
highlight CursorLine cternfg=none ctermbg=darkgray cterm=none
highlight MatchParen cternfg=none ctermbg=darkgray
highlight Comment cternfg=DarkGreen ctermbg=NONE
highlight Directory cternfg=DarkGreen ctermbg=NONE
```

第3章 Vim至上主義

　set numberで行番号を行の先頭に表示させることができます（図9）。行数が邪魔な場合はset nonumberとします。

```
set number
```

　incsearchはインクリメンタル検索を有効にする設定です。この設定をしておくと、コマンドモードから「/文字列」のように検索を実施した場合、入力されるごとにインクリメンタルに検索結果を表示するようになります（図10、11）。ignorecaseを指定しておくと大文字を小文字を区別せずに検索できます。

```
set incsearch
set ignorecase
```

　Vimは各種モードで補完入力を実施できます。wildmenu wildmode=list:fullはコマンドラインモードでの補完表示の形式をどのようにするかの指定です。この設定が比較的にわかりやすいかな

▼図6　背景が白色の場合の色設定例

```
highlight Normal ctermbg=grey ctermfg=black
highlight StatusLine ctermfg=grey ctermbg=black
highlight CursorLine ctermfg=darkgray ctermbg=none cterm=none
highlight MatchParen ctermfg=none ctermbg=darkgray
```

▼図7　図6の設定後のターミナル表示

```
set nocompatible
set backspace=start,eol,indent
set whichwrap=b,s,[,],<,>,~
set mouse=
syntax on
set nohlsearch
highlight Normal ctermfg=black
highlight StatusLine ctermfg=grey ctermbg=black
highlight CursorLine ctermfg=darkgray ctermbg=none cterm=none
highlight MatchParen ctermfg=none ctermbg=darkgray

~
-- INSERT --
```

▼図8　ステータスラインを表示させたところ

```
# version: $Revision: 34532 $

.include "../../mk/articles.base.mk"
/z/localdocs/SoftwareDesign/201310/vim-01/Makefile
:set nonumber
```

▼図9　行番号表示

```
 1 set nocompatible
 2 set backspace=start,eol,indent
 3 set whichwrap=b,s,[,],<,>,~
 4 set mouse=
 5 syntax on
 6 set nohlsearch
 7 highlight StatusLine ctermfg=black ctermbg=grey
 8 highlight CursorLine ctermfg=none ctermbg=darkgray cterm=none
 9 highlight MatchParen ctermfg=none ctermbg=darkgray
10 highlight Comment ctermfg=DarkGreen ctermbg=NONE
11 highlight Directory ctermfg=DarkGreen ctermbg=NONE
12 set laststatus=2
13 set statusline=%F%r%h%=
~/.vimrc
".vimrc" 14L, 425C
```

3-1 これからVimを始めたいあなたに

と思います（もちろんこのあたりは好みの問題です）。補完表示されている例が図12です。

```
set wildmenu wildmode=list:full
```

次の設定はちょっとしたショートカットキーの設定です。まず、タブキーで15文字分右へカーソルを移動、シフトキーを押しながらタブキーを押して15文字分カーソルキーを左へ移動です。

▼図10 /darkと入力した段階ではdarkgrayが一致している

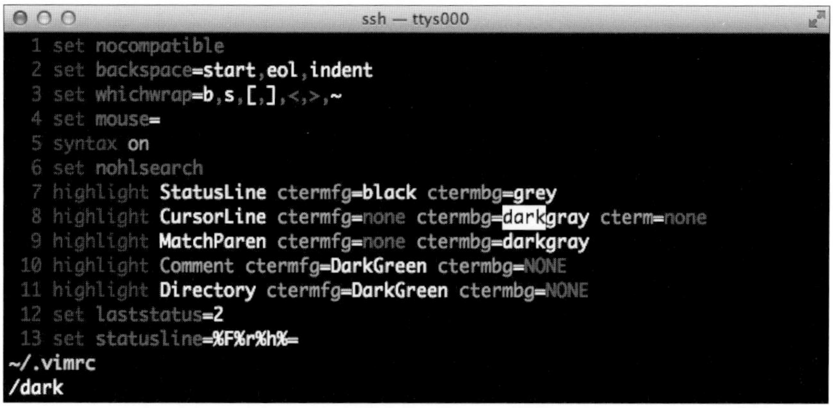

▼図11 /darkgreenと入力すると次のDarkGreenが一致している

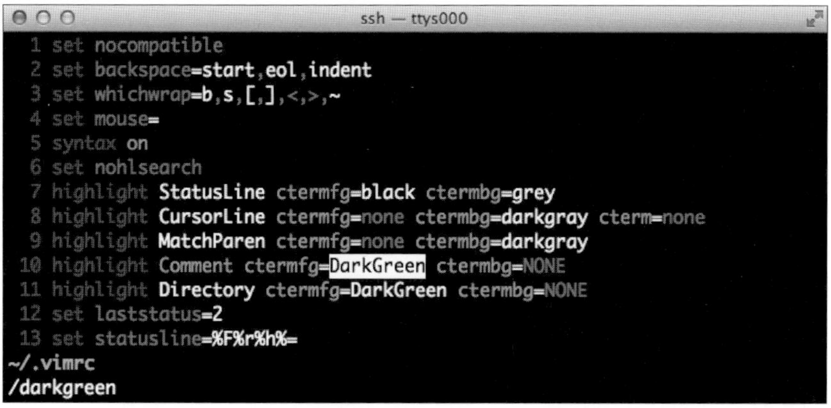

▼図12 タブを押してファイル一覧を表示させたところ

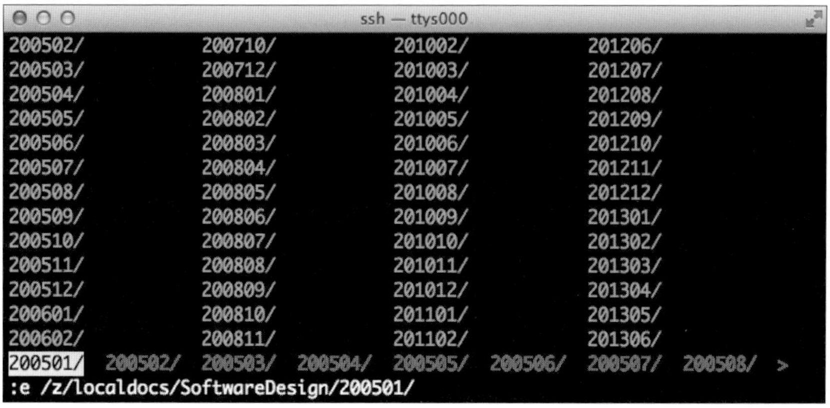

第3章 Vim至上主義

HTMLファイルやXMLファイルのように改行せずに長い文字列を入力または編集するようなケースではカーソルを高速移動させる上でこのショートカットが便利です。

```
nmap <silent> <Tab>   15<Right>
vmap <silent> <Tab>   <C-o>15<Right>
nmap <silent> <S-Tab> 15<Left>
vmap <silent> <S-Tab> <C-o>15<Left>
```

次のショートカットは複数のファイルを同時に編集してる場合に、次のファイルに移動するためのショートカットです。Ctrl-nで順々に次のファイルへ編集対象を切り替えます。Vimはコマンドラインモードでの操作が履歴に入りますので、似たような編集をする場合には対象ファイルを一気に開いて作業をしたほうが効率が良いことがあります。ファイル間の移動をショートカットキーに割り当てておくと便利です。

```
nmap <silent> <C-n>      :update<CR>:bn<CR>
imap <silent> <C-n> <ESC>:update<CR>:bn<CR>
vmap <silent> <C-n> <ESC>:update<CR>:bn<CR>
cmap <silent> <C-n> <ESC>:update<CR>:bn<CR>
```

これまでの設定をまとめると図13のようになります。

最低限のVimの設定ファイルとしてはこのあたりを押さえておけば良いかと思います。

お勧めチートシート

Vimはさまざまな機能を提供していますが、よく使う操作はある程度絞られてきます。いくつかのコマンドや操作は手癖として身についてきますので、何も考えずにタイプできるようになります。表2〜4に使われることが多いと思われる操作をまとめておきます。

viでは「:行数,行数s/パターン/置換後文字列/g」のように行数でコマンドの適用範囲を指定できます。Vimでもこの方法が使えますが、ビジュアルモードで選択したものに対して置換を実施したほうが何かと便利です。行数を指定する場合、結局のところその行数を調べるために時間をかけることになり、あまり効果的ではないところがありました。ビジュアルモードを活用することで範囲指定をしたうえでもコマンドの実行がとても直感的でわかりやすく高速なものになります。

またカーソルの移動に関してはカーソルキーを使っての移動を極力しないというのが、高速編集への1つのポイントです。数字を指定しての繰り返し移動や、/や?による検索を駆使して一気に移動します。最短の時間で最大の効果を得る癖を付けておくのがポイントです。**SD**

▼図13　すべての設定をしたところ

```
set nocompatible
set backspace=start,eol,indent
set whichwrap=b,s,[,],<,>,~
set mouse=
syntax on
set nohlsearch
highlight StatusLine ctermfg=black
ctermbg=grey
highlight CursorLine ctermfg=none
ctermbg=darkgray cterm=none
highlight MatchParen ctermfg=none
ctermbg=darkgray
highlight Comment ctermfg=DarkGreen
ctermbg=NONE
highlight Directory ctermfg=DarkGreen
ctermbg=NONE
set laststatus=2
set statusline=%F%r%h%=
set number
set incsearch
set ignorecase
set wildmenu wildmode=list:full
nmap <silent> <Tab>   15<Right>
vmap <silent> <Tab>   <C-o>15<Right>
nmap <silent> <S-Tab> 15<Left>
vmap <silent> <S-Tab> <C-o>15<Left>
nmap <silent> <C-n>
:update<CR>:bn<CR>
imap <silent> <C-n>
<ESC>:update<CR>:bn<CR>
vmap <silent> <C-n>
<ESC>:update<CR>:bn<CR>
cmap <silent> <C-n>
<ESC>:update<CR>:bn<CR>
```

▼表2　挿入モードでの操作

キー	意味
Esc	コマンドモードへ移行

これからVimを始めたいあなたに　3-1

▼表3　コマンドモードでの操作

コマンド	意味
:	コマンドラインモードへ移行
/文字列	コマンドラインモードへ移行。カーソルの位置からファイルの終わりへ向かって検索
?文字列	コマンドラインモードへ移行。カーソルの位置からファイルの最初へ向かって検索
i	挿入モードへ移行。カーソルの位置から入力開始
a	挿入モードへ移行。カーソルの次の位置から入力開始
I	挿入モードへ移行。行の先頭から入力開始
A	挿入モードへ移行。行の終わりから入力開始
o	挿入モードへ移行。カーソルの次の行の先頭から入力開始
O	挿入モードへ移行。カーソルの前の行の先頭から入力開始
dd	その行を削除
d数字d	その行から指定した行数だけ行を削除
yy	その行をコピー（Vim内部でのコピー）
y数字y	その行から指定した行数だけ行をコピー（Vim内部でのコピー）
p	次の行にコピーした内容をペースト。vまたは Ctrl-v で選択された領域がコピーされたものである場合にはカーソルの次の場所からペースト
P	前の行にコピーした内容をペースト。vまたは Ctrl-v で選択された領域がコピーされたものである場合にはカーソルの場所からペースト
x	カーソルの位置の文字を削除
X	カーソルの1つ前の文字を削除
D	カーソルから行の終わりまでの文字を削除
v	ビジュアルモードへ移行。文字単位で選択
V	ビジュアルモードへ移行。行単位で選択
zz	カーソルがある行がターミナルの上下で見た場合の中央に来るようにページを移動
Ctrl-v	ビジュアルモードへ移行。矩形で選択
数字コマンド	上記コマンドなどを指定した数字の回数だけ繰り返す。10xなら10文字削除。100→なら100回→キーを押したのと同じ意味

▼表4　:でコマンドラインモードになった場合の操作

文字	意味
番号	指定した行番号へ移動
w	ファイルへ書き込み
q	Vimの終了
wq	ファイルへ書きこんでからVimを終了
wq!	書き込みが許可されていないファイルに書き込みを実施したのちVimを終了
undo	アンドゥ
redo	リドゥ
s/パターン/置換後文字列/	カーソルのある行でパターンに一致した最初の文字列を置換
s/パターン/置換後文字列/g	カーソルのある行でパターンに一致したすべての文字列を置換
%s/パターン/置換後文字列/	s/パターン/置換後文字列/を全行に対して適用
%s/パターン/置換後文字列/g	s/パターン/置換後文字列/gを全行に対して適用
'<,'>s/パターン/置換後文字列/	s/パターン/置換後文字列/をビジュアルモードで選択した行に対して適用。ビジュアルモードにおいて選択した状態で:を押すとこの先頭の5文字は自動的に表示される
'<,'>s/パターン/置換後文字列/g	s/パターン/置換後文字列/gをビジュアルモードで選択した行に対して適用。ビジュアルモードにおいて選択した状態で:を押すとこの先頭の5文字は自動的に表示される
set number	行番号を行頭に表示する
set nonumber	行番号を行頭に表示しない
set wrap	ターミナルの幅を超える文字列を回りこんで表示する
set nowrap	ターミナルの幅を超えた文字列を回りこんで表示しない
D	カーソルから行の終わりまでの文字を削除
v	ビジュアルモードへ移行。文字単位で選択
V	ビジュアルモードへ移行。行単位で選択
zz	カーソルがある行がターミナルの上下で見た場合の中央に来るようにページを移動
Ctrl-v	ビジュアルモードへ移行。矩形で選択
数字コマンド	上記コマンドなどを指定した数字の回数だけ繰り返す。10xなら10文字削除。100→なら100回→キーを押したのと同じ意味

第3章 Vim至上主義

COLUMN 1 Vimで快適執筆環境

Writer 結城 浩（ゆうき ひろし）　Twitter：@hyuki

ThinkPadから MacBookへ

　2013年の夏は、私の執筆環境がThinkPadからMacBook Airへ移るという大変化が起きました。以下、どんなふうにして執筆環境が移ったかをお話しします。

　2013年の6月から7月にかけて、愛用のThinkPadのSSDが2回も不調になりました。保証期間内で無償修理なのはいいのですが、その間も〆切は待ってくれません。しかたがないので、ThinkPadが戻ってくるまでの間、MacBook Airで原稿を書くようになりました。そのときはまさかMacがメインの執筆環境になるとは思っていなかったのですが。

　これまで私は何回かMacに執筆環境を移行しようと思っていましたが、その障害となるのはいつもキーボードとテキストエディタでした。

キーボードは慣れで解決

　まずはキーボードです。MacBook Airのキーボードはキーの縁でどうも指先が引っかかる。思わず「面取り」をしたくなるほどです。しかしThinkPadが故障している間は、すべての文章をMacBook Airのキーボードで書かなければなりません。原稿を何本か書くうちに指先の引っかかりがなくなってきました。**正確なキーの位置を指が覚え始めたのです。**

　これまでは、いつもそばにThinkPadがありました。そのため、Macを使って少し不満があると「やっぱりThinkPadがいいや」と戻っていました。今回のように強制的に書き続けていればちゃんと慣れるものだったのですね。

日本語モードはKeyRemap4MacBook[注1]で解決

　キーボードでは日本語モードの切り換えも問題でした。Windowsでの Alt + 漢字 キーという手の動きが、Macに移っても直らないのです。 かな キーと 英数 キーを使えばいいのですが、頭がどうしても切り換わりません。

　そこで、システム環境設定のキーボードショートカットで「前の入力ソースの選択」を ⌘ + 1 に割り当てました。さらに、KeyRemap4MacBook[注1]を使って 英数 キーを ⌘ に割り当てました。これによって、Windowsのときと似た手の動きで日本語モードの切り換えが可能になりました。

秀丸エディタからVimへ

　Macは秀丸エディタがない。執筆環境を移行できない大きな理由がこれでした。私にとって「手になじむエディタ」というのはまさに秀丸エディタのこと。Macにも良いエディタはたくさんあるのですが、帯に短し襷に長し。20数年前、UNIXをメインの環境にしていたときのエディタはviでした。viも当時の私にとって「手になじんだエディタ」でしたが、もっぱらコードを書くためのものであり、viで日本語入力をしたことはありませんでした。viのモード切り換えと、日本語入力のモード切り換えが干渉しあってひどい目に遭うからです。

　しかし、KeyRemap4MacBook[注1]を使って Esc を Esc + 英数 に割り当てるとモード切り換えの干渉が激減しました。**入力モードからノー**

注1）現在は「Karabiner」と名称が変更されています。

102 - Software Design

マルモードに戻ったときに日本語入力が自動的にオフになるからです。それでもノーマルモードで文字を入力してしまうという勘違いがときどき起きました。そこで、**入力モードに入ったときにステータス行の色を変える**という改善を行いました。

キーボードの問題とモードの問題が解決して、私はMacBook AirとVimに自分の執筆環境を移行しようと本気で考え始めました。

Emacs風の入力モードで快適に

Vimを使い始めて驚いたのは**入力モードで自由にカーソルが動ける**という点です。古のviではそんなことはできませんでしたから。そこでVimの入力モードのカーソル移動をEmacs風に調整しました。これで、ノーマルモードではVimの気分で動きまわり、入力モードではEmacsの気分で書く感覚になりました。

ここまで来ると、モードの干渉は気にならなくなり、それどころか**Vimのモードが文章書き**にしっくりくるようにさえ感じられてきました。つまり、Vimのノーマルモードと入力モードが、文章を眺めているモードと書いているモードにそれぞれ対応するということです。

フォントを変えて快適にMacに

執筆環境を移行してフォントの美しさに感動しました。日本語には**ヒラギノ明朝ProN**を使い、ラテン文字には心が洗われるフォント**Inconsolata**を使っています。

Vimで三点リーダー(…)、星マーク(★)、矢印(→)の表示がおかしい現象がありました。文字の一部が欠けたり、幅が狭く表示されたりするのです。これは:set ambiwidth=doubleという設定で改善しました。

カラーリングを調整して快適に

Vimでうれしいのはシンタックスカラーリングの充実です。自分が書くものはLaTeX、Perl、Ruby、Java、HTML、CSSくらいですが、すべて自動判断でカラーリングされました。またLaTeXの太字指定コマンドである\textbf{テキスト}を使うと、テキストがちゃんと太字になってくれるのもうれしいですね。

構文ファイルを見よう見まねで作成し、**自分が書くテキストファイルもシンタクスカラーリングするようになりました**。細かい色合いは、Vimの側で調整するよりも、**ターミナルソフトiTerm2の環境設定で色割り当てを調整した**ほうが楽なのでそうしています。

うれしい誤算の夏

振り返ってみますと「キーボードがいやでエディタがないからMacに移行できない」という私の思い込みは「強制的にVimで原稿を書く」という経験で消えました。ThinkPadの故障のおかげでMacBook Airへ執筆環境が完全に移行し、現在もこの原稿はMacBook AirとVimで書いています。さらに、以前から願っていたテキストのUTF-8化も進みました。災い転じて福となすとはこのことです。

MacBook AirでVimを使って文章を書いていると、タイムスリップしたような不思議な感覚に陥ることがあります。20数年前の古巣に戻ってきた感覚とでもいうのでしょうか。

執筆環境を整えるのは楽しい作業です。今回で書いたVimの改善のほとんどは、検索したブログや、Twitter経由で教えていただいたものでした。皆さんに感謝します。 **SD**

● 参考Webページ
・ターミナル上CUIのvimでノーマルモードに戻ったときに日本語入力モードを自動的にオフにする方法(http://hyukimac.tumblr.com/post/55089242744/cui-vim)
・挿入モードでステータスラインの色を変更する(https://sites.google.com/site/fudist/Home/vim-nihongo-ban/vim-color#color-insertmode)
・Vimで入力モード中に簡単なEmacs風カーソル移動と編集をする設定(http://tmblr.co/ZpJMirpNsS9N)
・Inconsolataフォント(http://levien.com/type/myfonts/inconsolata.html)

第3章 Vim至上主義

3-2 押さえるべき基本技

Writer 後藤 大地（ごとう だいち） BSDコンサルティング㈱ Twitter：@daichigoto, @BSDc_tweet

Vimでファイルを編集している間、別のターミナルアプリケーションからシステムにログインして、インタラクティブシェルでコマンドを実行することがあります。編集中のファイルに挿入したいデータを作成したり、コマンドを実行して動作を確認したり、Webサーバを再起動したりなど、目的はさまざまですが、Vimとシェルは切っても切れない関係にあるといえます。本稿ではこうしたシェルとVimの活用方法について解説するとともに、プラグインの例としてvim-fugitiveを紹介します。

:shellでインタラクティブシェルを使う

　Vimはシェルを起動する機能を提供しています。コマンドモード（Vimではノーマルモードと呼んでいます）で「:shell」と入力してみてください（図1、2）。Vimからシェルに制御が切り替わります。

```
:shell
```

　シェルを終了するとVimに戻ってきます。一度Vimを終了してから何かの操作をして、再度Vimでファイルを開いて編集するという手間に比べると、若干操作が速く楽になります。ファイルを開くためにコマンドを入力する必要が省けますし、カーソルの位置も記憶されていて便利です。

　実際に何が起こっているのか調べてみましょう。図3のようにps(1)コマンドを実行すると、Vimから新たにシェルが起動されていることがわかります。起動されているシェルはユーザがログインシェルに指定しているシェルです[注1]。

　Vimでシェルを操作する方法はおもに次の3つの方法があります。

- :shellのようにシステムのシェルを起動する
- シェルの動きを模倣したプラグインを使用する
- システムのシェルと通信するプラグインを使用する

　どの方法にも利点と欠点があります。たとえば:shellを使う場合の欠点は、:shellで起動したシェルとVimの間でテキストデータをやりとりする便利な方法がありません。シェルの動きを模倣するプラグインはVimとの相性が良いのですが、普段使っているシェルと違う動きをするため、操作にストレスを感じることがあります。システムのシェルと通信するプラグインを使用する場合にも同様な懸念が残ります。

　普段使っているインタラクティブシェルを変更するのはストレスを伴うことですので、ここではインタラクティブシェルとVimの間で簡単にデータを共有するしくみをちょっとした工夫でカバーする方法を紹介します。

　こうした問題を解決する場合、システムクリップボードにテキストデータをコピーすることで共有するという方法がありますが、ssh経由でログインしている場合にはそのアプローチが使えません。かわりに、データをファイルに出力してそのファイルを経由してデータのやりとりをすることにします。

　まず、シェルで使うコマンドを2つ作ります。bfとbfcatです。bfがバッファファイルにデータを書き込むコマンド、bfcatがバッファファイルからデータを取り出して表示するコマンドだと思ってください。図4〜7のような感じで作れば良いでしょう。

　次に、Vimの設定ファイル~/.vimrcに次の設定

注1）「-d」はプロセスの親子関係をツリー状に表示するオプション、「-t 5」は制御端末/dev/pts5に関連付けられているプロセスのみを表示せよというオプションです。FreeBSDで動作します。

押さえるべき基本技 3-2

を追加します。これはコマンドモードまたは挿入モードで Ctrl - B キーを押すと、先ほどのバッファファイルの中身を読み込んで貼り付けるというものです。逆に、ビジュアルモードで選択した状態で Ctrl - B を押すと、先ほどのバッファファイルに選択した内容を書き出すように振る舞います。これでVimとシェルの間で比較的簡単にテキストデータのやりとりができるようになります。

```
imap <C-b> <ESC>:read ~/.vim/bf<CR>i
nmap <C-b> :read ~/.vim/bf<CR>
vmap <C-b> :w!~/.vim/bf<CR>
```

このしくみは簡単ですが、使ってみるとけっこう重宝します。

擬似端末アプリケーション（tmuxやscreen）を使う

:shellの場合の問題点は、編集内容を見ながらのコマンド実行がやりにくい点にあります。ときには同時に見ながら作業をしたいということがあります。こういったケースではtmuxやscreenといった擬似端末アプリケーションを使うのが得策です。とくにssh経由でログインして作業するようなケースでは、回線状況で接続が切れたりすることがありますので、tmuxやscreenなどの擬似端末経由にしておいたほうが何かと安全です。

たとえば図8、9のように使うことができます。ファイルを編集しながら、擬似端末アプリが提供しているショートカットキーを押して端末を2つに増や

▼図1 Vimでファイルを編集しているところ

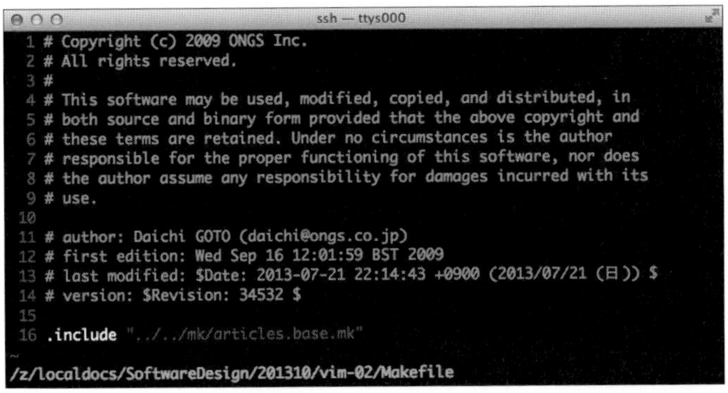

▼図2 :shellでシェルを起動

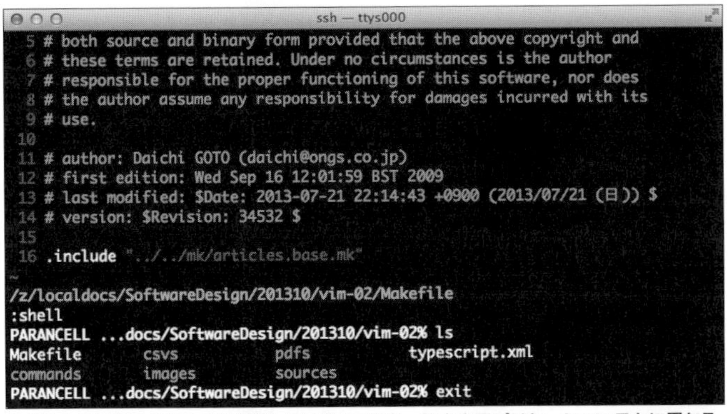

※どのように表示されるかは利用しているOSやターミナルアプリケーションごとに異なる

▼図3 ps(1)コマンドを実行してみる

```
% ps -d -t 5
  PID TT  STAT    TIME COMMAND
48624  5  Is   0:00.37 -zsh (zsh)
48901  5  I    0:00.25  `-- vim Makefile
48939  5  S    0:00.19    `-- /usr/local/bin/zsh
49012  5  R+   0:00.00     `-- ps -d -t 5
```

▼図4 bfコマンド — エイリアス版

```
alias bf="cat > ~/.vim/bf"
```

▼図5 bfcatコマンド — エイリアス版

```
alias bfcat="cat ~/.vim/bf"
```

▼図6 bfコマンド — シェルスクリプト版

```
#!/bin/sh
cat > ~/.vim/bf
```

▼図7 bfcat — シェルスクリプト版

```
#!/bin/sh
cat ~/.vim/bf
```

し、縦方向に分割表示させています。topコマンドを実行しながら編集という作業をしています。

シェルとVimの間のデータ共有は、先ほど作ったbf、bfcat、Ctrl-Bのやり方で実現できます(図10〜12)。

▼図8 tmux上でVimを実行しているところ

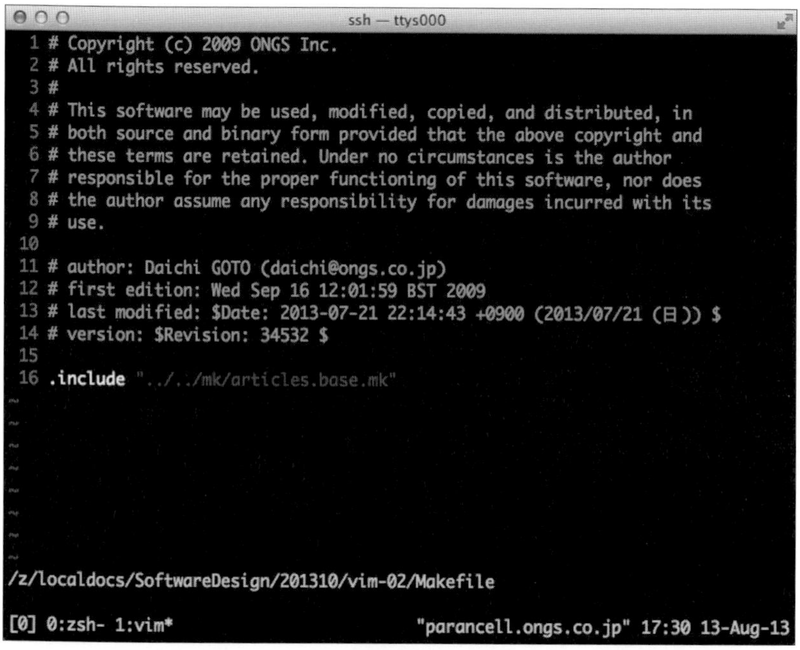

```
ssh — ttys000
  1 # Copyright (c) 2009 ONGS Inc.
  2 # All rights reserved.
  3 #
  4 # This software may be used, modified, copied, and distributed, in
  5 # both source and binary form provided that the above copyright and
  6 # these terms are retained. Under no circumstances is the author
  7 # responsible for the proper functioning of this software, nor does
  8 # the author assume any responsibility for damages incurred with its
  9 # use.
 10
 11 # author: Daichi GOTO (daichi@ongs.co.jp)
 12 # first edition: Wed Sep 16 12:01:59 BST 2009
 13 # last modified: $Date: 2013-07-21 22:14:43 +0900 (2013/07/21 (日)) $
 14 # version: $Revision: 34532 $
 15
 16 .include "../../mk/articles.base.mk"
~
~
~
~
~
~
~
~
/z/localdocs/SoftwareDesign/201310/vim-02/Makefile

[0] 0:zsh- 1:vim*                          "parancell.ongs.co.jp" 17:30 13-Aug-13
```

▼図9 tmuxの機能で擬似端末を2つに増やし、シェルでtopコマンドを実行

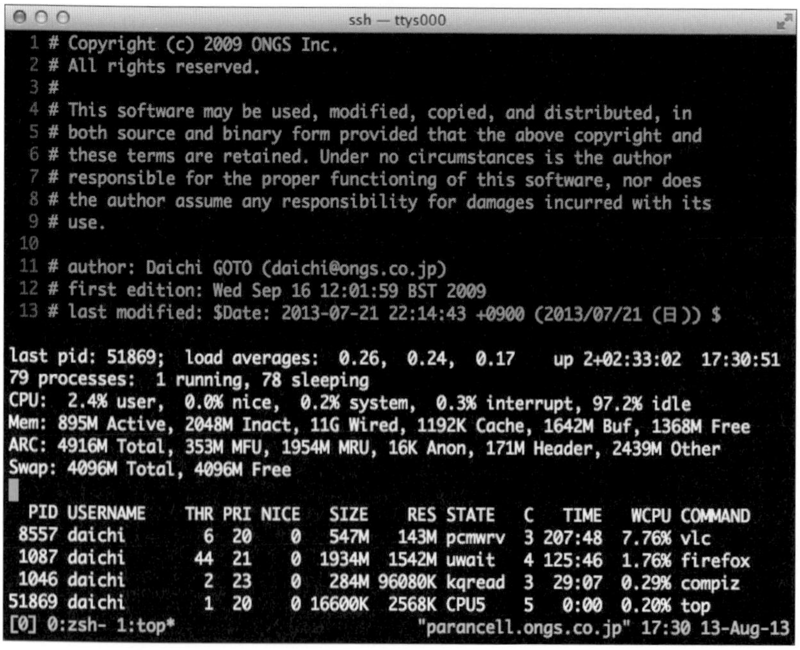

```
ssh — ttys000
  1 # Copyright (c) 2009 ONGS Inc.
  2 # All rights reserved.
  3 #
  4 # This software may be used, modified, copied, and distributed, in
  5 # both source and binary form provided that the above copyright and
  6 # these terms are retained. Under no circumstances is the author
  7 # responsible for the proper functioning of this software, nor does
  8 # the author assume any responsibility for damages incurred with its
  9 # use.
 10
 11 # author: Daichi GOTO (daichi@ongs.co.jp)
 12 # first edition: Wed Sep 16 12:01:59 BST 2009
 13 # last modified: $Date: 2013-07-21 22:14:43 +0900 (2013/07/21 (日)) $

last pid: 51869;  load averages:  0.26,  0.24,  0.17    up 2+02:33:02  17:30:51
79 processes:  1 running, 78 sleeping
CPU:  2.4% user,  0.0% nice,  0.2% system,  0.3% interrupt, 97.2% idle
Mem: 895M Active, 2048M Inact, 11G Wired, 1192K Cache, 1642M Buf, 1368M Free
ARC: 4916M Total, 353M MFU, 1954M MRU, 16K Anon, 171M Header, 2439M Other
Swap: 4096M Total, 4096M Free

  PID USERNAME    THR PRI NICE   SIZE    RES STATE   C   TIME   WCPU COMMAND
 8557 daichi        6  20    0   547M   143M pcmwrv  3 207:48  7.76% vlc
 1087 daichi       44  21    0  1934M  1542M uwait   4 125:46  1.76% firefox
 1046 daichi        2  23    0   284M 96080K kqread  3  29:07  0.29% compiz
51869 daichi        1  20    0 16600K  2568K CPU5    5   0:00  0.20% top
[0] 0:zsh- 1:top*                          "parancell.ongs.co.jp" 17:30 13-Aug-13
```

擬似端末アプリケーションを使う方法は、たくさんのターミナルアプリケーションを同時に起動することが困難な環境(たとえばノートPCのように画面サイズが限られた環境)でとくに有益です。ディスプレイサイズが小さくても、多くのターミナルアプリケーションを起動して利用

▼図10　ls | bfを実行して、Vimでは Ctrl - B で貼り付け

```
ssh — ttys000
 16 .include "../../mk/articles.base.mk"
 17
 18
 19 Makefile
 20 commands
 21 csvs
 22 images
 23 pdfs
 24 sources
 25 typescript.html
 26 typescript.xml
/z/localdocs/SoftwareDesign/201310/vim-02/Makefile
-- 挿入 --

PARANCELL ...docs/SoftwareDesign/201310/vim-02% ls | cat
Makefile
commands
csvs
images
pdfs
sources
typescript.html
typescript.xml
PARANCELL ...docs/SoftwareDesign/201310/vim-02% ls | bf
PARANCELL ...docs/SoftwareDesign/201310/vim-02%

[0] 0:zsh- 1:vim*                    "parancell.ongs.co.jp" 17:32 13-Aug-13
```

▼図11　Vimでビジュアルモードで範囲選択して Ctrl - B

```
ssh — ttys000
  1 # Copyright (c) 2009 ONGS Inc.
  2 # All rights reserved.
  3 #
  4 # This software may be used, modified, copied, and distributed, in
  5 # both source and binary form provided that the above copyright and
  6 # these terms are retained. Under no circumstances is the author
  7 # responsible for the proper functioning of this software, nor does
  8 # the author assume any responsibility for damages incurred with its
  9 # use.
 10
 11 # author: Daichi GOTO (daichi@ongs.co.jp)
/z/localdocs/SoftwareDesign/201310/vim-02/Makefile
-- ビジュアル 行 --

PARANCELL ...docs/SoftwareDesign/201310/vim-02% ls | cat
Makefile
commands
csvs
images
pdfs
sources
typescript.html
typescript.xml
PARANCELL ...docs/SoftwareDesign/201310/vim-02% ls | bf
PARANCELL ...docs/SoftwareDesign/201310/vim-02%

[0] 0:zsh- 1:vim*                    "parancell.ongs.co.jp" 17:33 13-Aug-13
```

することはできますが、ターミナルアプリケーション間の移動がネックになって作業効率が低下しがちです。

▼図12　シェルでbfcatでその内容を出力

```
ssh — ttys000
 1 # Copyright (c) 2009 ONGS Inc.
 2 # All rights reserved.
 3 #
 4 # This software may be used, modified, copied, and distributed, in
 5 # both source and binary form provided that the above copyright and
 6 # these terms are retained. Under no circumstances is the author
 7 # responsible for the proper functioning of this software, nor does
 8 # the author assume any responsibility for damages incurred with its
 9 # use.
10
11 # author: Daichi GOTO (daichi@ongs.co.jp)
/z/localdocs/SoftwareDesign/201310/vim-02/Makefile
"~/.vim/bf" 6L, 344C 書込み

sources
typescript.html
typescript.xml
PARANCELL ...docs/SoftwareDesign/201310/vim-02% ls | bf
PARANCELL ...docs/SoftwareDesign/201310/vim-02% bfcat
# This software may be used, modified, copied, and distributed, in
# both source and binary form provided that the above copyright and
# these terms are retained. Under no circumstances is the author
# responsible for the proper functioning of this software, nor does
# the author assume any responsibility for damages incurred with its
# use.
PARANCELL ...docs/SoftwareDesign/201310/vim-02% 
[0] 0:zsh- 1:zsh*                    "parancell.ongs.co.jp" 17:33 13-Aug-13
```

▼図13　Vimから:!LANG=C dateと入力

```
ssh — ttys000
 1 # Copyright (c) 2009 ONGS Inc.
 2 # All rights reserved.
 3 #
 4 # This software may be used, modified, copied, and distributed, in
 5 # both source and binary form provided that the above copyright and
 6 # these terms are retained. Under no circumstances is the author
 7 # responsible for the proper functioning of this software, nor does
 8 # the author assume any responsibility for damages incurred with its
 9 # use.
10
11 # author: Daichi GOTO (daichi@ongs.co.jp)
12 # first edition: Wed Sep 16 12:01:59 BST 2009
13 # last modified: $Date: 2013-07-21 22:14:43 +0900 (2013/07/21 (日)) $
14 # version: $Revision: 34532 $
15
/z/localdocs/SoftwareDesign/201310/vim-02/Makefile
:!LANG=C date
```

▼図14　LANG=C dateの実行結果が表示される

```
ssh — ttys000
 4 # This software may be used, modified, copied, and distributed, in
 5 # both source and binary form provided that the above copyright and
 6 # these terms are retained. Under no circumstances is the author
 7 # responsible for the proper functioning of this software, nor does
 8 # the author assume any responsibility for damages incurred with its
 9 # use.
10
11 # author: Daichi GOTO (daichi@ongs.co.jp)
12 # first edition: Wed Sep 16 12:01:59 BST 2009
13 # last modified: $Date: 2013-07-21 22:14:43 +0900 (2013/07/21 (日)) $
14 # version: $Revision: 34532 $
15
/z/localdocs/SoftwareDesign/201310/vim-02/Makefile
:!LANG=C date
Tue Aug 13 17:40:00 JST 2013

続けるにはENTERを押すかコマンドを入力してください
```

WindowsではI仮想化技術またはVimShellプラグイン

現在はVirtualBoxなど優れた仮想化技術を無償で活用できますので、Windowsを使っている場合には仮想環境にUbuntuやPC-BSDをインストールして使う方法が手軽で便利です。ファイルの共有が必要な場合にはゲストOS側でSambaをセットアップして相互利用できるようにするくらいでことが済みます。

Windowsそのものでを使いたいという場合には、VimShellというプラグインを活用するという方法もあります。実に優れたプラグインで、とくにWindowsのようにインタラクティブシェルの機能が制限されている場合に代替のシェルとして活用できます。

:!コマンドと:r!コマンド

コマンドを1回だけ実行できれば良いという場合には、:!を使うという方法もあります。「:!コマンド」とするとそのコマンドが実行されます(図13、14)。psでプロセスの親子関係を表示させると、Vimがそのコマンドを実行していることがわかります。

コマンドの実行結果を取り込みたい場合には:r!を使います。「:r!コマンド」でそのコマンドの実行結果がVimのカーソルの位置へ貼り付きます(図15、16)。

3-2 押さえるべき基本技

:!は1回だけコマンドを実行したい場合に便利で、たとえばsvn commitのようにコミット処理を行いたいといった場合に使えます。一度Vimを抜けてしまうと処理の流れが途切れてしまいますが、Vimからコマンドラインモードで実行できるしくみになっていると作業の分断感覚が少なくて済みます。

ターミナルアプリケーションを2つ起動しておいてもう片方でsvn commitを実行するといったこともできますが、キーボードから手を離してからマウスやトラックパッドを操作するというのは、それだけで時間のロスになります。このやり方を身につけておくと、そうしたロスを減らすことができます。

ちょっとした応用編 – vim-fugitive プラグインを使ってみよう

GitHubの人気もあって、ソフトウェア開発にGitHubを採用しているという開発者は少なくありません。そうなると、プログラミングしなが

▼図15 Vimから:r!LANG=C dateと入力

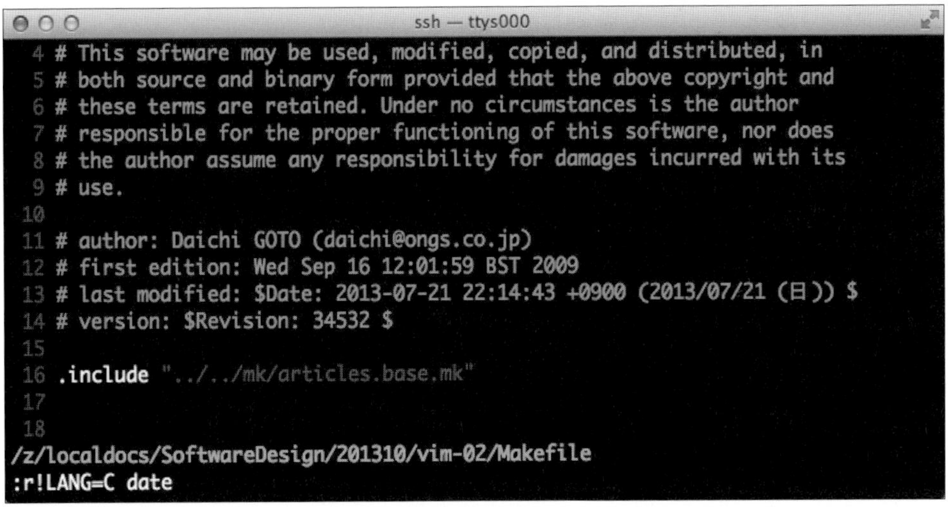

▼図16 実行結果が挿入される

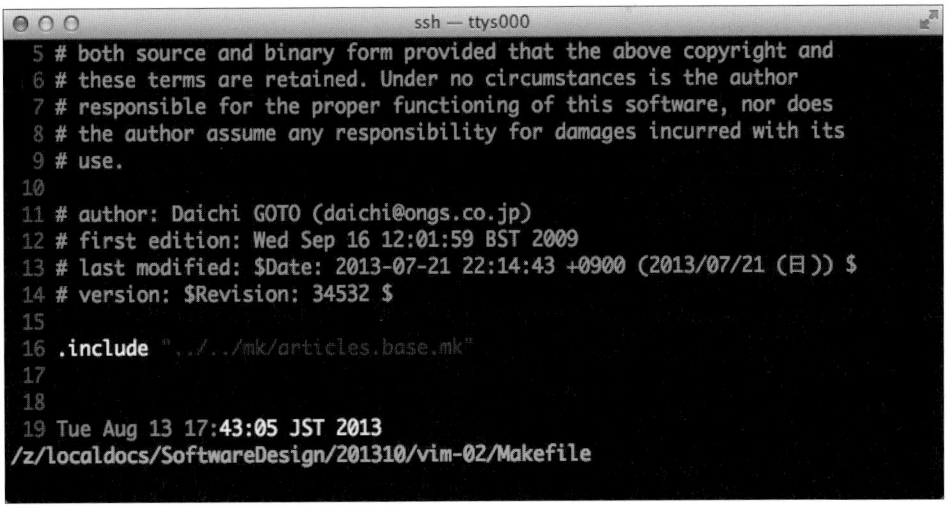

第3章 Vim至上主義

らgitコマンドを使う必要があります。:!ですべて補っても良いのですが、Vimにはこうした場合に使える便利なプラグインがありますので使ってみましょう。ここではプラグインとして「vim-fugitive」を取り上げます。gitと連携する場合の代表的なプラグインの1つです。

インストールは図17のように実施します。なお、プラグインの管理に便利なので、最初にvundleという別のプラグインをインストールしています。ここではこういうものがあるくらいに思っておいていただければ大丈夫です。

~/.vimrcには次の設定を追加します。これでvim-fugitiveが使えるようになります。

```
filetype off
set rtp+=~/.vim/bundle/vundle/
call vundle#rc()
Bundle 'tpope/vim-fugitive'
filetype plugin indent on
```

vim-fugitiveをインストールすると表1のようなユーザコマンドが利用できるようになります。gitコマンドに対応したような作りになっています(図18、19)。

bf、bfcatに対応するショートカットキーを設定したときのように、よく利用する処理にはショートカットキーを設定したり、ちょっとした工夫をすることでもっと便利に使えるようになります。設定ファイルの書き方はVimの配布物を展開して、中に入っている拡張子が.vimのファイルを読んでみるとなんとなくわかるようになります注2。 **SD**

注2) FreeBSDであれば/usr/local/share/vim/vim73/以下にまとまっているので、このあたりを読んでいくと便利です。

▼表1 vim-fugitiveで使えるコマンド一覧

コマンド	意味
:Git	gitに相当。git(1)コマンドを任意に実行できる
:Gedit	リポジトリ内データの閲覧
:Gsplit	リポジトリ内データの閲覧。左右スプリットスタイル
:Gvsplit	リポジトリ内データの閲覧。上下スプリットスタイル
:Gtabedit	リポジトリ内データの閲覧。タブスタイル
:Gdiff	差分表示
:Gstatus	git statusに相当
:Gcommit	git commitに相当
:Gblame	git blameに相当
:Gmove	git mvに相当
:Gremove	git rmに相当
:Ggrep	git grepに相当
:Glog	履歴情報を一覧表示
:Gread	git checkout -- filenameに相当
:Gwrite	git addに相当

▼図17 vim-fugitiveのインストール

```
% git clone https://github.com/gmarik/vundle.git ~/.vim/bundle/vundle
Cloning into '/z/daichi/.vim/vundle.git'...
remote: Counting objects: 2461, done.
remote: Compressing objects: 100% (1588/1588), done.
remote: Total 2461 (delta 834), reused 2389 (delta 779)
Receiving objects: 100% (2461/2461), 297.06 KiB | 145.00 KiB/s, done.
Resolving deltas: 100% (834/834), done.
Checking connectivity... done
% cd ~/.vim/bundle/
% git clone git://github.com/tpope/vim-fugitive.git
Cloning into 'vim-fugitive'...
remote: Counting objects: 1554, done.
remote: Compressing objects: 100% (764/764), done.
remote: Total 1554 (delta 518), reused 1416 (delta 397)
Receiving objects: 100% (1554/1554), 215.08 KiB | 180.00 KiB/s, done.
Resolving deltas: 100% (518/518), done.
Checking connectivity... done
%
```

押さえるべき基本技 3-2

▼図18　Gstatを実行したところ

```
# On branch master
# Changes not staged for commit:
#   (use "git add <file>..." to update what will be committed)
#   (use "git checkout -- <file>..." to discard changes in working directory)
#
#       modified:   master/c6/chapter6.md
#
# Untracked files:
#   (use "git add <file>..." to include in what will be committed)
#
#       master/c6/.chapter6.md.swp
no changes added to commit (use "git add" and/or "git commit -a")
/z/localdocs/Gihyo.jp/eo6_how-to-manage-1000-units-using-freebsd/.git/index[読専]
# FreeBSDを1,000台管理する方法（6）：チャーリー・ルートからのメール

!lead start

FreeBSDはエンタープライズクラスの高性能アプライアンスからMacBook，最新ゲーム機，ウェアラブルコンピュータなど
，さまざまなシーンで活用されています。そして中でも，10年前から変わることなくFreeBSDが活用されている分野のひと
つがエッジサーバやホスティングサービスです。大手ベンダになると数千台のFreeBSDサーバを導入して管理が行われてい
ます。実はFreeBSDは，管理対象が1台でも1,000台でも同じ方法で管理できます。ここで必要になる技術は，運用管理のソ
リューションやミドルウェアの使い方を熟知することではありません。

!lead end

## 数百台から数千台のFreeBSDサーバ

FreeBSDは大規模ストレージシステムや高性能ルータなどのエンタープライズクラスの高性能アプライアンスから，MacBoo
k ProやMacBook AIRといったPCデバイス，最新ゲーム機，ウェアラブルコンピュータなど，さまざまなシーンで活用され
ています。利用されるシーンは年々増加しています。

/z/localdocs/Gihyo.jp/eo6_how-to-manage-1000-units-using-freebsd/master/c6/chapter6.md
:Gstat
```

▼図19　Gstate実行中にDキーを押して差分を表示させたところ

```
1 # On branch master
2 # Changes not staged for commit:
3 #   (use "git add <file>..." to update what will be committed)
4 #   (use "git checkout -- <file>..." to discard changes in working directory)
5 #
6 #       modified:   master/c6/chapter6.md
7 #
8 no changes added to commit (use "git add" and/or "git commit -a")

/z/localdocs/Gihyo.jp/eo6_how-to-manage-1000-units-using-freebsd/.git/index[読専]
 1 diff --git a/master/c6/chapter6.md b/master/c6/chapter6.md
 2 index ea4ccc2..f539f6a 100644
 3 --- a/master/c6/chapter6.md
 4 +++ b/master/c6/chapter6.md
 5 @@ -45,7 +45,7 @@ FreeBSDはデフォルトの設定で午前3時にシステム診断を実施し
 6  項目|内容
 7  ----|----
 8  ネットワーク構成|クラスBのプライベートアドレスに1,000台のFreeBSDサーバが動作している。ここに1台、モニタ
    リングを実施するFreeBSDサーバを設置して運用する
 9 -ホスト名|host0001からhost1000まで1,000台分
10 +ホスト名|host0001～host1000まで1,000台分
11  ホストIP|172.16.1.1から172.16.4.235まで1,000台分
12  モニタリングを実施するホスト名|monitor
13  モニタリングを実施するホストIP|172.16.5.1

/tmp/v68Sn0s/2
:!git --git-dir=/z/localdocs/Gihyo.jp/eo6_how-to-manage-1000-units-using-freebsd/.git diff --no-ext-diff
```

第3章 Vim至上主義

COLUMN 2 Vi~~m~~ をお勧めする理由

Writer 中井 悦司（なかい えつじ）Twitter@enakai00

viとの出会いはrootユーザから

筆者と「vi」の出会いは、1990年代に遡ります。そのころは、大学で物理学の勉強をしていたのですが、複雑な数式まじりの文書は、UNIX上のLaTeX（ラテック）で作成するのが慣例でした。たとえば、リスト1のプレインテキストを「LaTeXコンパイラ」にかけると図1の数式ができあがります。

そういえば、筆者のLaTeXを使った「作品」の1つがインターネットで公開されているようです[注1]。複雑な数式がきれいに描かれていることがわかるでしょう（論文の内容は気にしないでくださいね(笑)）。

このように、論文作成用の「文房具」感覚で

UNIXワークステーションを使っていたわけですが、使い始めた当初は、viエディタの存在を知らずに、もっぱらEmacsを利用していました。viエディタをはじめて見たのは、ワークステーションの管理者がシステムの設定変更作業を行う場面に出会った時です。その人は、「root作業は、viだよね〜」と謎の言葉をつぶやきながら、テキストモードのシステムコンソールに向かって設定ファイルの編集を行っていました。

その時、天啓がひらめいたのです。「よくわからないが、これはマスターしなければならない！」 さっそく書店に向かい、購入したのがオライリーの『vi入門』です[注2]。当時、この本の「訳者まえがき」には、次のような言葉がありました。

> しかし、人間もエディタも、見かけや第一印象で判断してはいけない。最初は愛想のないやつだと思っても、つきあってみるとシャイなだけで本当は実にいい人だったりするケースがあるだろう。viがまさにそれだ。

最近、Gitに関する書籍[注3]の前書きで、似たような表現を見た記憶がありますが、流行の言葉で言うと「ツンデレ」というやつです。極限的にシンプルなインターフェースとコマンドの組み合わせによる強力な編集機能、そして、外部

注1）『古典特異系における第二次拘束条件の取扱いについて』素粒子論研究 89-4(1994) http://ci.nii.ac.jp/naid/110000412355

▼リスト1　質量とエネルギーの等価性を示す公式

```
E = mc^2 \\
m = \frac{m_0}{\sqrt{1-\frac{v^2}{c^2}}}
```

▼図1　「リスト1」から生成される数式

$$E = mc^2$$
$$m = \frac{m_0}{\sqrt{1-\frac{v^2}{c^2}}}$$

注2）『入門vi 第6版』リンダ ラム、アーノルド ロビンス(著)、福崎俊博(翻訳)オライリー・ジャパン、2002年
注3）『Gitポケットリファレンス』岡本隆史、武田健太郎、相良幸範(著)技術評論社、2012年

コマンドとの連携など、またたく間に手放せないツールになりました。キーマッピングを利用して、編集中のLaTeXのテキストファイルをviエディタからコンパイルできるように作りこんだことを覚えています。

今から考えると、これが、「シンプルなツールの組み合わせで複雑な事を実現する」というUNIX/Linuxの思想を体感した初めての経験だったのかもしれません。

 ## 素顔こそがviの魅力

先ほどの「root作業は、viだよね〜」という発言にはどんな意味があったのでしょうか？ 20年も前の出来事で、もはや正確なことはわかりませんが、必要な初期設定がされておらず、rootユーザではEmacsが起動できなかったというように記憶しています。

数年前に、Linuxシステム管理の研修コースを担当したことがあるのですが、その際に、受講生の1人から「どうしてEmacsを使わないのですか？」と素朴な質問を受けました。その時、脳裏に浮かんだのが先の経験で、「もしかしたら、Emacsが使えないサーバがあるかもしれないよね。お客様先のシステムだったら、勝手にEmacsをインストールするわけにはいかないから、確実に入っているviを使うのがいいんだよ」と、とっさに返答しました。

「どこでも確実に使える」というポータビリティは、確かに、UNIX/Linuxシステム管理者にviの利用をお勧めする大きな理由の1つです。その意味では、まったくカスタマイズしていない、「素の状態」であっても十分に強力な編集機能を利用できることもviエディタの価値と言えるでしょう。あらゆる環境、あらゆる状況のシステムを的確に取り扱うことがシステム管理者の腕の見せ所ですから、まずは、「素の状態」のviエディタを理解して使いこなすことが大切です。複雑な設定を駆使して独自のvi環境を作りこむことも、viの楽しみ方の1つですが、

まずは、viの「素顔の魅力」を知ってあげてください。

 ## 「Vim」いうな?!

そういえば、最近、一部エンジニアの間では、「vi」ではなく、あえて「Vim」と呼ぶことが流行っているようです。viは、もともとUNIX環境で利用されていたツールですが、Bram Moolenaarが「Amigaコンピュータ」で使えるviクローンとして開発したのが「Vim(Vi IMproved)」です。その後、Vimはさまざまなプラットフォームに移植されて、現在、Linuxで動いているviの大部分はこのVimです。

そういう意味では、「vi」ではなく「Vim」と呼ぶのは間違いではないのですが、UNIX時代からviを使い始めた身からすると、少しばかりの違和感を感じることもあります。企業システムにかかわる仕事をしていると、UNIXを扱うこともまだまだあります。viにはない、Vimの独自機能を普段から使っていると、UNIXでviエディタを起動した際に、思うように操作できなくて歯がゆくなることがあります。

Vimを愛するみなさんも、一度、「Visual Mode」などのVim固有機能を使わずに、古き良きviの編集機能を再確認してください。極限までシンプルでしかも強力——そんな、UNIX/Linux文化の源泉をあらためて感じられるかもしれません。

ちなみに、8月末に筆者の新著『「独習Linux専科」サーバ構築/運用/管理——あなたに伝えたい技と知恵と鉄則』が技術評論社から出版されました。Linux初心者を対象に、Linuxの魅力を理解して、Linuxと深く・長く付き合うために必要な「技・知恵・鉄則」を筆者の経験に基づいて書き下ろしました(viエディタの使い方ももちろん解説しています！)。Linuxの基礎を体系的に勉強しなおしたい方にもお勧めです。

第3章 Vim至上主義

3-3 Vimプラグインの導入

Writer daisuzu　daisuzu@gmail.com　http://daisuzu.hatenablog.com/

Vimは単体でも豊富な機能を持つエディタですが、プラグインを導入することでさらに機能を拡張することができます。第1章 1-4の"Vimプラグイン108選"でもVimプラグインを紹介しましたが、今回はプラグインの導入方法および以前紹介したプラグインの中でもとくに拡張性の高いプラグインについて紹介します。

 プラグインの導入（neobundle.vim）

プラグインを導入するにあたり、最も基本的な方法はホームディレクトリに".vim"[注1]を作成し、プラグインの種別に合わせてサブフォルダ（図1）に<プラグイン名.vim>をコピーする方法です。http://www.vim.org/ からダウンロード可能なプラグインは、おおむね図1の形式でアーカイブされているため、"~/.vim"にダウンロードしてきたプラグインのアーカイブを展開するだけでインストールは完了です。

しかし、上記の方法でインストールしていくと、プラグインの数が増えるにつれて管理が煩雑になってしまいます。たとえば不要になったプラグインを削除しようとした際、どのファイルを削除すれば良いのかわからなくなってしまいます。また、新たにインストールするプラグインの中にインストール済みのプラグインと同名のファイルが含まれていた場合、古いプラグインは上書きされてしまうかもしれません。

これらの問題を解決するにはプラグインごとに専用のフォルダを作成するという方法があります。Vimにはプラグインをどこから読み込むのかを設定する機能があり、この機能を使用したプラグインとして2008年頃にpathogen.

vim[注2]がリリースされました。ただし、pathogen.vimにはプラグインの自動インストールやアップデートといった機能はなく、ユーザ

注2) https://github.com/tpope/vim-pathogen

▼図1　プラグインのインストール先

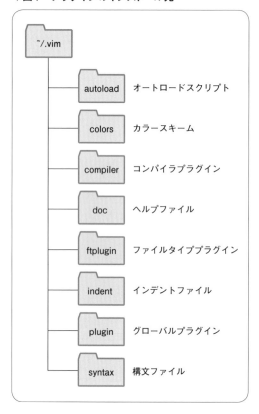

注1) Windowsの場合は"vimfiles"。

3-3 Vimプラグインの導入

が個別にインストールやアップデートを行う必要がありました。

その後、2010年頃に自動インストールやアップデートに対応したVundle[注3]がリリースされました。現在のように、多くのVimプラグインが作成されるようになったのはこのころだったのではないかと思います。

そして現在、最も機能が豊富なプラグイン管理プラグインはneobundle.vim[注4]です。これからVimプラグインをインストールする方は、このneobundle.vimを使用することをお勧めします。pathogen.vimやVundleでサポートされている機能はすべてneobundle.vimでも使用でき、また筆者がneobundle.vimを使用する決め手となった、プラグインの遅延読み込み機能を使用できます。

筆者はVimプラグインを".vim"ディレクトリにインストールする方法からpathogen.vim、Vundleと使ってきましたが(一時期GetLatest VimScriptsも試してみましたが、すぐに使わなくなってしまいました[注5])、次第にインストールするプラグインの数が多くなり、Vimの起動がかなり遅くなってしまったのです[注6]。そのため、起動時間を短縮しようと、vim-ipi[注7]や自作の関数などを駆使して特定のイベントが発生した際にプラグインを読み込む設定をしていましたが、neobundle.vimの作者であるShougo氏がプラグインの遅延読み込み機能を実装してくれたことにより、よりスマートに遅延読み込み機能を使用できるようになりました。

さて、前置きが長くなってしまいましたが、neobundle.vimの機能と設定方法を紹介していきたいと思います。その前に、neobundle.vimのインストール方法ですが、コンソールから図2のコマンドを実行します。

続いてVim上でneobundle.vimを使用するため、vimrcにリスト1の設定を追加します。これでneobundle.vimを使用する準備が整いました。

それではさっそくプラグインをインストールしてみましょう。neobundle.vimには表1のコマンドが用意されています。

Vimの実行中にプラグインをインストールする際にはNeoBundleDirectInstallコマンドが便利です。または、vimrcにNeoBundleコマンドでインストールするプラグインの設定を追加し、Vim起動後にNeoBundleInstallコマンドを実行することでインストールできます。また、新規にプラグインを作成する際やGitHubやBitbucketなどで管理されていないプラグインを使用する場合などはNeoBundle Localコマンドで対象となるプラグインが配置されているディレクトリを指定するとプラグイン

注3) https://github.com/gmarik/vundle
注4) https://github.com/Shougo/neobundle.vim

▼図2 neobundleのインストール

```
$ cd ~/.vim
# インストール先のディレクトリを作成
$ mkdir bundle
$ cd bundle
$ git clone git://github.com/Shougo/neobundle.vim
```

▼リスト1 neobundleの設定

```
" vim起動時のみruntimepathにneobundle.vimを追加
if has('vim_starting')
    set runtimepath+=/.vim/bundle/neobundle.vim/
endif

" neobundle.vimの初期化と設定開始
call neobundle#begin(expand('/.vim/bundle'))

" neobundle.vimを更新するための設定
NeoBundleFetch 'Shougo/neobundle.vim'

" 読み込むプラグインを記載
" NeoBundle 'プラグイン名'

" neobundle.vimの設定終了
call neobundle#end()

" 読み込んだプラグインも含め、ファイルタイプの検出、
" ファイルタイプ別プラグイン/インデントを有効化する
filetype plugin indent on
```

注5) 詳細は :help glvs を参照。
注6) プラグイン数が約80個で起動時間は10秒以上。
注7) https://github.com/jceb/vim-ipi

第3章 Vim至上主義

▼リスト2　遅延読み込みの設定

```
" NeoBundleLazyコマンドを使用し、
" :Vinariseコマンド実行時に読み込む
NeoBundleLazy 'Shougo/vinarise', {
    \ 'autoload': {
    \     'commands': 'Vinarise',
    \ }}

" NeoBundleコマンドを使用し、
" :Vinariseコマンド実行時に読み込む
NeoBundle 'Shougo/vinarise', {
    \ 'lazy': 1,
    \ 'autoload': {
    \     'commands': 'Vinarise',
    \ }}
```

を読み込むことができます。また、プラグインの遅延読み込みを行う場合は**リスト2**のように、NeoBundleコマンドに"lazy"オプションを設定するかNeoBundle Lazyコマンドを使用します。

NeoBundleコマンドはほかにもさまざまなオプションがありますが、誌面でそのすべてを紹介するのは困難なため、この先で紹介するプラグインのインストール例（**リスト3**）を参考にし、詳細についてはプラグインのドキュメントを参照してください。

▼表1　neobundle.vimのコマンド（最新情報はプラグインのドキュメント（:help neobundle-commands）参照）

コマンド名	概要	使用例
NeoBundle	neobundle.vimで管理するプラグインを設定する	:NeoBundle 'Shougo/vimproc.vim'
NeoBundleCheck	未インストールのプラグインがあった場合はインストールする	:NeoBundleCheck
NeoBundleLazy	neobundle.vimで管理するプラグインを設定し、"lazy"オプションを有効にする	:NeoBundleLazy 'Shougo/vimproc.vim'
NeoBundleFetch	指定したリポジトリのダウンロードのみを行う	:NeoBundleFetch 'Shougo/vimproc.vim'
NeoBundleLocal	プラグインの管理は行わないが、読み込みは行うフォルダを設定する	:NeoBundleLocal ~/.vim/local
NeoBundleDepends	プラグインの依存関係を設定する。主にプラグインの作成時に利用する	:NeoBundleDepends 'Shougo/vimproc.vim'
NeoBundleDirectInstall	プラグインを直接インストールする。インストールしたプラグインの情報は"direct_bundles.vim"に記録される	:NeoBundleDirectInstall 'Shougo/vimproc.vim'
NeoBundleDirectEdit	NeoBundleDirectInstallでインストールしたプラグインの設定を編集する	:NeoBundleDirectEdit
NeoBundleSource	"lazy"オプションが設定されているプラグインを読み込む。プラグイン名が指定されなかった場合は"lazy"オプションが設定されていて、未読み込みのプラグインをすべて読み込む	:NeoBundleSource vimproc.vim、:NeoBundleSource
NeoBundleDisable	指定したプラグインを無効にする	:NeoBundleDisable vimproc.vim
NeoBundleInstall	プラグインをインストールする。プラグイン名が指定されなかった場合はすべてのプラグインをインストールする。"!"を付けた場合はNeoBundleUpdateと同じ	:NeoBundleInstall vimproc.vim、:NeoBundleInstall! vimproc.vim、:NeoBundleInstall、:NeoBundleInstall!
NeoBundleUpdate	プラグインを更新する。プラグイン名が指定されなかった場合はすべてのプラグインをアップデートする。"!"を付けた場合は"stay_same"オプションを無視して更新を行う	:NeoBundleUpdate vimproc.vim、:NeoBundleUpdate! vimproc.vim、:NeoBundleUpdate、:NeoBundleUpdate!
NeoBundleClean	プラグインを削除する。プラグイン名が指定されなかった場合はプラグインのインストールパスに存在するneobundle.vimで管理されていないプラグインをすべて削除する	:NeoBundleClean vimproc.vim、:NeoBundleClean
NeoBundleReinstall	指定したプラグインを再インストールする	:NeoBundleReinstall vimproc.vim
NeoBundleList	neobundle.vimで管理されているプラグインの一覧を出力する	:NeoBundleList
NeoBundleDocs	neobundle.vimで管理されているプラグインのヘルプタグを作成する	:NeoBundleDocs
NeoBundleLog	前回のインストール時のログを表示する	:NeoBundleLog
NeoBundleUpdatesLog	前回の更新時のログを表示する	:NeoBundleUpdatesLog

3-3 Vimプラグインの導入

Text objectsを拡張（textobj-user）

　Vimにはtext objectsという機能があり、特定の範囲に対して編集を行う際にとても便利です。標準では単語、文、段落、タグ、記号(''、'、(、[、{、<)などが用意されていますが、textobj-user[注8]というプラグインを使用すると標準では用意されていない部分をtext objectsとして扱うことができます。簡単な例として、vimrcにリスト4の設定を追加すると、"aR"または"iR"とキー入力することで"-"を使用した罫線部分をtext objectsとして扱うことができるようになります。

　筆者はこの設定を、図3のようなreSTドキュメントの表を編集する際に使用しています。

　reSTの表は行の結合をする際に、対象となるカラムの中間の罫線を空白で表現していますが、罫線を削除するたびに削除キーを複数回押すのが面倒なため、一括で選択できるtext objectsを定義しました。ただし、この設定だけでは効率的に罫線を削除できないため、後述のoperatorと組み合わせて使用することになります。

　また、textobj-userにはtextobj-userを拡張するためのプラグインが数多くあります。

注8) https://github.com/kana/vim-textobj-user

▼リスト3　この先紹介するプラグインのインストール例

```
NeoBundle 'kana/vim-textobj-user'

NeoBundle 'kana/vim-operator-user'

NeoBundle 'Shougo/unite.vim', {'lazy': 1,
        \ 'depends': ['Shougo/vimfiler',
        \             'Shougo/vimshell',
        \            ],
        \ 'autoload': {
        \     'commands': [{'name': 'Unite',
        \                   'complete': 'customlist,unite#complete_source'},
        \                   'UniteWithBufferDir',
        \                   'UniteWithCurrentDir',
        \                   'UniteWithCursorWord',
        \                   'UniteWithInput'],
        \ }}
if has('lua')
    " if_luaが使用可能であればneocompleteを読み込む
    NeoBundle 'Shougo/neocomplete', {
        \ 'autoload': {
        \     'insert': 1,
        \ }}
else
    NeoBundle 'Shougo/neocomplcache', {'lazy': 1,
        \ 'autoload': {
        \     'insert': 1,
        \ }}
endif
NeoBundle 'thinca/vim-quickrun', {'lazy': 1,
        \ 'autoload': {
        \     'commands': [{'name': 'QuickRun',
        \                   'complete': 'customlist,quickrun#complete',}],
        \     'mappings': ['nxo', '<Plug>(quickrun)'],
        \ }}
```

第3章 Vim至上主義

operatorを拡張（operator-user）

続いて紹介するのはtextobj-userのように、operatorをユーザが定義できるようになる、operator-user注9です。operatorとは変更や削除、ヤンクといった編集操作のことです。標準で用意されているoperatorをtext-objectsに組み合わせるだけでも柔軟な編集ができますが、少し複雑な編集作業を行おうとすると標準のoperatorでは物足りなくなってくることがあります。

たとえば、先のtextobj-userの紹介で定義したtextobj-ruledlineと組み合わせて使用する場合ですが、標準のoperatorの機能だけで"-"を" "（半角スペース）にしようとした場合、"daR"とキー入力していったん"-"を削除した後、削除した"-"と同じ数だけ" "（半角スペース）を入力する必要があります。カラムの文字数が少ないうちはすべて手で打ってしまっても良いかもしれませんが、文字数の多いカラムで同じことをやろうとすると手で入力する方法は非常に効率が悪いです。そこでvimrcにリスト5の設定を追加し、対象の範囲を空白で置き換える新たなoperatorを作成します。

リスト5ではこの機能を"<Leader>b"キーに設定したため、textobj-ruledlineの"aR"キーと組み合わせて"<Leader>baR"とキー入力することでカーソルのある場所の罫線をすべて空白で置き換えることができます。

単純にreSTの罫線を空白で置き換えるだけであれば、textobj-betweenと置換（"r"キー）の組み合わせでも行うことができますが、繰り返し操作（"."キー）ができず、また半角文字と全角文字が混在している環境では操作後の表示が崩れてしまうため、operator-userの機能を用いることでより汎用性の高い操作を定義できます。

また、operator-userもtextobj-userと同様にoperator-userを拡張するためのプラグインが多数あります。

注9）https://github.com/kana/vim-operator-user

▼リスト4 textobj-userの使用例
```
" 第1引数：作成するtext objectsの名称、
" 第2引数：対象とする正規表現パターンと動作
call textobj#user#plugin('ruledline', {
¥     '-': {
¥         '*pattern*': '-¥+',
¥         'select': ['aR', 'iR'],
¥     },
¥ })
```

▼図3 textobj-ruledlineの利用シーン

```
+-----+--------------+                    +-----+--------------+
| No. | プラグイン名  |                    | No. | プラグイン名  |
+=====+==============+                    +=====+==============+
| 1   | neobundle.vim|                    | 1   | neobundle.vim|
+-----+--------------+                    +-----+--------------+
| 2   | textobj-user |                    | 2   | textobj-user |
+-----+--------------+                    +-----+--------------+
| 3   | operator-user|                    | 3   | operator-user|
+-----+--------------+                    +-----+--------------+
| 4   | unite.vim    |                    | 4   | unite.vim    |
+-----+--------------+    罫線を削除       +-----+--------------+
| 5   | neocomplcache|    ========>       | 5   | neocomplcache|
+-----+--------------+                    +-----+--------------+
|     | neocomplete  |                    |     | neocomplete  |
+-----+--------------+                    +-----+--------------+
| 6   | quickrun     |                    | 6   | quickrun     |
+-----+--------------+                    +-----+--------------+
```

3-3 Vimプラグインの導入

▼リスト5　operator-userの使用例

```
" 対象範囲を空白で置き換える関数
function! OperatorFillBlank(motion_wise)
    " 選択時のモードを取得
    let v = operator#user#visual_command_from_wise_name(a:motion_wise)

    " 選択範囲を取得
    execute 'normal! `['.v.'`]"xy'
    let text = getreg('x', 1)

    " 空白で埋める
    let text = s:map_lines(text,
        \ 'substitute(v:val, ".", "\=s:charwidthwise_r(submatch(0))", "g")')

    " 対象範囲を置換
    call setreg('x', text, v)
    normal! gv"xp
endfunction

function! s:charwidthwise_r(char)
    " 半角・全角文字によって空白の数を変える
    return repeat(' ', exists('*strwidth') ? strwidth(a:char) : 1)
endfunction

function! s:map_lines(str, expr)
    return join(map(split(a:str, '\n', 1), a:expr), "\n")
endfunction

" 第1引数：作成するoperatorの名称、
" 第2引数：呼び出される関数
call operator#user#define('fillblank', 'OperatorFillBlank')

" 作成したoperatorを<Leader>bキーに割り当てる
map <Leader>b <Plug>(operator-fillblank)
```

1 インターフェースを拡張（Unite）

ファイラーとして紹介されることのあるunite.vim[注10]ですが、ファイラーはあくまでもunite.vimの1機能に過ぎず、実際には「すべてを破壊し、すべてをつなげ」のコンセプトどおり、インターフェースを拡張するプラグインです。unite.vimの動作を簡単に説明すると、専用バッファで指定した情報源（source）から対象となる候補を絞込んで候補の種類（kind）ごとに設定されている実行可能な動作（action）を選択して実行する、とい

▼図4　uniteのコマンド

```
" 通常起動
:Unite {source名}

" 絞込みの初期値として、現在のディレクトリのパスが入力された状態で起動
:UniteWithCurrentDir {source名}

" 絞込みの初期値として、現在のバッファのパスが入力された状態で起動
:UniteWithBufferDir {source名}

" 絞込みの初期値として、カーソル下の単語が入力された状態で起動
:UniteWithCursorWord {source名}

" 絞込みの初期値として、ユーザが入力した単語が入力された状態で起動
:UniteWithInput {source名}
```

注10）https://github.com/Shougo/unite.vim

第3章 Vim至上主義

うものです。unite.vimは標準で**表2**のsourceが用意されており、**図4**のコマンドの引数として1つ以上のsource名を指定すると起動できます。

各sourceは**表3**のkindに対応しています。sourceによっては個別にactionが定義されていることもありますが、基本的には対応している

▼**表2** unite.vimのsources（最新情報はプラグインのドキュメント（:help unite-sources）参照）

source名	kind	対象となる候補
bookmark	directory, jump_list	:UniteBookmarkAddコマンドなどで設定したブックマーク
buffer	buffer	起動中のVimで開いたバッファ名
buffer_tab	buffer	現在のタブで開いたバッファ名
tab	tab	起動中のVimで開いたタブ名
window	window	起動中のVimで開いたウィンドウ名
change	jump_list	:changesコマンドの結果
jump	jump_list	:jumpsコマンドの結果
line	jump_list	現在のバッファの行
line/fast	jump_list	現在のバッファの行の一部
directory	directory	ディレクトリ名
directory/new	directory	新規作成するディレクトリ名
directory_mru[※1]	directory	最近使用したディレクトリ名
directory_rec	directory	サブディレクトリ配下も含むディレクトリ名
directory_rec/async	directory	サブディレクトリ配下も含むディレクトリ名（候補は非同期に収集）
runtimepath	directory	runtimepathに設定されているディレクトリ名
file	file	ファイル名
file/new	file	新規作成するファイル名
file_mru	file	最近使用したファイル名
file_rec	file	サブディレクトリ配下も含むファイル名
file_rec/async	file	サブディレクトリ配下も含むファイル名（候補は非同期に収集）
file_point	file, uri	カーソル下のファイル名やURI
jump_point	jump_list	カーソル下の"ファイル名:行番号"形式の文字列
find	command, directory, find	findコマンドの結果
grep	file, jump_list	grepコマンド（agやackに変更可）の結果
vimgrep	file, jump_list	:vimgrepコマンドの結果
launcher	guicmd	$PATH配下の実行ファイル名
command	command	Vimのコマンド名
function	command	Vimの関数名
mapping	command	Vimのマッピング
alias	-	g:unite_source_alias_aliasesで設定したsource名
menu	source, command	g:unite_source_menu_menusで設定した内容
history_yank[※2]	word	yankした内容
output	word	Vimコマンドの実行結果
register	word	レジスタの内容
process	common	プロセス情報
undo[※3]	common	undo情報
resume	command	中断したsource名
source	source	unite.vimのsource名

[※1] 最新バージョン（https://github.com/Shougo/unite.vim/commit/856b1d26fb875b7d1db7bd56f00c1825d8ec1479 以降）で該当機能を利用するにはneomru（https://github.com/Shougo/neomru.vim）が必要
[※2] 最新バージョン（https://github.com/Shougo/unite.vim/commit/87bbba956bab3473aca1556d830417643a9fa53a 以降）で該当機能を利用するにはneoyank（https://github.com/Shougo/neoyank.vim）が必要
[※3] 最新バージョン（https://github.com/Shougo/unite.vim/commit/d67d98f63e011a0ad8fec96ae3a441dc9ab5dffc 以降）では削除済み

3-3 Vimプラグインの導入

▼表3 unite.vimのkindsとactions（最新情報はプラグインのドキュメント（:help unite-kinds, :help unite-actions）参照）

kind/action	動作
common	
nop	何もしない（actionとして選択不可）
yank	候補の文字列をヤンクする
yank_escape	候補の文字列から記号を\でエスケープしてヤンクする
ex	候補の文字列をコマンドラインに挿入する
insert	候補の文字列をカーソル下に挿入する
insert_directory	候補のディレクトリ名をカーソル下に挿入する
preview	候補の文字列をコマンドラインで表示する
echo	候補の情報をコマンドラインで表示する
openable	
tabopen	候補を新規タブで開く
tabdrop	候補が開いていればそのタブに移動し、開いていなければ新規タブで開く
split	候補を水平分割して開く
vsplit	候補を垂直分割して開く
left	候補を垂直分割して左のウィンドウで開く
right	候補を垂直分割して右のウィンドウで開く
above	候補を水平分割して上のウィンドウで開く
below	候補を水平分割して下のウィンドウで開く
persist_open	候補を開いた後、uniteバッファに戻る
cdable	
cd	候補のパスをカレントディレクトリとして設定する
lcd	候補のパスをローカルカレントディレクトリとして設定する
project_cd	候補のパスのトップディレクトリをカレントディレクトリとして設定する
tabnew_cd	候補のパスをカレントディレクトリとして設定したタブを新規に開く
narrow	候補を候補のディレクトリ名で絞り込む
edit	narrowと同じ
vimshell	候補のディレクトリでvimshellを起動する[※1]
tabvimshell	候補のディレクトリで新規タブを作成し、vimshellを起動する[※1]
vimfiler	候補のディレクトリでvimfilerを起動する[※2]
tabvimfiler	候補のディレクトリで新規タブを作成し、vimfilerを起動する[※2]
uri	
start	候補をブラウザで開く[※3]
file	**openable, cdable, uriを親とする**
open	候補のファイルを開く
preview	候補のファイルをプレビューウィンドウで表示する
mkdir	候補のファイル名をデフォルト値としてディレクトリを作成する
rename	候補のファイル名をリネームする
backup	候補のファイルのバックアップを作成する
wunix	候補のファイルをunixフォーマットで書き込む
diff	候補のファイルとカレントバッファ、または候補のファイル同士のdiffを表示する
dirdiff	候補のディレクトリ同士でdiffを表示する[※4]
grep	候補のファイルを対象にgrepする
grep_directory	候補のディレクトリを対象にgrepする
move	候補のファイルを移動する
copy	候補のファイルをコピーする
directory	**fileを親とする**
diff	候補のディレクトリ同士でdiffを表示する[※4]
tabopen	候補のディレクトリで新規タブを作成し、vimfilerを起動する[※2]
buffer	**fileを親とする**
open	候補のバッファを開く
goto	候補のバッファがあるタブを開く
delete	候補のバッファをメモリから取り除き、バッファリストから削除する
fdelete	候補のバッファが編集中でもメモリから取り除き、バッファリストから削除する
wipeout	候補のバッファをマークやオプション設定も含めて完全に削除する
unload	候補のバッファをメモリから取り除く
preview	候補のバッファをプレビューウィンドウで表示する
rename	候補のバッファ名を変更し、ファイルが存在する場合はリネームも行う
window	**cdableを親とする**
open	候補のウィンドウを開く
only	候補のウィンドウを開き、ほかのウィンドウを閉じる
delete	候補のウィンドウを閉じる
preview	候補のウィンドウのカーソル行をハイライトする
tab	**cdableを親とする**
open	候補のタブを開く
delete	候補のタブを閉じる
preview	候補のタブを表示し、uniteバッファに戻る
rename	候補のタブ名を変更する
edit	renameと同じ
jump_list	**openableを親とする**
open	候補の位置を開く
preview	候補の位置をプレビューウィンドウで表示する
highlight	候補の位置をハイライトする
replace	候補の位置を:Qfreplaceで置換する[※5]
rename	replaceと同じ
command	
execute	候補のコマンドを実行する
edit	候補のコマンドを編集したあとに実行する
guicmd	
execute	候補の外部コマンドを実行する
edit	候補の外部コマンドを編集したあとに実行する
source	
start	候補のsourceを実行する
edit	候補のsourceの引数を編集して実行する
word	
-	固有のactionなし

[※1] vimshell（https://github.com/Shougo/vimshell.vim）が必要
[※2] vimfiler（https://github.com/Shougo/vimfiler.vim）が必要
[※3] open-browser.vim（https://github.com/tyru/open-browser.vim）が必要
[※4] DirDiff.vim（https://github.com/vim-scripts/DirDiff.vim）が必要
[※5] vim-qfreplace（https://github.com/thinca/vim-qfreplace）が必要

第3章 Vim至上主義

kindに設定されているactionを実行できます。

また、すべてのkindはcommonを親としており、それ以外の親kindが設定されている場合はその親のkindが実行可能なactionも実行できます。

このように、単体でも非常に多くの機能を持っているunite.vimですが、unite.vim用のプラグインを導入することでそのインターフェースをさらに拡張できます。

最初に紹介したneobundle.vimと組み合わせることでオンライン上のプラグインを検索できます（図5）。unite.vimをさらに拡張したい方はぜひ試してみてください。

補完を拡張 (neocomplcache/neocomplete)

Vimには標準で非常に多くの補完機能があります（表4）。

しかし、これらの補完機能は最近のIDEとは異なり、自動で起動してくれず、入力中にユーザが補完機能を呼び出すキーを押す必要があります。また、それぞれの補完機能ごとに呼び出すためのキーが異なっているため、よほど熟練したユーザでなければVimの補完を使いこなすのは難しいかもしれません。

そこで、neocomplcache.vim[注11]またはneocomplete.vim[注12]を用いることで、これらの補完機能を自動で呼び出すことができるようになります。neocomplete.vimはneocomplcache.vimの後継として作成されたプラグインで、if_luaの機能を用いることによりneocomplcache.vimと比べて高速で補完を行うことができるようになっています。もしお使いのVimがif_luaに対応しているのであればneocomplete.vimをインストールすることをお勧めします。

またneocomplcache.vimとneocomplete.vimは別のプラグインを用いて補完機能を拡張できます。本誌では補完プラグインの作成方法については解説しませんが、興味のある方は挑戦してみてはい

▼図5 unite_neobundle_searchの使い方

```
:Unite neobundle/search
↓
Please input search word:
↓
Please input search word: unite<Enter>
```

注11) https://github.com/Shougo/neocomplcache.vim
注12) https://github.com/Shougo/neocomplete.vim

▼表4 Vimの入力補完

補完機能	キー	概要
行(全体)補完	Ctrl-x Ctrl-l	現在行のカーソルの前にあるのと同じ文字で始まる行で補完
局所キーワード補完	Ctrl-x Ctrl-n、Ctrl-x Ctrl-p	カーソルの前にあるキーワードで始まる単語をファイルの前方(後方)から検索して補完
辞書補完	Ctrl-x Ctrl-k	"dictionary"で与えられたファイルで補完
シソーラス補完	Ctrl-x Ctrl-t	"thesaurus"で与えられたファイルで補完
パスパターン補完	Ctrl-x Ctrl-i	編集中と外部参照(インクルード)しているファイルのキーワードで補完
タグ補完	Ctrl-x Ctrl-]	カーソルの直前と同じ文字で始まるタグで補完
ファイル名補完	Ctrl-x Ctrl-f	カーソルの直前と同じ文字で始まる最初のファイル名で補完
定義補完	Ctrl-x Ctrl-d	カーソルの直前と同じ文字で始まる最初の定義(もしくはマクロ)名で補完
コマンドライン補完	Ctrl-x Ctrl-v	コマンドラインでの入力時と同様にVimコマンドを補完
ユーザ定義補完	Ctrl-x Ctrl-u	"completefunc"で設定した関数で補完
オムニ補完	Ctrl-x Ctrl-o	"omnifunc"で設定した関数で補完
スペリング補完	Ctrl-x Ctrl-s、Ctrl-x s	カーソル前の単語の正しい綴りの候補で補完
キーワード補完	Ctrl-n Ctrl-p	カーソルの直前と同じ文字で始まる単語を"complete"で指定された場所から補完

3-3 Vim プラグインの導入

かがでしょうか。

それ以外にもオムニ補完を拡張するプラグインを組み合わせて使用することもできます。

プログラム実行を拡張（quickrun）

Vimでちょっとしたスクリプトなどを編集している際、スクリプトを実行するのにコンソールに戻るのが面倒だと思ったことがある方は多いのではないかと思います。もちろん":!%"コマンドや":r!%"コマンドなどで実行しても良いのですが、コンソール画面の出力だと結果が見づらいことがあり、かといって編集中バッファに結果を出力するのもあまりスマートではありません。

そんなときに便利なのがquickrun[注13]です。quickrunはファイルタイプごとに設定されているプログラムを実行し、実行結果を新規バッファなどに出力します。quickrunはデフォルトで非常に多くのファイルタイプに対応しており、対応しているファイルタイプであればとくに設定をすることなく、:QuickRunコマンドや"<Leader>r"キーで実行するプログラムを判別し、結果を出力してくれます。このときに、実行対象のバッファは保存されている必要はなく、ファイルを変更したあとに保存前の動作確認や、ビジュアルモードで選択した範囲のみを実行するといったこともできます。

また、quickrunは出力先をバッファだけでなく、ファイルやブラウザなどに指定できます。筆者はスクリプト言語の実行環境だけでなく、markdownやreST、textileといったドキュメントを書く際にもquickrunを使用し、ブラウザにプレビューを表示するといった使い方をしています。

quickrunは先に紹介したunite.vimのようなユーザが複数の候補から対象を選択して動作を実行するといった思想とは異なり、次のように実行する内容があらかじめ決まっている場合には非常に使い勝手の良いフレームワークを提供してくれます。

・何を（バッファ、ファイル、ディレクトリなど）
・どう実行し（perl、make、gccなど）
・どこに出力するか（Vim、ファイル、ブラウザなど）

また、quickrunはquickrunの機能を利用してシンタックスチェックを行うwatchdogs.vim[注14]と、quickrunにさまざまなフック処理を追加するshabadou.vim[注15]を組み合わせることで多言語に対応したシンタックスチェッカーとしても使用できます。このとき、hier[注16]とquickfixstatus[注17]をインストールしておくと、Vim上でIDEのようにエラーや警告のある行のハイライトやエラー詳細の表示が可能になります。

おわりに

今回紹介したプラグインはいずれも非常に高い拡張性を持っているものばかりのため、本誌で解説した内容以上に高度な設定ができます。また、独自のプラグインを作成することで"プラグインのプラグイン"としての利用が可能になっています。基本的な設定で物足りなくなってしまった方はさらに高度な設定や新たなプラグインを作成してみてはいかがでしょうか。

なお、具体的なプラグインの紹介やプラグインの設定例など、今回誌面で紹介しきれなかった内容は、初出時のSoftware Design本誌サポートページ[注18]からダウンロードできますのでご利用ください。

注13）https://github.com/thinca/vim-quickrun
注14）https://github.com/osyo-manga/vim-watchdogs
注15）https://github.com/osyo-manga/shabadou.vim
注16）https://github.com/jceb/vim-hier
注17）https://github.com/dannyob/quickfixstatus
注18）http://gihyo.jp/magazine/SD/archive/2013/201310/support

第3章 Vim至上主義

COLUMN 3 VimでSwiftプログラミング

Writer 所 友太（ところ ゆうた） Twitter: @tokorom Web:www.tokoro.me

基本的な考え方

Objective-C時代にはVimでObjective-Cを書くプログラマーは異端扱いでしたが、Swift時代に入ってから、とくにSwiftが2015年12月にオープンソース化[注1]されて以降はVimでSwiftを書くプログラマーは増えていく傾向にあるのではないでしょうか。

とはいえ、多くの場合はVim単体でなくXcodeも一緒に使わざるをえないケースが多いと思います。そんな中、私がこれまで5年間VimでObjective-C/Swiftを書き続けてきて感じているのは、

Xcode とVim の両方と仲良くする（すべてをVim でやろうと思わずに Xcode でやるべきことは Xcode でやる）

のが良いということです。

VimとXcodeを瞬時に切り替える

具体的には表1に表すような使い分けをしており、Swiftのコーディングは基本的にVimで行い、それ以外のことはXcodeに切り替えて行っています（図1）。このような使い方だと、コーディングとビルド＆実行の繰り返しのリズムが崩れることが懸念されますが、それを避けるためにはVimとXcodeをホットキーなどで瞬時に切り替えるためのツールが必要です。

私の場合はTerminal上でVimを動かして使っていますので「Alfred[注2]」のWorkflowを設定し、ホットキー（CTRL + TAB）でTerminalの表示をトグルできるようにしています。そのほか、「TotalTerminal[注3]」などのアプリケーションを使っても同様のことを実現可能かと思います。

これにより、"Vimでコーディング→Xcodeでビルド＆動作確認→おかしなところを再びVimで修正→修正個所をXcodeで実行して確認"という一連の手順を流れるように進められるようになりました。

このほか、XcodeにXVimやViEmuなどのプラグインをインストールして、Xcode上にVimっぽい環境を実現する方法も考えられます。それも良い方法だと思いますが、私の場合はそのプラグインの出来が良ければ良いほど不気味の谷に落ちて（微妙な違いにストレスを感じるようになる）いってしまいました。

Swiftのシンタックスハイライト

VimでのSwiftのシンタックスハイライトですが、なにも設定していない状態でSwiftのコー

注2) https://www.alfredapp.com/
注3) http://totalterminal.binaryage.com/

▼表1　VimとXcodeの使い分け

Vim or Xcode	タスク
Vim	Swiftのコーディング
Xcode	ビルド、デバッグ実行、Storyboard編集、Project設定

注1) https://github.com/apple/swift/

▼図1　筆者の開発環境（後ろにあるのがXcode、手前にあるのがVim）

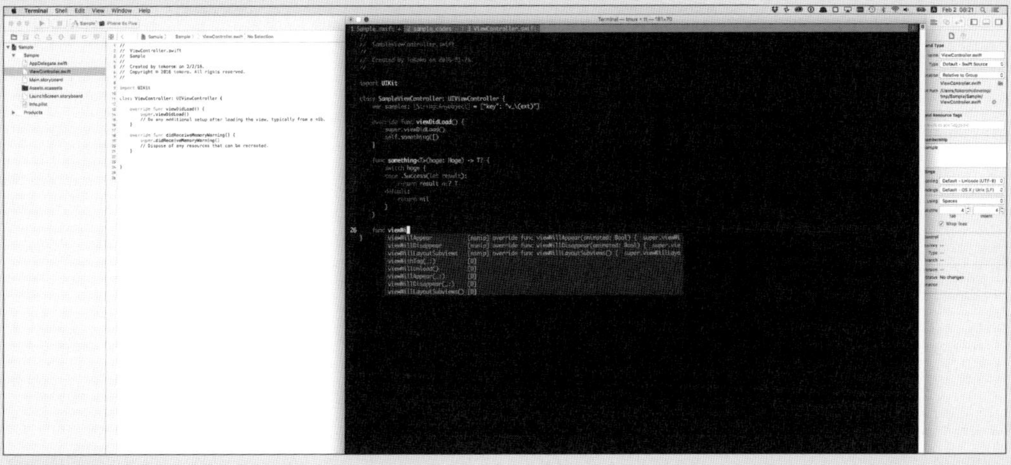

▼図2　シンタックスハイライトなし

```
import UIKit

class SampleViewController: UIViewController {
    var samples: [String:Anyobject] = ["key": "v_\(ext)"]

    override func viewDidLoad() {
        super.viewDidLoad()
        self.something([])
    }

    func something<T>(hoge: Hoge) -> T? {
        switch hoge {
        case .Success(let result):
            return result as? T
        default:
            return nil
        }
    }
}
```

▼図3　シンタックスハイライトあり

```
import UIKit

class SampleViewController: UIViewController {
    var samples: [String:Anyobject] = ["key": "v_\(ext)"]

    override func viewDidLoad() {
        super.viewDidLoad()
        self.something([])
    }

    func something<T>(hoge: Hoge) -> T? {
        switch hoge {
        case .Success(let result):
            return result as? T
        default:
            return nil
        }
    }
}
```

ドをVimで開くと**図2**のように大変見づらい状態になってしまいます。せっかくですから**図3**のようにメソッド名やクラス名などきちんとハイライトされてほしいものです（カラーだともっと見やすく色分けされています）。

このシンタックスハイライトですが、じつはApple公式のSwiftリポジトリの中にVim用のファイル群が同梱されており、それを利用することで実現できます[注4]。ほかのエディタを差し置いてVimだけが優遇されている理由はわかりませんが[注5]、Vimユーザにとっては嬉しい状況です。

これらのファイルを.vim以下にコピーすれば、Swiftファイル編集時にシンタックスハイライトが有効になります。

なお、NeoBundleなどのプラグインマネージャを利用している場合、Vim用のファイル群がSwiftリポジトリの奥まったところに配置されているため利用するのが少し面倒かもしれません。その場合は、私のGitHubにVim用のファイルだけをコピーしたもの[注6]を置いてありますので、必要に応じて、

```
NeoBundle 'tokorom/apple-swift-vim-copy'
```

としてご利用ください。

注4）https://github.com/apple/swift/tree/master/utils/vim
注5）おそらく単にApple内部で共有されていたものがそのまま公開されただけ？
注6）https://github.com/tokorom/apple-swift-vim-copy

第3章 Vim至上主義

なお、2016年1月時点ではSwiftがオープンソース化される前から開発されている「swift.vim[注7]」というプラグインのほうが精度が高いです。いずれApple公式のほうも更新されていくと思いますが、場合によってはswift.vimやほかのプラグインを利用することもできます。

Swiftのソースコード補完

VimでSwiftを書くうえでよく問題視されるのがソースコード補完です。Xcodeのソースコード補完はとてもパワフルなため、同様のことをVimでも実現したくなります（図4）。結論としてはVimでも実現可能ですが、2016年1月時点では同じ状態を作るのはまだ難易度が高いです。ただ、これもSwiftのオープンソース化に伴い、近い将来に簡単に解決できるようになると予想しています。

動的な補完

Xcodeのソースコード補完では、Swiftでプログラミングをしている際に入力中の文脈に応じた候補が自動で表示されます。この便利なコード補完は「SourceKit」により実現されています。じつはこのSourceKitはXcode外からも利用が可能で、またSourceKit自体もSwiftと一緒にオープンソース化[注8]されていますので近い将来、これをVimから簡単に利用できるようになることが期待されます。

2016年1月現在で言うと、「SourceKitten[注9]」経由でSourceKitにアクセスするのが近道となりそうで、そのためのプラグインもいくつか開発されはじめています。

静的な補完

上記のとおり、VimからSourceKitがそのまま利用できることが理想ではありますが、"利用しやすいプラグインがまだない""より高速に補完をしたい"などの理由から、辞書ベースの静的な補完で代替することも考えられます。こちらは単にキーワードを列挙したファイルを用意するだけですので実現は簡単です。

たとえば、私が作成した辞書ファイル[注10]もありますので、必要に応じて、

```
NeoBundle 'tokorom/swift-dict.vim'
```

でご利用ください。

コードスニペット

ソースコード補完と同時に、自分好みのコードスニペットを育てていくのも開発効率を上げるためには重要かと思います。コードスニペットのためのプラグインとしては「neosnippet[注11]」などが利用可能です。

一例ですが、tableと入力すると候補としてUITableViewDataSourceが表示され（図5）、それを選択するとUITableViewDataSource用のテンプレートが展開される（図6）といったことが簡単に実現できます。

注7) https://github.com/keith/swift.vim

▼図4 Vimでのソースコード補完の表示例

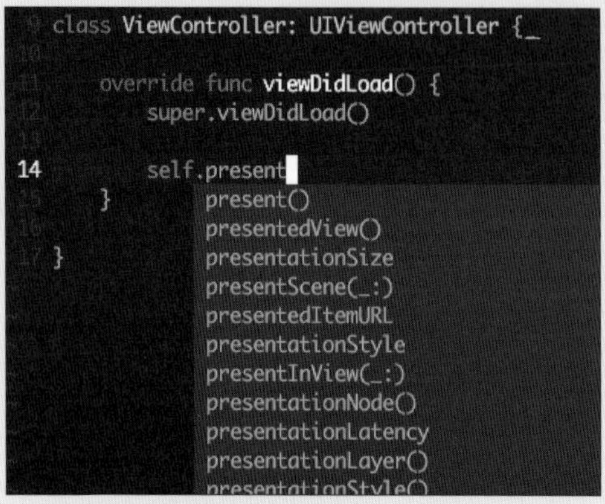

注8) https://github.com/apple/swift/tree/master/tools/SourceKit
注9) https://github.com/jpsim/SourceKitten
注10) https://github.com/tokorom/swift-dict.vim
注11) https://github.com/Shougo/neosnippet.vim

VimでSwiftプログラミング C-3

そのほか

※ 静的解析

Swiftの静的解析としては「SwiftLint[注12]」が有名です。Vimからこれを利用するには「syntastic[注13]」などと連携させるのが良さそうです。

これらを連携させるには「syntastic-swiftlint.vim[注14]」を利用するのが簡単です。設定すると、図7のようにルールに適合しない行を明示し、その内容を自動で表示できるようになります。

※ Flymake

XcodeではSwiftコードを入力中にリアルタイムにコンパイルエラーや警告を表示してくれます。これについてはまだVimで実現する良い手立てがありません[注15]が、こちらもSourceKit経由で解決できるようになることが期待されます。SourceKit自体はDiagnostics（診断）機能を持っていますので遠くない将来にVimからも簡単に使えるようになると予想しています。

まとめ

VimでSwiftプログラミングをするための環境は、Swiftのオープンソース化を機に現在進行形でパワーアップし続けています。2016年はSwift関連のプラグイン、とくにSourceKitと連携するプラグインの成長に注目です。1年後にはさらに軽やかにSwiftコードが書けるようになっていることでしょう。 **SD**

注12) https://github.com/realm/SwiftLint
注13) https://github.com/scrooloose/syntastic
注14) https://github.com/tokorom/syntastic-swiftlint.vim
注15) あるにはあるが現実的ではない。

▼図5　スニペットの候補を選択

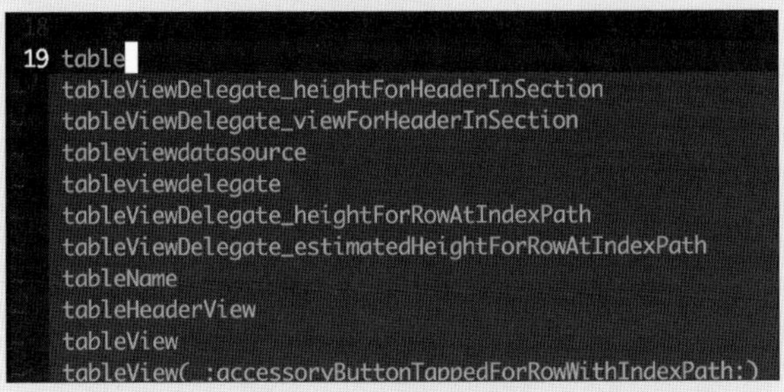

▼図6　スニペットでテンプレートを展開

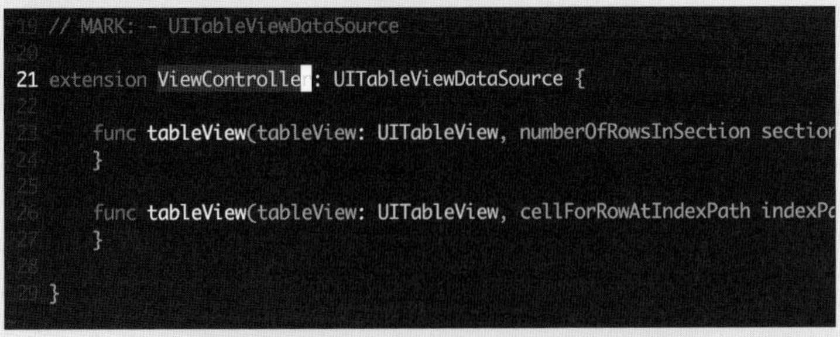

▼図7　VimでSwiftLintを実行したときの表示例

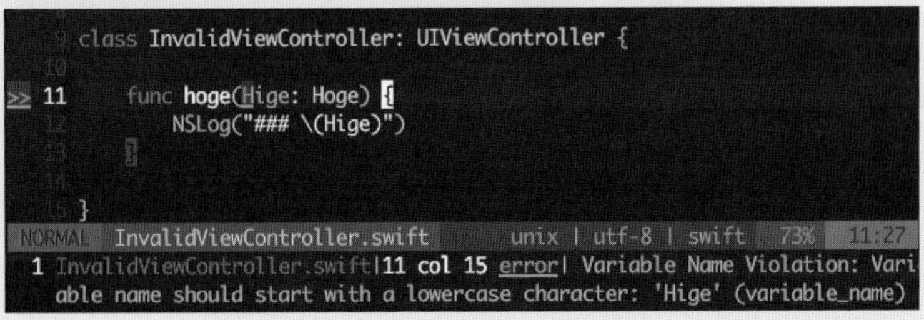

第3章 Vim至上主義

3-4 生産性を向上させるVimのTips

Writer mattn　Twitter@mattn_jp

いわゆる商用アプリケーションと違い、Vimを使いこなすには主体的に情報を探し、使用目的に合ったプラグインなどを取り入れ、自分なりに工夫を加えることが重要です。本稿がガイドとなり、生産性を大幅に向上させるために必要な手がかりを紹介します。

Vimの使いこなしのアイデア

一口にVimと言ってもVimをテキストエディタとして使っている人もいれば、Vimを環境として使っている人もいます。人によってさまざまな使い方があるのです。知らない世界を知ることにより、新たなVimの使い方を得ることができます。

これまで何となしに使っていたVimも、ひと工夫するだけで目から鱗、皆から一目置かれるような使い方になるかもしれません。

一般的にVimは設定ファイルを編集したり、プログラミングに使われることが多いと思います。もちろんVimはプログラミングにはとても有用ですが、プログラミング以外の目的でも使える非常に強力な環境でもあります。

Vimの中でシェルを開く「vimshell」

ソースコードの編集のためにVimを使っている人の中には、コンパイルのために毎回Vimを終了している人もいます。もちろんVimは本来高速に起動するテキストエディタですがプラグインを大量に導入している人であれば、Vimの起動時間も気になる程度になっていたりもします。そういった場合、VimShell[注1]を使うと便利です。

注1) https://github.com/Shougo/vimshell.vim

Vim上でインタラクティブシェルを実行しようというプロジェクトで、一般的なコマンドや、Vimと親和性の高い連携が行えます（図1）。こちらは外部プロセスの起動やファイル入出力にvimprocというライブラリを使用して実現しています。作者はShougo氏。

ファイルを高速に開く「ctrlp.vim」

Vimを使っていると、画面は常にVimが前面に来ており、できればマウスは使わずいろんな操作をしたくなります。筆者の場合、ファイルの選択にプラグインを使用します。fuzzyfinderやunite.vim、ctrlp.vimなど、多々あります。筆者は高速性と安定性を理由にctrlp.vim[注2]と

注2) https://github.com/ctrlpvim/ctrlp.vim

▼図1　vimshell

3-4 生産性を向上させるVimのTips

いうプラグインを使っています（図2）。

ランチャーとして使う「ctrlp-launcher」

上記のctrlp.vimは拡張が書けるのですが、それを利用してランチャーとして使えます。筆者の場合、ブラウザを起動したりGIMPを起動したりといった操作はこのctrlp-launcher[注3]から行っています。

コンパイルと実行「QuickRun」

プログラムを書き始めるとき、Vimで新しいファイルを開くかと思います。そのあと、動作確認をしながら作っていくことになりますが、そのつどVimを終了させてコンパイルと実行を行ったり、「:make」して「:new +w!./prog」するのも面倒に感じたりします。

Vimを立ち上げたまま、プログラムのコードを開いたまま実行して結果出力させ、その内容をVimで確認したい場合もあります。そのような場合、thinca氏が作ったQuickRun[注4]を使うと便利です（図3）。

数多くのファイルフォーマットをサポートしており、ちょっとしたスクリプトを書きながら都度実行し、結果を確認できます。カスタマイズも可能で筆者も愛用しています。

ちなみにpythonでちょっとした物を書き始めるならば、入力補完にjedi-vim、動作確認にQuickRunという組み合わせが最強だと思っています。

Gistにポストする「gist-vim」

たとえばコードの断片や出力結果を誰かに伝える場合、その一部をクリップボードにコピーし、コードスニペットサービスに貼り付けるといったことをよくやります。例を挙げると、バグ報告としてQuickRunで実行した結果を誰かに確認してもらいたいといった場合もあります。

そんな場合、gist-vim[注5]を使うと便利です。

```
:Gist
```

を実行するだけで簡単に https://gist.github.com に内容がポストできてしまいます。もちろんヴィジュアル選択して一部だけポストするといったこともできます。

さらに、

```
:Gist -l
```

を実行して過去にポストしたGistの一覧を開いて目的のGistを開き、「:w」で更新することもできます。

注3) https://github.com/mattn/ctrlp-launcher
注4) https://github.com/thinca/vim-quickrun
注5) https://github.com/mattn/gist-vim

▼図2 ctrlp.vim

▼図3 quickrun

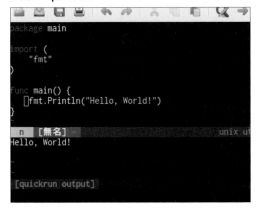

第3章 Vim至上主義

ピュアVim script族

gist-vimはGitHub/GistのAPI呼び出し部分にwebapi-vimというライブラリを使用しています。このwebapi-vimなどもそうですが、基本的に筆者が作るVimプラグインは、perl拡張やpython拡張は使いません。UbuntuやCentOSなどの各ディストリビューションにデフォルトで入る言語拡張が有効でないVimでも動くようにと考えてのことですが、その他にも「外部のモジュールに依存せず、ピュアVim scriptだけで書きたい」という遊び心であったりもします。

Vimプラグインを作る人の一部には、こういった「ピュアVim script族」とも言える人達が何人かいて、「まさかこれがVim scriptだけで！？」と言われるような物を書いている方もいます。

とくにVim script作者界隈ではynkdirさんが有名で、氏のコードを使っているプラグインもいくつかあります。上記で述べたwebapi-vimでも使わせていただいています。

● vim-paint
（https://github.com/ynkdir/vim-paint）

Vimから画像ファイルを出力できるライブラリです（図4）。bdfフォントファイルを使って文字列の描画もできます。そもそもバイナリが扱えないVim scriptでここまでできているのがすごいです。

▼図4 vim-paint

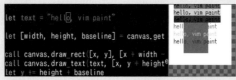

● vim-guess
（https://github.com/ynkdir/vim-guess）

日本語エンコーディングの判定はGaucheのロジックが優秀であると言われていますが、そのロジックをVim scriptに移植した物です。筆者も書こうと思いましたが、そのときはすでに先を越されていました。

● vim-patch
（https://github.com/ynkdir/vim-patch）

Vim scriptでpatchコマンドを実装しています。

● vim-diff
（https://github.com/ynkdir/vim-diff）

Vim scriptでdiffコマンドを実装しています。patchコマンドもそうですが「C言語で書かれた実装だと難しいけれどVim scriptなら読めるかも」という人はもしかしたらいるかもしれません。

● vim-vimlparser
（https://github.com/ynkdir/vim-vimlparser）

Vim scriptは「変態言語」と呼ばれるほど特殊な仕様の多い言語ですが、これを解析してAST（抽象構文木）に分解しようというプロジェクトです。ここまで来ると変態という言葉が似合います。

● vim-funlib
（https://github.com/ynkdir/vim-funlib）

MD5やSHA1、HMAC、MersenneTwisterなどをVim scriptで実装しようという変態的なプロジェクトですが、参考になるところはかなり多く一部Vim script作者の経典的な存在でもあります（図5）。

▼図5 vim-funlib

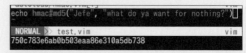

● lisper-vim
（https://github.com/mattn/lisper-vim）

こちらは筆者のプラグインです。ピュアVim scriptで実装したLispエンジンです。ynkdirさんも同様の物を作っておられました。VimでLispが動いて得する人はまずいません。しかしこの「誰得」がピュアVim script族にとっては最高の褒め言葉でもあるのです。

このように、いろんな物がピュアVim scriptだけで作られています。しかし簡単にピュアVim scriptで実装できるわけではありません。人しれない苦労もあったりします。その多くはバイナリの扱いです。筆者のプラグインで例えます。

● msgpack-vim
（https://github.com/mattn/msgpack-vim）

MessagePackはバイナリを扱います。しかしVim scriptはバイナリを扱えません。そこで関数「msgpack#pack」ではバイナリのhex文字列表現を返す仕様としています。Vim scriptでのバイナリ表現方法には一般的に2種あり、ynkdirさんは255を最大値とした数値の配列で表現しています。さてMessagePackの仕様として浮動小数点型をビッグエンディアンのIEEE754でバイナリを格納する必要があるのですが、これを実現するためにピュアVim scriptでIEEE754を実装しています。

これらはもちろんif_pythonなどを使用すれば簡単に書けてしまうと言うのは筆者もynkdirさんも承知です。

これは一種のスポーツに似た感覚です。あなたもこんな場合に「if_xxx使ったら負け」と思うようになったら、きっと「ピュアVim script族」になってしまったと言えるのではないでしょうか。

3-4 生産性を向上させるVimのTips

✳ コミュニケーションする

さて伝えたい内容がGistにポストできたら実際に伝えたい人とコミュニケーションを行いましょう。VimからTwitterするならTwitVimが便利です。

■ **TwitVim**
（https://github.com/twitvim/twitvim/）

gist-vim でポストしたURLを

```
:PosttoTwitter
Tweet: @kaoriya これです！ https://gist.
github.com/mattn/6093989
```

このようにしてポストできます。RTやFav、検索などもできます。その他VimからTwitterできる物としてはbasyuraさんが作っているTweetVimがあります。

■ **TweetVim**
（https://github.com/basyura/TweetVim）

こちらはGVimでアイコンが表示できたり、ストリーミングAPIを使ってリアルタイムにツイートを表示するといったことができます。

ちなみにVimはTwitterだけでなく、チャットサービスであるLingrもできます。tsukkeeさんが作ったlingr-vimを使います。

■ **lingr-vim**
（https://github.com/tsukkee/lingr-vim/）

Vimのpython拡張を使い、LingrAPIのロングポールを別スレッドで実行することで非同期なUIを実現しています。

Twitterやブログ、GitHub等で自作のVimプラグインを紹介することで、ほかのユーザから評価が得られたり間違いを教えてもらえたり、機能追加パッチをもらえたりします。ぜひプラグインを書いたら公開しましょう。

✳ プロジェクトごとの設定を使う

最近ではvimrcをGitHubで公開する人もいます。環境を変えた際には非常に有用なのですが、仕事で使う設定を公のGitHub上に公開できない場合もあります。そんな場合はthincaさんが作っているvim-localrcを使うと便利です。

■ **vim-localrc**
（https://github.com/thinca/vim-localrc）

vim-localrcを使うと各ディレクトリごとに任意のvimrcを配置することができ、「~/.vimrc」に書いていた業務に特化した内容を各プロジェクトフォルダに配置することができます。

⏎ Vim情報の集め方

Vimをこよなく愛する人達を、一般的にVimmerと呼びますが、そのVimmerが集まりVimの話ばかりしている場所が何ヵ所かあります。

✳ vim-jp（http://vim-jp.org）

日本のVimユーザ達が、日本のユーザに情報を発信しようと作られたハブサイトです。日本ではおそらくこのvim-jp.orgが一番活発に情報を発信しています。

vim-jpができるまでの間、Vimの不具合を見つけたユーザは個々にパッチを作成し、各々がvim-dev（Vimの開発者ML）にパッチを送るという作業を行ってきました。しかし英語で報告するという障壁があってか、多くのユーザが手元のVimを直すだけに止まってしまったり、不具合をどこにも報告できずにいたというケースも多くみられました。vim-jpではそういった不具合報告を集めることを目的に、日本語で報告していただき有識者で議論したり、パッチを書いてvim-devへ報告しています。vim-jp発足後、数多くのパッチが日本人から提供されマージされました。今日でも多くのパッチがvim-jp[注6]から提出されています。

Vimプラグインに関する相談でもかまいません。お気軽にどうぞ。

注6）https://github.com/vim-jp/issues/issues

第3章 Vim至上主義

✱ lingr (http://lingr.com/room/vim)

Vim好きなユーザがVimのことばかり話しているチャットルームです。ここには多くのVim有識者が集まっており、わからないことがあれば気軽に質問できますし、結構な割合で誰かが答えてくれたりします。

このVim部屋では毎週土曜23時からvimrc読書会というイベントを行っており、さまざまな場所から誰かのvimrcを見つけて来ては「この設定いいな」「この設定おかしい」などと約1時間程度の読み合わせを行います。今まで知らなかったオプションやテクニックを得られるチャンスです。筆者もたまに参加しています。

✱ Twitter (http://twitter.com)

TwitterでVimプラグイン作者をfollowしておくとVimに限らずいろんな情報が得られます。Vimに関するジョークが流れてきたり、海外のVim情報を日本人が紹介してくれていたりもします。

✱ GitHub (https://github.com/)

そしてやはりGitHubでいろんなプロジェクトを探しコードを見ることが、Vim scriptを覚えるうえでも一番の情報収集方法と言えます。日本人が開発している物も多くあります。たとえば最近Vim script作者の中でライブラリとして使われはじめているVital[注7]という物があります。

これまでのVim scriptにはモジュールなどといった概念がなく、Vim script作者が自前で作ったり、ライブラリとしては存在するけれど新しくなって動かなくなったり、Vim scriptに限らない問題が多々発生しました。しかしVitalはプラグイン自身がバージョン指定で必要な分だけを取り込むことで安定した、かつ可読性の高いコードを提供できるようになっています。サンプルを**リスト1**として挙げます。

Vitalは日本人が作っていることもあって、機能要望があれば割に簡単に取り込まれたりします。GitHubには筆者も調べきれないほどの情報が詰まっています。見つけたらぜひ皆さんにも教えてあげてください。その他、筆者の場合はredditで海外の情報を収集したり、stackoverflowでVimに関する質問に答えたりすることで、Vimユーザがいったいどんなことで困っているのかを調べたりしています。そこから新しいプラグインのアイデアが生まれることもあります。

注7) https://github.com/vim-jp/vital.vim

▼リスト1 Vitalのサンプルスクリプト

```
" vital を使って vital の機能を呼び出す。
" ここは各プラグインの名称となる。
let s:V = vital#of('vital')

" 各モジュールをインポートする。
let s:P = s:V.import('Prelude')
let s:H = s:V.import('Web.HTTP')
let s:J = s:V.import('Web.JSON')

" github の API を使って vim-jp に報告されている issues を取得する。
let url = 'https://api.github.com/repos/vim-jp/issues/issues'
let content = s:H.get(url).content
let issues = s:J.decode(content)

" 最大70文字の範囲でタイトルを表示する。
for issue in issues
  echo s:P.truncate(issue['title'], 70)
endfor
```

生産性を向上させるVimのTips 3-4

※ 日本でのVimの広まり

筆者はほどほどVimに関する情報を集めている方だと思っていますが、世界的に見ても日本人が作るVimプラグインは品質が良く、Vim scriptに関する知識も高いと思っています。もちろんこれはLingrでのvimrc読書会などの影響も大きいと思っています。

先日、Vimプラグイン開発者の中でOmnisharpというプラグインが話題になりました。

■ Omnisharp
（https://github.com/nosami/Omnisharp）

このプラグインはVimでC#のコード補完ができるプラグインで、これまでC#のコード補完ができるプラグインがなかったこともあってか、LingrのVim部屋で一気に話題となりました。作者は日本人ではありませんが、日本のVimプラグイン作者が怒涛のようなプルリクエストを送り、マージされ改良されていきました。

筆者がこのプラグインを見つけたころは、Vimからなんとなく C#のコード補完ができる程度のプラグインでしたが、ちょっと見ない間に一気に使える代物になりました。現在ではUIのなしのC#を書くならVisual Studioは使わなくなったという人もいるようです。

※ 昨今のVim事情

vim-jpができた7.3の頃から数多くのパッチがリリースされ、2016年現在では、バージョン番号が7.4.1400になりました。開発リポジトリもGitHubに移行し、これまでは取り込まれなかった次のような機能が数多く取り込まれ始めています。

- プラグインの動的管理
- 非同期プロセスの起動／終了
- ネットワーク通信

それもあってかいくらかの機能は安定していませんが、テキストの編集機能としては変わりません。

もしバグを見つけた方がいらっしゃれば、ぜひvim-jpに不具合報告をください。ほかの不具合報告でもかまいません。ユーモア溢れるVimmerが一緒に解決方法を考えてくれるかもしれません。 **SD**

▪ Vim温故知新

最近でこそVim scriptでできる可能性は広がりましたが、筆者が使い始めたころのVimは今と比べ物にならないくらい機能が少なく、Vim scriptはとてもバギーでした。

マルチバイトを扱う機能にもバグがあり、今日のVimのようにアプリケーションを作れるレベルではありませんでした。しかしKoRoNさんが正規表現エンジンのマルチバイト化パッチを送り始めたころを期にVimはどんどん生まれ変わり、バージョン6のころから有用なプラグインが現れ始めました。そのころに筆者が書き始めたのがcalendar.vimです。このころはまだVim scriptにListやDictionaryすらなく、さらにはautoloadも使えなかったという状況でした。

そしてバージョン7となり、autoloadが取り入れられたころからVim scriptの成長は加速し、バージョン7.3となった現在ではVim scriptは立派な言語となり、環境を作れるプログラミング言語となりました。最近ではVimを日常起動したままにしている人も多く存在します。

Vimの知名度は昔からありましたが、Vim scriptの成長はバージョン7で一気に広まったと言って良いでしょう。

ynkdirさんやKoRoNさんとは昔存在していたvim-jpというメーリングリスト上で知り合いましたが、そのころのユーザは皆「VimプラグインはピュアVim scriptだけで書くもの」といった意識があり、それが今日の「ピュアVim script族」の根源になっているのかもしれません。

その後vim-users.jpというサイトでVimに関するhack記事が数多く公開され、Vimに憧れる人が増え、Vimに関する勉強会も多く開催されるようになりVimの人気がどんどん広がり始めます。

第3章 Vim至上主義

COLUMN 4 XcodeをVimライクにして作業効率を上げる!?

Writer 森 拓也（もり たくや）　㈱UEI　takuya.mori@uei.co.jp

Xcodeと Vimプラグイン

筆者は開発環境を構築する場合には、必ずVimコマンドが扱えるプラグインをインストールします。現在は、XcodeにVimプラグインをインストールし、iOSアプリケーションを中心に、開発を行っています。Xcode用のVimプラグインはいくつか存在しますが、筆者がお勧めしたいのはViEmu[注1]というプラグインです。以前から、Visual Studioで愛用しているプラグインで、Xcodeも同じプラグインを使っています。ViEmuは、vi/Vimで使えるほとんどのコマンドを扱うことができ、.vimrcの設定もで

きます（リスト1）。有料で少し高額ですが、相応の効果が見込めると思います。

Vim活用ポイント

一番便利だと思うコマンドは、矩形選択 Ctrl + V です。Xcode標準でも一応矩形選択はできますが、optionボタンを押しながら狙いを定めて、そのポイントをマウスでドラッグして選択しないといけなく、とてもたいへんで誤動作もしやすいです。そして、そこから置換をする場合にも、検索バーを出してoptionボタンを押しながら隠されたボタンを押す、というわけのわからない手順が必要です。Vimコマンドを使うと、矩形選択からの挿入や置換が一瞬で行え、作業効率が大幅にアップします。とくにプロパティの宣言で、オプションをまとめて追加、置換する場合によく使います（図1）。

注1) http://www.viemu.com/

▼リスト1　.vimrc設定例

```
set ignorecase
set smartcase
set incsearch
set hlsearch
set nowrapscan
set noterse

nnoremap n       nzz
nnoremap N       Nzz
nnoremap *       *zz
nnoremap #       #zz
nnoremap g*      g*zz
nnoremap g#      g#zz

nnoremap Y       y$
vnoremap Y       y$
nnoremap p       gp
vnoremap p       gp
nnoremap P       gP
vnoremap P       gP

nnoremap k       gk
nnoremap j       gj
vnoremap k       gk
vnoremap j       gj
nnoremap h       <backspace>
nnoremap l       <space>
nnoremap <Left>  <backspace>
nnoremap <Right> <space>

vnoremap <       <gv
vnoremap >       >gv

cnoremap <C-v>   <C-R>+
inoremap <C-v>   <C-R>+
nnoremap <Esc><Esc> :noh<CR><Esc>
```

▼図1　矩形選択

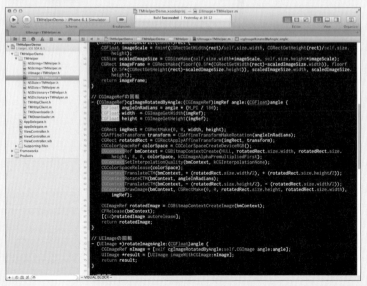

XcodeをVimライクにして作業効率を上げる!? C-4

その他によく使うコマンドは、カーソル下の単語検索(*)です。Xcodeのショートカットを使うと、文字列を選択して⌘+Cのあと⌘+Gと、よく使う割に意外と手順が多いです。Vimでは「*」や「#」だけで済むため、一瞬で検索でき、すぐに次の動作に移ることができます。

筆者は、Interface BuilderやStoryboadなどをほとんど使わずにUIを作成するため、コーディング量が通常より多いです。コーディング量が多いほどVimコマンドの活躍の場が多くなるため作業効率もアップします。とくにiOSのUIを作成する場合は似たコーディングパターンをすることが多いため、検索や置換を使う場面が多いです。

このようなVimコマンドを使うことによって、以前はマウスで行っていた動作をすべてコマンドで補えるので、時間が短縮できます。まさに、かゆいところに手が届く感じの便利さです。また、Vimコマンドを扱ううえで、より作業効率を上げるポインとしてフォントとキーボード選びも重要です。

✻ フォント

フォントはRictyを使っています。等幅で見やすく、プログラミングに適したフォントがRictyです(図2)。導入が若干たいへんですが、相応の効果が見込めると思います。Rictyの良いところは、等幅なので矩形選択がしやすいところや、英数字が見やすいところなどがありますが、一番は日本語が大きめで見やすいところです。ほかの標準で入っているフォントと比べても、日本語がより大きくきれいに表示されるためとても重宝しています。コーディング内のコメントがきれいな日本語フォントで読みやすいと、それだけで気持ちよくコーディングが行え効率もアップします。

✻ キーボード

Vimコマンドを快適に扱うためのキーボード選びは、とても重要です。筆者のお勧めはHappy Hacking Keyboard Professional 2(HHK)です(写真1)。HHKはVimで重要なキーである Esc キーと Ctrl キーがとても押しやすい位置にあります。Vimを使っているとよく Esc キーを意味もなく連打しますが、HHKは Esc キーの位置が近いため、ほとんどホームポジションを崩さずに押すことができます。また、通常のキーボードだと A の左隣というベストポジションに、悪名高き Caps Lock が陣取っていますが、HHKは Ctrl キーがあり、押しやすいです。HHKとVimはとても相性がよく、ホームポジションを崩すことが少ないため、コーディング速度が向上します。 ⓢⓓ

▼図2　Rictyフォントによる画面表示

```
//日本語が綺麗！！

//URIエンコード
- (NSString *)encodeAsURIComponent {
    if (!self.length) return @"";

    static const char* characters = "0123456789ABCDEF";
    const char* src = [self UTF8String];
    if (!src) return @"";

    NSUInteger len = [self lengthOfBytesUsingEncoding:NSUTF8Str
    char buf[len*3];
    char* dest = buf;

    for (NSInteger i=len-1; i>=0; --i) {
        unsigned char c = *src++;
        if ((('a' <= c && c <= 'z')
            || ('A' <= c && c <= 'Z')
            || ('0' <= c && c <= '9')
            || c == '_'
            || c == '-'
```

▼写真1　Happy Hacking Keyboard Professional 2

第3章 Vim至上主義

COLUMN 5 男は黙ってVim！

Writer 田中 邦裕（たなか くにひろ）　さくらインターネット㈱　代表取締役社長

viとの苦い出会い

筆者が初めてviに触ったのは20年近く前のことでした。学校の電算機室にあったSunOS 4.xのUNIXサーバ上のviでした。最初に起動した時は編集モードに入ることができず、挙句の果てには終了すらできずに教官に泣きついた……などなど、viとの出会いはあまり良いものではなかったことを思い出します。

このようなこともあって、viのようなコマンドを覚えないといけないエディタではなく、今でいうnanoのようにコマンドを必要としないテキストエディタを、cursesを使って作ろうと頑張っていました。

しかし、その開発をviの上でやっていたものですから、しばらくするうちにviの使い勝手に慣れてしまって、viより使いやすいエディタを作ろうという本来の目的を失ってしまったというエピソードがありました。今ではviのほうが使いやすくなってしまいました。プログラミングやHTMLコーディング、ドキュメント作成から、雑誌原稿執筆に至るまで、viの上で行うようになっています。

vi互換のエディタjelvisからVimへ

初めて触ったviはSunOS上で動作するオリジナルに近いものでした。しかし、日本語が文字化けしてしまうので、設定の変更やちょっとしたスクリプトを書くぐらいにしか利用していませんでした。そのため、elvisというvi互換エディタに日本語版があると聞き、ノーマルのviからjelvisに乗り換え、純粋なviを使うことはなくなりました。

ちなみに、jelvisを作ったのはIPv6のプロトコルスタック開発でも有名なitojun氏でしたが、四十歳を前に夭折されたことは本当に残念なことでした。

その後、Red Hat系OS（Linux）をメインに触るようになってからは、Vimに乗り換えることになります。多くのLinuxディストリビューションにおいてはVimが標準であり、viからエイリアスされていることが多く、いわばLinux標準エディタと呼んでも過言ではありません。

Vimを使い始めた時は、あくまでviの代わりとして利用していただけにすぎなかったのですが、使っているうちにVimの魅力に取りつかれ、ほかのvi系エディタではストレスを感じるほどになってしまいました。

そんなVimに魅せられて

Vimの魅力は機能性の高さと、設定ファイルで変更できる動作の豊富さにあります。

Vimは.vimrcという設定ファイルによってカスタマイズが可能ですが、さまざまなブログ記事などを見ていると、チューンナップされた.vimrcが数多く存在しているのがわかります。筆者も、Vimを使い始めてすぐくらいのときに——どのサイトかはすでに忘れてしまったのですが——評判となっていた.vimrcをダウンロードし、今でも自分なりに改造しながら使い続けています。

筆者の使用している.vimrcは次のサイトにアップしているので、よろしければ使ってみてください。

```
% wget http://tanaka.sakura.ad.jp/vimrc
% mv vimrc ~/.vimrc
```

男は黙ってVim！

カラフルな文字表示と自動インデントで可読性アップ！

　それでは、筆者の思うVimの魅力について紹介しましょう。まず挙げられるのが、ファイルの拡張子に応じたカラフルな文字表示と自動インデントです。

　カラフルな表示をするためには、.vimrcにおいてsyntax onと設定することで可能になります。

```
syntax on
```

　図1に示したのは、test.phpという名前のファイルを編集しているところです。PHPコードが埋め込まれたHTMLソースです。本誌の誌面が白黒ではわかりにくいかもしれませんが、HTMLタグ、JavaScript、PHPコードが、それぞれのシンタックスに基づいて色分けされ、たとえば関数であれば桃色、コメントであれば赤色といったように色が付けられています。

　また、インデントが自動で付与されるのも便利です。たとえば、関数のブロック内(例示している図1の場合では9行目や18行目)において改行を入力したり、oを押して挿入モードにしたりすると、次の行は自動でインデントされた状態となり、わかりやすくインデントを行うことができます。

　このように、可読性を高めてミスの少ないコードを書くために便利な機能が備わっているのが魅力といえます。

　ちなみに、WindowsやMacintoshなどの端末からサーバに接続しているときは、クライアント側からペーストすることもあるでしょう。しかし、インデントがすでにされているテキストをペーストすると、図2のようにVim側でもインデントをしようとして、表示がズレてしまいます。このようなときに便利なのが:aもしくは:iであり、コマンドを入力して改行すると文字列の入力モードとなり、入力後に Ctrl + D で終了させると、入力された文字列がそのままカーソル位置に挿入されます。

```
:a
挿入する文字列
^D ( Ctrl + D )
```

UNDOとREDOの技

　これはVim独自の機能ではありませんが、自動インデントとクライアントからのペーストを利用するときには押さえておきたいコマンドです。

　次に魅力として挙げたいのが、UNDO/REDOを何回もできることです。通常のviであればコマンドモードでuを入力するとUNDO動作を行い、もう一度入力するとREDO動作となり、uを入力するたびにUNDOとREDOが繰り返されます。

　しかし、Vimであればあらかじめ設定された値を上限に、何度でもUNDOやREDOを行うことができます。ちなみに、UNDOがuなのは変わりませんが、REDOする場合は Ctrl + R を入力して行います。

　UNDOできる数の上限は、.vimrcにおいてundolevelsを設定することで可能です。

```
set undolevels=1000
```

▼図1　HTMLファイルを編集するときに色分けがされている

▼図2　インデントのずれを解消する技

第3章 Vim至上主義

マッピングとスクリプト機能の技

ここまでは、あらかじめVimに備わっている機能面の話でしたが、Vimを自分流にできる代表的なものが、マッピング機能とスクリプト機能です。

たとえば、次のように大文字のAを:aにマッピングするように.vimrcを設定しておけば、Shift + A を押すだけで:a Enter が実行され、テキストの貼り付けを行うモードへ移行されます。

```
map A :a<CR>
```

また、スクリプトと併用することで、文字を入力するだけで一連のコマンドを実行することもできます。たとえば、筆者の環境では大文字のRを入力するだけで、編集中のプログラムを実行できるようにしています。

実際に.vimrcへ設定しているのが**リスト1**の内容で、大文字Rを入力することで:CommandRunが実行され、保存をした後でファイルの種別に応じたコマンドの実行が行われます。

ちなみに、Rは文字の置換のコマンドですが、使用頻度が低いためコマンド実行に割り当てることにしています。

このほかにも、よく利用するコマンドについてはマッピングや、スクリプトによる定義を行うことで、毎回の入力を簡略化することが可能です。

▼リスト1　.vimrc設定の抜き出し

```
" スクリプトの実行
if has("autocmd")
  command! CommandRun call s:CommandRun()
  map R :CommandRun<CR>
  function! s:CommandRun()
    :w
    if &filetype == "php"
      :!php %
    elseif &filetype == "perl"
      :!perl %
    elseif &filetype == "ruby"
      :!ruby %
    endif
  endfunction
endif
```

文字コード設定の技

最後に触れておきたいのが文字コードの設定です。

VimではUTF-8をはじめとして多バイト文字を扱えるようになっています。しかし、文字コードの判定に失敗することも少なくありません。このような場合には、:eを使って文字コードを変更することが可能です。

たとえば、読み込んだファイルの文字コードをUTF-8に変更したければ、以下のように入力します。

```
:e ++enc=utf-8
```

ちなみに、私の使用している.vimrcではnmapで次のように , + U で文字コードをutf-8に変更できるようにしています。そのほかにも、, + E でEUC、, + S でShift-JISに変更できて、非常に便利です。

```
nmap ,U :set encoding=utf-8<CR>
nmap ,E :set encoding=euc-jp<CR>
nmap ,S :set encoding=cp932<CR>
```

.vimrcファイルは秘伝のタレだ!

ここまで、筆者がいつも便利だと思っているVimの機能について紹介してきました。

今回のコラムを執筆するなかで、あらためてどれがviのオリジナル機能で、どれがVimで加えられた機能なのか、判断に迷うことも少なくありませんでした。しかし、**.vimrc**におけるマッピングやスクリプトなどの機能についてはVimによってもたらされた素晴らしい機能であることは間違いありません。

老舗のタレのように、誰かからのれん分けされた**.vimrc**を自分の使いやすいように育て続けてみてはどうでしょうか。本稿に触発されて、普通のviでは不便だと思えるくらいにVimを使いこなしてくれたら望外の喜びです。**SD**

第4章 我が友「Emacs」

思考をコード化する道具（エディタ）

設定ファイルの行数は覇気に比例する?!

「エディタというよりもEmacsは環境である」本特集を企画するにあたり、この言葉を何度見て、何度聞いたことか……。Emacsの使い方になじみ自分の手の内にしていく過程で、プログラマは成長していきます（またRubyを育んだ環境でもあるわけです）。本特集ではEmacsとの出会いから、実際に開発に使うまで、さまざまな局面においてヒントになるようにまとめました。まずは気軽にEmacsを使ってみてください！

● 4-1
出会いはある朝突然に　　　　　　　　p.140
Writer 和田 裕介

● 4-2
Emacsユーザの生産効率をアップしてきた
カスタマイズの第一歩　　　　　　　　p.146
Writer 高石 諒

● 4-3
Emacsを俺の嫁にする冴えたやり方　　p.154
Writer るびきち

● 4-4
いつもの環境がどこでも使える！
絶妙の引きこもり型エディタ　　　　　p.161
Writer 水野 源

● 4-5
Emacs環境100%全開テクニック　　　　p.172
Writer 濱野 聖人

● 4-6
Web開発の舞台裏とEmacs　　　　　　p.180
Writer 大竹 智也

● コラム
1) GNU 30周年とアジアのEmacs事情から考えたこと　p.153
Writer 井上 誠一郎
2) もしEmacsがなかったら？ その①　　p.179
Writer 小飼 弾
3) もしEmacsがなかったら？ その②　　p.190
Writer まつもとゆきひろ

本特集でEmacs特有のキー操作を表記する場合は次のように記述します。

- C-n
- C-x C-c
- M-x コマンド名

C-nは、Ctrlキーを押しながらnキーを押すということです。同様に2つめの操作は、Ctrlを押しながらxを押したあと、続けてCtrlを押しながらcを押します。
Ctrlのほかに Alt（Macの場合は option）もよく使います（EmacsではMetaキーと呼ばれます）。この場合の表記はC-の代わりにM-となります。
このほか複雑な表記がありますが、-でつながっている場合は「押しながら」、空白で区切られていたら「一度手を離す」と考えれば（おおむね）よいでしょう。

4-1 Emacsとの「出会い」はある日突然に
~yak shavingと寄り道について~

Emacsもしくはある程度互換性があるエディタを使い始めてから、はや10年以上が経ちます。これから紹介するように、凝ったカスタマイズはまったくしていません。それでもまさに「手に馴染む」エディタとして日々Emacsを使ってコードを書いています。タイピング時のホームポジションが崩れない、プログラミング用のエディタ独特のキーバインドに慣れてしまうととても快適になってしまうのです。今回は僕の個人的なストーリーとして、Emacsとの出会いからさかのぼりつつ、現在の利用法について触れます。

Writer 和田 裕介（わだ ゆうすけ）

- Emacsの設定ファイル行数：150
- ㈱ワディット取締役（Twitter@yusukebe）1981年生まれ。Webアプリケーションエンジニア。未踏ユース準スーパークリエータ。㈱オモロキではCTOとして開発を担当。代表作「君のラジオ」。人気お笑いサイト「ボケて」など。

イラスト：高野涼香

はじめに「ご注意」

本稿ではEmacsの高度な使い方は紹介していません。僕がわりと素の状態から使っているからです。便利とされているorg-modeやflymake、補完機能などはいっさい利用していません。ちなみに僕の「~/.emacs」ファイルは現在で150行ほどでその多くは「mode」の設定になっています。

その代わり、プログラミングエディタの代表格の1つであるEmacsをなぜ使うことになったのか？——を紹介することにより、未だ触ったことがないという方への使うキッカケになれば幸いです。ではいってみましょう。

情報処理の授業でいきなりEmacs

僕が大学生生活を過ごした慶應義塾大学の湘南藤沢キャンパス、通称「SFC」では1年生の最初から「情報処理」という授業があります。当時その授業の実習が、今思えばかなりスパルタでかつ硬派なものでした。というのも、実習のために特別教室に入るとコンピュータが並べられているわけですが、すべてのマシンがSolaris OSのSun端末なのです。DOS/VとWindowsしか触ったことがない僕にとっては衝撃的でした。UNIXと言えば映画ジュラシックパークのラストシーンで登場人物の女の子が「わたし、UNIX

なら使えるわ」という台詞を話していたことくらいしか印象がありません。

秀丸エディタじゃだめなの？

授業内容はUNIXのコマンドを覚えることから始まり、期末にはHTMLを書いてホームページを作って、それが評価されるというこれもまた硬派な感じ。当然ながら、HTMLを書くには何かしらのエディタが必要になるのですが、そこで出会ったのがEmacsでした。

「え、Windowsのメモ帳とか秀丸エディタじゃだめなの？」

140 - Software Design

Emacsとの「出会い」はある日突然に 4-1
yak shavingと寄り道について

内心そう思いながら、Emacsに触れることになります。

Emacsで一番最初に困ったのが「終了のしかた」です。ターミナル上のEmacsを終了させて違う作業をしたいのにコマンドがわからず抜けられない状態になるのです。いまだと手癖で「C-x C-c」と打てますが、その当時は教えられても頭に入らず、すぐに忘れてしまいます。そこで、毎回そのたびに授業を手伝ってくれているティーチングアシスタント、略して「TA」の方を呼んで、教えてもらいました。そういえば、当時、TAの人にほかの困ったことも頼むと、CUIのコマンドを打ちながら問題を解決してくれて、すっごいカッコいいな！って見ていましたが、今の自分ならば自力で解決できるかもしれないと思うとなんだかうれしいような変な気分ですね。

こうして言うならば「Emacs強制ギプス」な出会いでしたが、やはり印象は「なぜこんな難しいことをテキスト書くのに使わなくてはいけないんだ」という感じで、授業が終わってからは一度Emacsをエディタとして使うことから離れて行くのです。

 Emacsっぽいエディタ達

それから1年弱が経ちました。SFCでは何年生からでも研究室に所属できたので、僕はとある研究室に大学2年生から正式にジョインし、そこまで本格的じゃないにしろ、FlashのActionScriptやPHPなどのプログラミングを始めました。

xyzzyでEmacsに目覚める?

当時はWindowsのノートパソコンをおもに使っていて、たしか、秀丸エディタをメインのエディタとして使っていました。ただ、そのときすごく気になっていることがあって、とある先輩方のPCでのコーディングの様子を見るとエディタに「亀」のマークが。

「なんだこのエディタ……」

プログラミング初心者にとってコードを書ける人が使っているエディタには興味が湧くものです。より深く覗き込むと亀のアイコンの横には「xyzzy」と記されているではありませんか。さっそく検索してソフトウェアをダウンロードしてインストール[注1]。使ってみるとメニューが充実しているために秀丸のようなエディタと同じような感覚で使えます。が、いろいろといじっていると以前スパルタ的に覚えたEmacsのキー

注1) xyzzy公式サイト：http://xyzzy-022.github.io/

第4章 我が友「Emacs」
思考をコード化する道具（エディタ）
設定ファイルの行数は覇気に比例する?!

バインドが使えるじゃないか！　そこで、わからないコマンドはメニュー上からマウスで操作し、最低限わかる範囲はマウスを使わずにキーバインドやコマンドだけでなんとかxyzzyを使ってみたのです。すると、

- 昔習得したキーバインドはそのまま使う
- わからない操作はマウスを使いメニューから選択
- 時折マウスを使うのがめんどくさくなる
- 目的とする使い方を検索する。基本xyzzyはEmacsっぽいキーバインド
- たとえばC-kで行単位でカット＝kill-lineできることがわかる
- これ便利だわ〜

という流れができたのです。こうしてxyzzyを使うことで、徐々にEmacs特有の操作を覚えていくことになりました。ひとまず、C-pが上、C-nが下、C-fが右、C-bが左へカーソル移動するのがいちいちキーボードの右下の端にある矢印キーを使わなくても可能になるのがとても便利な印象でした。とくにプログラムをタイピングしているときに指や手を大きく動かすことはストレスになりますからね。そんなこんなで、ある程度マスターすると、当時プロジェクトを一緒にやっていた後輩にもxyzzyを勧めていました。当初は困惑していた彼も僕に質問したり

しつつ、最後にはxyzzyを使いこなしていました。

また、よりEmacsっぽいWindowsのエディタ「Meadow」も触ったりしました。Emacsには「mode」という概念があり、たとえばPerlを書く場合は「cperl-mode」を使い、するとコードに色づけをしてくれるシンタックスハイライトや、インデントの設定ができたりします。こうしたmodeがMeadowだとよりEmacsと互換性が高いのです。

OS XでのEmacs環境

このようにEmacsやそれに近いエディタを使い始め、今ではコードを書く際には手放せないエディタはEmacsです。とはいえ、Emacsに求めていることはキーバインドとmodeとその設定くらいなので、Vimでもいいかもしれないですし、かなり簡易的な使い方をしています。

現在はメインのマシンをMac OS Xにしているので公式なEmacsを使っています。今手元で確認したところ、Homebrewで入れた「GNU Emacs 24.3.1」がそれになります。Mac OS XでEmacsを使っている他のエンジニアの様子を見るとGUIの「Cocoa Emacs」を常用するケースが多いようです。それに対して僕はちょいと特殊な使い方をしていて、Terminal上のシェルから直接CUIのEmacsを「emacs hoge.pl」として立ち上げています。また、Emacs上から直接シェルの操作ができますが、僕の場合は、screenやtmuxなどを使ってEmacsからもう1つのWindow内のシェルに切り替えてプログラムを実行するなどしています（図1）。

ちなみに、Emacsの設定ファイルである「~/.emacs」では次のようなことだけを記述しています。

- 日本語関係の処理
- 色づけを有効にして設定する
- タブを4スペースに

Emacsとの「出会い」はある日突然に

yak shavingと寄り道について

4-1

▼図1 シェルからEmacsを起動

- C-hをバックスペース、C-\ をアンドゥに
- 各種modeの読み込みと設定
- PerlコードをPerltidyを有効に

僕は「dotfiles」と呼ばれるような~/.emacsを含めたユーザごとの各種設定ファイルをDropboxに入れておいて、新しいマシンをセットアップするときにはそのまま流用するようにしています。DropboxではなくともGitHubなどをリモートリポジトリとしてGitで管理しておくのもよいかと思います。

 日々の業務とEmacs

僕は普段の仕事は、Webアプリケーションの開発がメインで、サブとして今回の雑誌への寄稿のような執筆作業をたまにやっています。WebアプリケーションのほうではプログラミングのコードやHTML、CSSなどを編集する際に当然ながらEmacsを使います。1つの環境上で複数のターミナルを立ち上げることができるtmuxを利用し、Emacsやシェルなどを Webブラウザのタブ機能のように切り替えています。すると次のような操作をすばやく行ったり来たりすることになります。

- Emacsでソース編集
- シェルでコードのスクリプトやテストの実行
- Gitリポジトリへのコミットなど
- テストサーバの起動とデバッグ

また、FirefoxやChromeなどのWebブラウザも立ち上げておき、OS Xですと⌘+Tabを押してウィンドウを切り替え、HTMLが描画された結果を見ています。tmuxや同じようなソフトウェアであるscreenを使うことで「コーディングしてから実行する」行為がすばやく行えて良いですね。

もう1つの業務である文章を書くような仕事ではEmacsは使わずに、最近ではWriteRoomというテキストエディタを利用しています（図2）。

OS XのCocoaベースで作られたアプリケーションでは「Emacsもどき」のキーバイドが使えるので、Emacsに限らないで、より文章の執筆に特化したソフトウェアでいいじゃないか！

▼図2　WriteRoom（http://www.hogbaysoftware.com/products/writeroom）

> 僕は普段の仕事では、Webアプリケーションの開発がメインで、サブとして今回の雑誌への寄稿のような執筆作業をたまに行っています。Webアプリの方ではプログラミングのコードやHTML、CSSなどを編集する際に当然ながらEmacsを使います。一つの環境上で複数のターミナルを立ち上げることが出来るtmuxを利用し、Emacsやシェルなどをwebブラウザのタブ機能のように切り替えています。すると以下のような操作を素早く切り替えていくことになります。
>
> - Emacsでソース編集
> - シェルでコードのスクリプトやテストの実行
> - Gitレポジトリへのコミット等
> - テストサーバの起動とデバグ
>
> また、FirefoxやChromeなどのWebブラウザも立ち上げておき、OSXですと「command+tab」を押して結果を見ています。tmuxや同じようなソフトであるscreenを使うことで「コーディング→実行」が素早く行えてよいですね。
>
> もう一つの業務である文章を書くような仕事ではEmacsは使わずに、WriteRoomというテキストエディタを利用しています。
>
> ### yak shavingと寄り道について
>
> さて、ここでちょっと話を変えて「yak shaving」といい意味での「寄り道」について考えてみましょう。

──と思い使い始めたのですが、これがなかなか文章を書くのに集中できてお勧めです。余談ですが、ケースによって、DropboxやGitリポジトリなどを利用すると編集者にすぐ原稿を見せることができて便利ですね。

yak shavingと寄り道について

さて、ここでちょっと話を変えて「yak shaving」という意味での「寄り道」について考えてみましょう。

yak shavingという言葉を初めて聞く方も多いかもしれませんが、この言葉自体は昔から存在しているようです。それを最初にプログラミングという文脈で使い、プログラマ界隈で話題になるキッカケになったのが、おそらく「高林哲さん」のブログ記事「yak shavingで人生の問題の80％が説明できる問題[注2]」です。また、最近になって当の高林さんが宮川達彦さんのPodcast[注3]に出演した際に話題として取り上げられ、ふたたび注目されている概念です。

高林さんの記事から引用させていただくと、yak shavingとは

> 一見無関係に見えるけど、真の問題を解くのに必要な問題を解くのに必要な（これが何段階も続く）問題を解くのに必要な活動

注2）http://0xcc.net/blog/archives/000196.html
注3）http://rebuild.fm/

4-1 Emacsとの「出会い」はある日突然に
yak shavingと寄り道について

となります。このyak shavingにおける「問題を解くのに必要な活動」の1つが我々にとっての「エディタの使いこなし」に当たるかと考えています。プログラムを書くにはまずそれを書くための道具が必要になりますからね。さて、エディタを使おう！——という初期の段階ではこんなエピソードに遭遇することがあります。

何かの問題を解決するためにプログラムを書きたい！　ただそのためには、書くためにはエディタが必要になる。世の中にはVimとかEmacsとか最近では「Sublime Text」なんてーのもあるけどどれがいいのかな？　調べてみよう。へ？　Sublime Textはすぐ使いこなせそうだなぁ。でも世の中のハッカー達はVimかEmacsを使っているよね。どっちにしようかな？　VimとEmacsで宗教戦争があるってどういうこと……？

こうした活動がyak shavingの定義における「問題を解くのに**本当に必要なもの**」に当たるかは、議論があるので、ここでは「寄り道」という言葉を使いますが、エディタを含む環境構築には寄り道を含め、時間を費やしてしまいがちです。

そこでいかに寄り道にかける時間を少なくし、目的を達成するかが理想のように思えます。事実、僕は目的達成を目指すためのプログラムを書くことを最優先するため、エディタにおいては最小限の設定にしているふしがあります。よくViやVimをメインエディタにしている人は「どこにでもデフォルトで入っているから」という理由で利用している方も多く、そうした方々は「寄り道率」が低い感じの印象です。

ただ、寄り道が「悪」であるわけではまったくなく、むしろ最適な寄り道をすることで本来の目的達成をより効率的に行ったり、寄り道から得られる知識やスキルなどもあるでしょう。また、それ自体が楽しみといったこともあり得ますね。すると「寄り道」という言葉がふさわしくないほど有益になります。

yak shavingにおける活動や寄り道という行為はバランスを保ちながら行うことが重要ですし、人それぞれどこに労力を費やしたいかという意図が個性にもつながるところだと思っています。だからこそ、エディタはEmacsじゃなくてもよいでしょうし、Emacsのカスタマイズ具合もさまざまでよいかと思います。yak shavingはプログラムを書くのに必要な行為であり、それがプログラマたるもの必須な通り道。寄り道も加えて適度に行うとよいでしょう。

 まとめ

僕の個人的なEmacsとの出会いからyak shavingを取り上げたエディタに対する考え方を紹介してきました。プログラミング言語の取捨および習得と同じで「誰かが使っているから！」「かっこいいから！」という単純な理由で始めてもよいですし、本稿の次から紹介されるカスタマイズ性の高さなどEmacs本来の魅力に惹かれて使うのもアリでしょう。どのように使うのであれ、Emacsは手に馴染むエディタであることはたしかです。Emacsを使って楽しくコードを書きましょう！ **SD**

4-2 Emacsユーザの生産効率をアップしてきたカスタマイズの第一歩

~定番になるにはワケがある!~

Writer 高石 諒
（たかいし りょう）

Emacsとカスタマイズとは切っても切れない関係です。そこで、本稿ではEmacsのカスタマイズの魅力や定番の設定について紹介します。

- Emacsの設定ファイル行数：1,900行
- 学生時代に使いやすいエディタを探していて、Emacsに辿りつきました。最近はVimやIDEも使います。好きなEmacs拡張はorg-mode。Twitter@r_takaishi

Emacsカスタマイズの魅力

皆さんはEmacsの魅力といえば何を思い浮べるでしょうか？　筆者は、やはり好きなようにカスタマイズができる、その自由度ではないかと思います。Emacsに限った話ではありませんが、カスタマイズしようと思えばどこまでも凝ったことが可能です。これはメリットでもありデメリットでもあります。

カスタマイズしすぎることによるデメリットとして、他の環境（他人のマシンやサーバなど）では不便になるということが挙げられます。カスタマイズした環境が使えないので、普段より不便な手段で作業することになり、効率が悪くなるのです。

このデメリットは見方を少し変えると必ずしもデメリットではありません。他の環境で使えるエディタの操作方法も覚えておけば、とくに不便になることはありません。手元の環境では自分の手になじむように設定したものを使えばよいのです。筆者はGUI上のEmacsとコンソール上でのVimを並行して使っており、他の環境などでの作業はVimを使ったりしています（場合によってはEmacsのTRAMP注1を使って編集することもあります）。

また、Emacsという限られた環境でいろいろできるようにカスタマイズする、というのは楽しいものです。必ずしも実用的ではないかもしれませんが、盆栽のようにお気に入りの設定を育てていく楽しみがあります。ただ、くれぐれも「手段が目的と化してしまう」ことにならないようお気をつけください。どこまでもカスタマイズできるため、「仕事の息抜きに設定していたら夕方になっていた」などという事故が起こることがあります。いわば、勉強の休憩につい部屋の掃除をしてしまったり、引越しの準備中に出てきた本をうっかり最後まで読んでしまうような中毒性があるのです。

設定方法について

本節ではEmacsの設定を変更する方法について説明します。なお、GNU Emacs 24.5.1 for Mac OS Xをもとに執筆しています。

Emacsの設定には、GUIで行う方法と自分で設定ファイルを書く方法の2種類があります。GUIの場合、設定できる項目をカテゴリ別に見たり、検索したりすることが可能です。「こういう設定ができるかどうか」を調べる場合、GUI上でカテゴリから絞り込んでいくのも1つの手です。また、設定済みの項目を一覧で見ることも可能です。一方、自分で書く場合は、標準では満足できないときに自分で動きを変えるような、

注1）本章4-5を参照。

4-2 Emacsユーザの生産効率をアップしてきたカスタマイズの第一歩
定番になるにはワケがある！

かなり凝ったことができます。

普通に使う分にはGUIでの設定で十分ですが、GUIでの設定に対応していないパッケージを使う場合には自分で設定を書くしかありません。また、自分で設定を書く場合は、多少なりともEmacs Lispの書き方を知っておく必要があります（Emacs LispについてはChapter 3を参照）。どちらの方法も一長一短ですので、自分に合った方法を利用してみてください。

GUIで設定を行う

Emacsは自分で設定をすべて書く必要があるエディタだ、と思っている人もいるかもしれませんが、GUIで設定を行う手段も提供しています。GUIと言ってもテキストファイル上でボタンなどが使えるだけなので、イメージと違う人もいるかもしれません。とはいえ、自分で設定を書く際に必要になるEmacs Lispを使うことなく、かなり広い範囲の設定を行うことができます。

カスタマイズ機能（以降、customizeとします）を呼び出すには、ツールバーの[Options]→[Customize Emacs]→[Top Level Customization Group]を選択して呼び出します注2。

実行すると、グループと呼ばれる単位で整理されたメニューが表示されます（図1）。自分でインストールした外部パッケージでも、customizeに対応していればここから設定できます。初めてEmacsの設定を行う場合や、どこから手をつけていいかわからない場合には便利でしょう。

customizeを実行すると、画面の上部に検索メニューが表示されています注3。たとえば、インデントに関する設定をしたいけど設定項目がわからない、という場合は「indent」と入力して検索すると、その語を含む設定項目の一覧が表示されます。

▼図1　M-x customize

検索メニューの下にある2つのボタンは、そのバッファで設定した項目の適用や保存、リセットです。

- [Revert]……そのバッファで触った設定をリセットします
- [Apply]……バッファ内で変更した設定を適用します。この操作による適用は、Emacsを終了すると、次の起動時には引き継がれません
- [Apply and Save]
  ……バッファ内で変更した設定を適用し、ファイルに保存します。Emacsを終了しても、起動時に引き継がれます

customizeに関する他の機能としては、表1のようなものがあります。

さて、customizeで実際に設定を行ってみましょう。customizeを呼び出して、検索ワードに「linum-mode」を指定して検索します。すると、図2のような画面に切り替わります。

8行目の「▽」の横、「Global Linum Mode」は設定名です。そして、その横に[Toggle]というボタンがあり、これをクリックすることで設定を切り替えます。Toggleボタンの右側には設定の

注2) Mac OS Xの場合はツールバーの[Emacs]→[Preference]、もしくは Command + , で呼び出し可能です。ちなみにコマンドのM-x customizeでも同様です。

注3) M-x customize-aproposでも検索することが可能です。

第4章 我が友「Emacs」

思考をコード化する道具（エディタ）
設定ファイルの行数は覇気に比例する?!

▼表1　customizeに関係する操作

[Options]→[Customize Emacs]→[All Setting Matching...]	指定したパターンにマッチするオプションとフェイス、グループを一覧表示する
[Options]→[Customize Emacs]→[Browse Customization Groups]	オプションを折り畳み／展開できるツリーとして表示する
[Options]→[Customize Emacs]→[Custom Themes]	テーマ一覧を表示する
[Options]→[Customize Emacs]→[Saved Options]	ファイルに保存された設定の一覧を表示する

▼図2　検索結果

▼リスト1　設定結果（.emacs）

```
(custom-set-variables
 ;; custom-set-variables was added by ⏎
Custom.
 ;; If you edit it by hand, you could ⏎
mess it up, so be careful.
 ;; Your init file should contain only ⏎
one such instance.
 ;; If there is more than one, they ⏎
won't work right.
 '(global-linum-mode t))
```

有効／無効が表示されています。

　設定を反映するには、[Apply]ボタンをクリックします。[Apply and Save]の場合は設定を反映し、.emacsに保存します（.emacs.d/init.elがある場合はそちらに保存されます）。また、設定として何か入力する必要がある場合は、テキスト入力エリアが表示されます。設定を保存した後に.emacsを見ると、リスト1のように設定が追加されています。

自分で設定を書く

　Emacsの標準機能やcustomize用のインターフェースを持つパッケージの設定を行う場合、customizeは大変便利です。しかし、インターフェースを持たないパッケージの設定や、自分で機能を拡張したりする場合はcustomizeで設定することができません。この場合、自分で設定やコマンドを設定ファイルに書く必要があります。

　Emacsの設定を書くファイルは何種類か選ぶことができます。Emacsは起動時に「~/.emacs」か「~/.emacs.el」、「~/.emacs.d/init.el」を順番に探し、読み込みます。ですので、これらのファイルに設定を書いておけば、その設定が有効になります。

　ちなみに、筆者は「~/.emacs.d/init.el」派です。.emacs.dディレクトリの中に設定ファイルをすべてまとめて管理できるので、バックアップや他の環境との同期が楽なためです。

　たとえば、GUI設定で例にしたlinum-modeを有効にする設定を書く場合は、.emacsや.emacs.d/init.elなどに次のように記述します。

```
(global-linum-mode t)
```

　これでcustomizeで有効にしたのと同じ結果となります。次節から紹介する定番の設定例は、設定ファイルに書き込めば使えるようになっていますので、まずはここから慣れていってください。

定番＆お勧め設定

　さて、Emacsにおける設定方法についてはおおまかに理解していただけたかと思います。この節では、Emacsを使っている人なら設定して

4-2 Emacsユーザの生産効率をアップしてきたカスタマイズの第一歩

定番になるにはワケがある!

> **Note** 設定ファイルを文芸的プログラミングする
>
> プロフィールにも書いたのですが、筆者はorg-mode[注a]が大好きで、Emacsの設定ファイルもorg-modeで書いています。具体的には図Aのようにテキスト内に設定ファイルのコードを記述していて、ここからEmacs Lispのファイルを生成し、設定ファイルとして読み込んでいます。
>
> なぜこのような方法をとっているのかというと、ソースコードとドキュメントを分離したいからです。詳細は割愛しますが、いわゆる文芸的プログラミング[注b]をEmacsの設定ファイルで行っているわけです。
>
> しくみですが、org-modeにはテキスト中のプログラムコードだけを抽出して、ソースコードとして別ファイルを生成する機能があります。この機能を使って、各設定ファイル(orgファイル)がEmacsの起動時にソースコード(elファイル)へコンパイルされます。さらに、バイトコード(elcファイル)にコンパイルされ、最終的にロードされます。
>
> org-modeで設定を書いておくことで、org-modeの機能を使ってHTMLやPDFなど、いろいろなフォーマットに変換できるようになるのが便利です。実用的かどうか、と言われるとそうでもないかもしれませんが、楽しみの1つとして取り入れてみてはいかがでしょうか?
>
> ▼図A org-modeで設定
>
>
>
> 注a) 本章4-4、4-5参照。
> 注b) http://ja.wikipedia.org/wiki/文芸的プログラミング

いるのでは?というような設定を紹介していきます。これからEmacsを使ってみようという方や、使い始めたばかりでどういう設定をするのが良いのかわからない方は、まずこれらの設定をしてみてはいかがでしょうか。

見た目に関する定番設定

ここでは、設定のオン/オフで目に見える変化があるものを紹介します(リスト2)。

①menu-bar-mode

フレームにメニューバーを表示するかどうかを決める設定。設定ファイルに書く際は、引数を1にすると表示を有効に、0にすると無効

②tool-bar-mode

フレームにツールバーを表示するかどうかを決める設定。menu-bar-modeと同様、設定ファイルに書く際は、引数を1にすると表示を有効に、0にすると無効

▼リスト2 設定すると目で見て違いがわかるもの

```
;;メニューバーを非表示にする
(menu-bar-mode 0)   ←①
;;ツールバーを非表示にする
(tool-bar-mode 0)   ←②
;;スクロールバーを非表示にする
(scroll-bar-mode 0) ←③
;;モードラインにカーソル位置の行番号を表示する
(line-number-mode 1) ←④
;;モードラインにカーソル位置の列番号を表示する
(column-number-mode 1) ←⑤
;;カーソル位置の行を強調表示する
(global-hl-line-mode t) ←⑥
;;起動時のメッセージを非表示にする
(setq inhibit-startup-message t) ←⑦
;;yesかnoではなく、yかnで答えられるようにする
(defalias 'yes-or-no-p 'y-or-n-p) ←⑧
;;ダイアログボックスを使わないようにする
(setq use-dialog-box nil) ←⑨
;;対応する括弧を強調表示する
(show-paren-mode t) ←⑩
```

③scroll-bar-mode

スクロールバーを表示するかどうかをトグル設定。menu-bar-modeと同様、設定ファイルに書く際は、引数を1にすると表示を有効に、0にすると無効

④ **line-number-mode**

モードラインに行数を表示するかどうかをトグル設定。menu-bar-modeと同様、設定ファイルに書く際は、引数を1にすると表示を有効に、0にすると無効

⑤ **column-number-mode**

モードラインに列数を表示するかどうかをトグル設定。menu-bar-modeと同様、設定ファイルに書く際は、引数を1にすると表示を有効に、0にすると無効

⑥ **global-hl-line-mode**

カーソルがある行をハイライト表示。今、画面のどこにカーソルがあるのかわからないというトラブルを防ぐことができる

⑦ **inhibit-startup-message**

起動時のメッセージを表示しないようにする設定。inhibit-startup-screenのエイリアス

①〜③は、使わないものは非表示にして画面をすっきりさせる設定です。使い始めたばかりだったり、これから使ってみようというユーザの場合は有効にしておいて、使わなくなってきたら非表示にするとよいかと思います。

⑦で設定できる起動時のメッセージですが、この画面からチュートリアルやマニュアルを参照できたり、新しくファイルやカスタマイズ画面を開くことができます。①〜③と同様、不要になったら無効にすればよいでしょう。

Emacsを使っていると、"yes-or-no-p"と聞か

れてyesかnoかを入力する機会があります。しかし、3文字もしくは2文字を毎回入力するのは少し面倒です。この対処法として、"yes-or-no-p"を"y-or-n-p"のエイリアスにしてしまうテクニックが⑧です。エイリアスとすることで、すべて「y」か「n」の1文字で回答できるようになります。

⑨のように use-dialog-box の変数を non-nil[注4]に設定すると、ダイアログから「はい」か「いいえ」を答える質問やマウスでファイル選択する操作が、ダイアログではなくミニバッファからの操作となります。

⑩の show-paren-mode を有効にすると、カーソルが括弧上(括弧開きの場合は括弧の上、括弧閉じの場合は括弧の次)にあるとき、対応する括弧をハイライト表示してくれます。括弧が入れ子になるような場合、非常に便利な設定です。

その他の定番設定

ここでは見た目はほとんど変化しませんが、設定しておくと便利なものを紹介します(リスト3)。

⑪の gc-cons-threshold は、ガベッジコレクションを実行した後、次に実行するまでにLispオブジェクトに割り当てるメモリのバイトサイズです。閾値であり、このサイズを越えるとガベッジコレクションが実行されます。初期状態では40,000です。この値を大きくするとガベッジコレクションの実行回数が少なくなり、結果としてEmacsの動作が速くなるようです。

⑫ **kill-whole-line**

この変数を non-nil に設定することで、kill-line(C-kで実行できる1行削除するコマンド)で行末の改行文字も削除する

⑬ **message-log-max**

メッセージログバッファが保持するログの最大行数を設定。標準では1,000だが、筆者は10,000行ほど保持するようにしている

▼リスト3 見た目は変わらないが設定しておくと便利なもの

```
;;ガベッジコレクションを実行するまでの
;;割り当てメモリの閾値を増やす
(setq gc-cons-threshold (* 50 gc-cons-⤦
threshold))   ←⑪
;;kill-lineで行末も削除する
(setq kill-whole-line t)   ←⑫
;;ログの記録量を増やす
(setq message-log-max 10000)   ←⑬
;;履歴存数を増やす
(setq history-length 1000)   ←⑭
;;重複する履歴は保存しない
(setq history-delete-duplicates t)   ←⑮
```

注4) nil以外。通常、「t」を指定します。

Emacsユーザの生産効率をアップしてきたカスタマイズの第一歩
定番になるにはワケがある！ 4-2

⑭ **history-length**
ミニバッファのヒストリを保存する数。標準では30だが、筆者は大きめに確保している

⑮ **history-delete-duplicates**
non-nilにすることで新しくヒストリ追加する際に重複するものがあれば追加しない

定番のキーバインド

Emacsの設定といえば、キーバインド設定は欠かせません。どのキーにどのコマンドを割り当てるか、Emacsユーザなら日々悩んでいるはずです。また、キーバインドの設定は人によってかなり差が出ると思うので、いろいろな人のキーバインド設定を見るのはかなりおもしろいものです。ここでは定番のキーバインドについて紹介します（リスト4）。

⑯の設定は定番中の定番キーバインドではないでしょうか。¥C-hには初期状態ではヘルプコマンドが割り当てられています。しかし、入力しやすいこのキーバインドをヘルプに使わせるのはもったいないものです。そこで、カーソル前の1文字を削除するコマンドである **delete-backward-char** を割り当てます。ホームポジションのまま Backward 操作が行えるのは非常に便利です。

⑰の **backward-kill-word** はカーソル前の1語を消します。カーソル後の1語を消す **kill-word** に対応したコマンドです。たとえば、**delete-char** に **C-d**、**delete-backward-char** に **C-h**、**kill-word** に **M-d**、**backward-kill-word** に **M-h** を割り当てるときれいに対応させることができます。

⑱は指定した行にジャンプするコマンドです。

⑲の **new-line-and-indent** は、新しく空行を挿入して、メジャーモードに合わせてインデントを調整します。筆者は一石二鳥なこのコマンドがお気に入りです。

定番のパッケージ

ここではEmacs本体に同梱されているパッ

▼リスト4　定番キーバインド設定

```
;;カーソル前の文字を1文字消す
(global-set-key "¥C-h" 'delete-backward-
char)   ←⑯
;;カーソル前の1語を削除する
(global-set-key (kbd "M-h") 'backward-
kill-word)   ←⑰
;;入力した行にジャンプする
(global-set-key (kbd "M-g") 'goto-line) ←⑱
;;改行して、インデントの調節を行う
(global-set-key (kbd "C-m") 'newline-
and-indent)   ←⑲
```

ケージで、設定しておくと便利なものを紹介します（リスト5、図3）。

■バッファに行番号を表示（linum-mode）

linum-modeはバッファの左側に行数を表示するパッケージです。今ファイルの何行目あたりを編集しているのかがひと目でわかり、大変便利です。人によっては、**line-number-mode** を有効にしているので不要、という人もいるかと思います。

⑳ **global-linum-mode**
Emacs全体でlinum-modeを有効にする場合、引数に1を渡す。全体で無効にするには0を渡す

㉑ **linum-format**
行数をどのようにして表示するかの設定。デフォルトは「dynamic」で、桁数に応じて幅が変わる。"%4d"のような文字列を設定すると最初から4桁分の幅を確保する

■今いるのはどの関数の中かモードラインに表示する

プログラムを書いているとき、今カーソルがあるのは何という名前の関数の中なのかを知りたいことがあるかと思います。**which-function-mode** は、モードラインに今カーソルがある関数の名前を表示してくれます。ちなみに、org-modeやoutline-modeだと、見出しを表示してくれます。

㉒ **which-function-mode**
1を引数に渡すと有効に、0を渡すと無効になる

第4章 我が友「Emacs」

思考をコード化する道具エディタ　設定ファイルの行数は覇気に比例する?!

▼図3　定番パッケージ

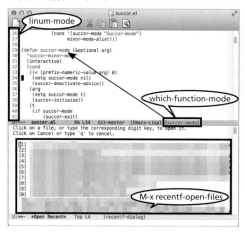

▼リスト5　定番パッケージの設定

```
;;常にバッファ左に行番号を表示する
(global-linum-mode 1)     ←⑳
;;行番号の表示領域として、
;;4桁分をあらかじめ確保する
(setq linum-format "%4d")  ←㉑
;;カーソルがどの関数の中にあるかを
;;モードラインに表示する
(which-function-mode 1)    ←㉒
;;最近使ったファイルを記録する
(require 'recentf)          ←㉓
(setq recentf-save-file "~/.recentf")←㉔
(setq recentf-exclude '("~/.recentf"))←㉕
(setq recentf-max-saved-items 5000)  ←㉖
(setq recentf-auto-cleanup '10)      ←㉗
(run-with-idle-timer 30 t 'recentf-save⤵
-list)                    ←㉘
(recentf-mode 1)            ←㉙
```

■最近使ったファイルを記録する（recentf）

recentfは、最近開いたファイルやディレクトリを記録するパッケージです。履歴は"~/.recentf"に保存されます（リスト4の㉓）。保存先は`recentf-save-file`で設定できます（リスト4の㉔）。筆者は、"~/.emacs.d"以下を自宅と職場の端末で共有しているので、初期設定のまま（~/.recentf）にしています。

`M-x recentf-open-files`でファイル一覧が表示されます。開きたいファイルで[ENTER]を押すことで、ファイルを開くことができます。直近10個にはショートカットが用意されており、[1]～[0]で開けます。anything.elやhelm[注5]と組み合わせるとかなり便利になると思いますが、ここでは割愛します。

㉘の（`run-with-idle-timer 30 t 'recentf-save-list`）では履歴の自動保存を設定しています。recentfがファイルに履歴を保存するのは、初期状態ではrecentf-modeを起動したときか、Emacsの終了時です。これだとEmacsが異常終了した場合には保存されません。そこで、`run-with-idle-timer`を使って、定期的に`recentf-save-list`を実行します。例では、30秒に一度保存しています。

㉖ recentf-max-saved-items

直近何個の履歴を保存するかを設定する。初期状態は20個

㉗ recentf-auto-cleanup

履歴リストをいつクリーンアップ（重複や除外の整理）するかを設定する。デフォルトはmodeでモードはオン。neverは自動的にクリーンアップしない。数値の場合は指定間隔ごと。"12:00am"のように時刻を文字列で指定するとその時刻にクリーンアップする

㉙ recentf-mode

recentfを有効にする

おわりに

Emacsの設定方法と、定番の設定・パッケージについて紹介しました。GUIで設定を行うcustomizeは結構多機能なので、ぜひ一度使ってみてください。また、定番の設定ということで、比較的多くの人が設定しているであろう項目を紹介しましたが、もちろん人によっては「この設定は絶対有効にしない」というものもあると思います。使う人ごとに全然違うエディタになるのがEmacsです。ぜひ、こだわりの設定を見つけて、快適なエディタライフを送ってください。**SD**

注5）本章4-3参照。

Column 1

GNU 30周年とアジアのEmacs事情から考えたこと

Writer 井上 誠一郎（いのうえ せいいちろう）
アリエル・ネットワーク㈱／㈱ワークスアプリケーションズ
Mail inoue@ariel-networks.com／inoue_se@worksap.co.jp
● Emacsの設定ファイル行数：400行

■ GNUプロジェクト30周年

この原稿を書いている今、GNUプロジェクト30周年が自分のまわりで話題です。GNUのWebサイト注1によると、今から30年前の1983年9月27日にリチャード・ストールマン氏がGNUプロジェクトの開始宣言をネットニュースに投稿したようです。今こうして自分がEmacsに関する記事を書いていると、末端とはいえ、30年前のストールマン氏の思いを受け継ぐ重みを感じます。

■ アジアのEmacs事情

個人的な話になりますが、ここ3年ほど、縁あってインド・中国の多くの大学生と話す機会があります。延べ100人以上と話をしました。全員IT系の有名大学の学生です。インドではインド工科大学（通称IIT）やIIIT（トリプルアイティー）、中国では精華大学や浙江大学、上海交通大学などの学生です。彼らが大学でどんな勉強をしているのか、どんなプログラミング言語を好んでいるか、どんな開発ツールを使っているのかなどの話をしました。当然、開発ツールの代表格はテキストエディタなので、彼らの好みのテキストエディタの話を聞く機会も多くあります。

結論から書くと、彼らに人気のテキストエディタはVimです。100人超に聞いたうち半数強がVimユーザでした。

残り半数がEmacsユーザです、と言いたいところですが、残念ながら残りの大半は統合開発環境（おもにEclipse）でコードを書き、テキストエディタを開発に使う習慣がありませんでした。使用テキストエディタを聞くとgedit（GNOMEのデフォルトエディタ）をあげる程度です。

100人超のうち、Emacsユーザには過去4人しか会えていません。Emacs特集にとっては悲しい現実ですが、これがインドと中国の実情です。2025年には世界の人口の4人に1人がインド人か中国人になると言われる中、Emacsにとっては暗い未来が見えてきそうです。

■ 彼らに伝えたいEmacsの価値

しかし未来は変えられます。Emacsの良さを彼らに伝えたい善意の心が半分、自分の得意スキルが陳腐化するのは面白くないと思う自己中心的な思惑が半分で、彼らにEmacsの良さを説こうと考えています。

Emacsの良さは拡張可能なアーキテクチャと自由なソフトウェアの意志の2つです。

ソフトウェアアーキテクチャとライセンスは本質的には直交しています。しかしEmacsの価値を考えるには2つを同時に考える必要があります。そして世界中にこの価値に共感した大勢のハッカーたちがいます。彼らが30年近い年月で作り上げた資産がEmacsです。Emacs本体はGNUプロジェクトの成果ですが、Emacsを語るとき、その周辺のEmacsアプリの資産とハッカー文化が暗黙に含まれています。これら、Emacs周辺のソフトウェア資産はもはや文化的遺産と呼んでもよいはずです。長い歴史と文化を持つインド人と中国人にもきっとこの価値は通じるはずです。

■ 最後に誤解のないように

VimもまたUnixツールボックスの偉大な文化的遺産です。筆者はVimを否定するために彼らにEmacsを勧めるわけではありません。Vimとは別の世界があることを伝えたいだけです。今年のインド・中国行きが楽しみです。GNUプロジェクト40周年に向けた種まきが始まります。 SD

注1）http://www.gnu.org/gnu/initial-announcement.html

※本稿の初出は2013年11月号です。

4-3 Emacsを俺の嫁にする冴えたやり方
～Emacsは仮想的なLispマシン～

マルチコア化が進んでも、古強者Emacsは存分に存在感を見せつけてくれます。本稿ではEmacsライフを充実させるelispの使いこなしの手がかりを紹介します。Emacsはテキストエディタの顔をしたLispマシンです。これをカスタマイズするのがelispです。パッケージをそろえ、お勧めのhelmやeshellを導入すれば、理想の「嫁」ができあがります。

Writer るびきち
(rubikitch) twitter@rubikitch

- Emacsの設定ファイル行数：13,601行、それでもダイエットしました。
- 理想のEmacsを追い求めて20年。elisp好きです。S式好きです。括弧好きです。Emacs秘密サークル運営中！仲間は随時募集しています。長時間乾電池駆動モノクロ液晶軽量モバイルEmacsマシンを作るのが夢。
Blog ● http://rubikitch.com/

Emacs充してますか

御無沙汰しています。るびきちです。Emacs充してますか？　本稿ではelispを紹介しますが、その前に近況を話させてください。

2013年6月、10年間愛用していたPCが故障して買い換えることになりました。シングルコアのPentium4から最新Core i7になったことで別次元の性能になりました。とくにLinuxカーネルのコンパイルは3時間以上かかっていたものがわずか10分、agによるカーネルソース検索もキャッシュなしで数秒で出るほどです。10年間の性能向上に驚くばかりです。

しかし、Emacsに関してはさほど速くなっていないのです。期待が大きかった分「まあまあ速くなったかな」程度なもので劇的な差はありませんでした。生憎突然故障してしまったため、計測データがないのは残念です。

原因は容易に想像できます。10年前からCPUのクロック周波数が頭打ちになり、その代わりマルチコアの路線にシフトしました。単一コアあたりの性能向上は数倍くらいでしかないので、シングルスレッドでしかないelispプログラムの速度向上はさほど期待できないのでしょう。おそらくCore i7とi3で比較しても大差ないと思います。

むしろPentium4のPCにSSDを導入したときの変化のほうが劇的でした。SSDは小さいファイルのランダムアクセス速度がHDDの数十～数百倍なのでEmacsの起動が超高速になったのです。

そして、Emacsを本格的に使い倒したいのならばOSはWindowsよりもGNU/Linuxだと実感しました。筆者はAtomのネットブック（メモリ1GB）も持っていますが、XPからDebian GNU/LinuxのSSDに換装しました。APTのおかげであっさりシステムが構築できました。おまけにファイルアクセスが速く、Unisonによる同期は数分かかっていたものが数秒で終わります。WindowsだとAPTがないうえにSSLや文字コードなどでいらない苦労をたくさんしましたが、余計なストレスがないのはうれしいものです。WindowsをUNIX的に使うのはどうしても限界があります。低性能と馬鹿にされて衰退してしまったネットブックも、今や電源投入後わずか20秒でEmacsが立ち上がる爆速起動マシンと化しました！

SSDにGNU/Linuxを入れれば、たとえほかの部分が貧弱であってもEmacsは超快適に使えます‼　Emacsに限らず体感速度には歴然とした差があります。

elisp!――チューニングの限りを尽くして

Emacs使いはなぜelispを書くのでしょうか？

4-3 Emacsを俺の嫁にする冴えたやり方
Emacsは仮想的なLispマシン

setqひとつ、requireひとつ、コピー&ペーストであっても立派なelispです。

それは、自分にとって使いやすい環境を構築するためにほかなりません。好きなelispを選び、好きな変数を設定し、自作コマンドを書いたり……自作？　そう、自作です！

自作といえば、おそらく自作プログラムや自作PCを思い付く人が多いでしょう。Emacsの環境設定を自作PCのノリでやると、もっと楽しめます。なぜ自作したいのかというと、与えられたものをそのまま使うのではなくて、自分でコントロールしたいからですよね。せっかく自作PCをやるならばフリーでチューニングの限りを尽くせるソフトウェアを使うことはもちろん、OSもGNU/Linuxなどにしないともったいないです。

EmacsはそれE体が自作環境、自作Emacsなのです！　Emacsはテキストエディタの顔をしたLispマシンです。いつでも好きなときに好きなelispプログラムを読み込め、自由に組み合わせられます。変数を設定すれば再コンパイルすることなく即時Emacsに反映されます。ほぼすべてをユーザがコントロールできます。

さあ、理想の環境の扉を開きましょう。

elispは基本的にカスタマイズとグルー言語

elispはご存じのとおりEmacsでの強力なカスタマイズ言語です。変数を設定することや自作コマンドで自分の使いやすいようにEmacsを変形できます。

そればかりかelisp単体でそれなりのアプリケーションが作れます。GnusやMewなどのメーラ、eshellというシェル、テトリスや五目並べといったゲーム、orgなどの巨大なメジャーモードがあります。けれども、elisp単体ではマルチコアを活かせないため、大きなデータを処理するには荷が重いです。

そのため、Emacsで大量のデータを処理するには外部プロセスとのやりとりが重要になって

▼図1　emacs-w3m（テキストブラウザ）

きます。たとえばM-x grepはgrepを呼ぶことで大量の文書から検索を行い、その結果をEmacsから簡単に開けるようになっています。emacs-w3mもw3mを呼ぶことで実用的な速度のWebブラウザになっています（図1）。このように外部プログラムで本処理を行い、elispはユーザインターフェースを担当するのが、Emacsで処理速度と操作性を両立させるコツです。elispのみでgrep相当のプログラムは書けますが何百倍も遅いです。餅は餅屋です。

これからelispを覚えるならば、キーカスタマイズやちょっとしたコマンドを作ってみてください。これだけで十分快適になります。それらを通してLispという言語を好きになれば、堂々と「Emacsは俺の嫁」宣言してください（笑）。

自作Emacsに何を載せる？

Emacsは仮想的なLispマシンです。すでにCPU、メモリなどが装着してあり、これだけでも動作する小さなPCをイメージしてください。そして、このPCの特徴は、無限個の拡張スロットが存在することです。Emacsの環境構築とは、この仮想的な自作PCを構築することです。

自作PCならば好きなパーツを選べます。たとえばマザーボードにサウンド機能（オンボードサウンド）がついていますが、より高音質を楽しみたいならば外部サウンドカード・オーディオ

第4章 我が友「Emacs」

思考をコード化する道具（エディタ）／設定ファイルの行数は覇気に比例する?!

インターフェース・DACなどを増設します。それと同様にEmacsの標準機能に満足しなければ外部のelispプログラムを導入することになります。そして、UEFI（BIOS）でパラメータチューニングするように、変数やキーバインドを調整していきます。

では何を入れればいいのでしょうか？……これは人それぞれ好みや背景が異なるので一概に言えないのですが、筆者の長年の経験から主観を交じえてお勧めを紹介していきます。

パッケージの設定

まずやっておくべきことは、elispパッケージシステムが使えるようにすることです。Emacs24からpackage.elが標準添付となり、外部elispプログラムが簡単に導入できるようになりました。Debian系のAPT、PerlのCPAN、RubyのGemに相当するものが、Emacsの世界にもやっと登場したのです。

デフォルトではELPA（4-6参照）しか有効になっていないので、事実上標準のMarmaladeとMELPAも有効にしておきます。これらも有効にすることでインストールできるパッケージの幅が一気に広がります（リスト1）。

パッケージをインストールする前には`M-x package-refresh-contents`あるいは`M-x list-packages`を実行して最新情報に更新しておく必要があります。

`M-x list-packages`からは直感的にパッケージをインストール・削除できます。`i`でインストールするパッケージを選択、`d`で削除するパッケージを選択し、`x`でインストールします。

とりわけパッケージ更新機能は便利で、`Ux`で最新パッケージのインストールと（現在インス

トールされている）古いパッケージを削除を同時にしてくれます。

helm——Emacsの「舵」

そして、今Emacsを使うのならば忘れてはならないのがhelmです。helmはanything.elの進化形で、細かい違いはあれど同じような使い勝手です。

helmは、Emacsの「舵」と名乗るだけあり、Emacsのパラダイムを逆転させます！　通常はコマンドのあとに処理対象を指定するのですが、helmは処理対象を指定してからアクションを指定するのです。たとえば、`C-x C-f test.txt`で`test.txt`を開きますが、helmを使うと`test.txt`を指定したあとに「開く」というアクションを指定します。もし、最近使ったファイルに`test.txt`が含まれているならば、`test`と入力すれば`test.txt`が出てくるのでそのまま`Return`を押せば開けます。アクションは対象を選択したあとにTABを押せば一覧できます。処理対象とアクションは独立しているので、「最近使ったファイルXをview-modeで開く」のように元のコマンドが存在しないアクションも行えます。言葉で説明するよりも、実際に使えばいかに便利かがわかることでしょう。

```
M-x package-install helm
```

helmの設定はinit.elの後のほうに追加してください。なぜなら、helmは多数のほかのelispに依存しているからです（リスト2）。

▼リスト2　helmの最小設定

```
(require 'helm-config)
```

▼リスト1　パッケージを有効にする

```
(require 'package)
(add-to-list 'package-archives '("marmalade" . "http://marmalade-repo.org/packages/"))
(add-to-list 'package-archives '("melpa" . "http://melpa.milkbox.net/packages/") t)
(package-initialize)
```

Emacsを俺の嫁にする冴えたやり方　4-3
Emacsは仮想的なLispマシン

初めてhelmを使うのであれば、バッファと最近使ったファイルを選択できる`M-x helm-mini`を使ってみましょう。基本的な使い方は画面に出てくるので自ずとわかってきます。カレントディレクトリのファイルやブックマークなども選択できる`M-x helm-for-files`もあります。

helmについて詳しく解説すると、1冊の本になるレベルなので特別に便利なコマンドをいくつか紹介しておきます。

`M-x helm-occur`はoccurとisearchを合体させたようなもので、極めて強力な機能です。migemoも効きます。このためだけにhelmをインストールしても損はしません。

`M-x helm-apropos`はコマンド・関数名・変数名を検索し、説明を表示したり定義へジャンプしたりできます。

`M-x helm-colors`は色名・RGB・フェイスを選択できます。フェイスのカスタマイズもそこからできます（**図2**）。

他にも無数のコマンドが定義されており、「helmを制する者がEmacsを制する」と言っても過言ではありません。基本的にはanything.elを踏襲しているので、anything.elの解説も参考になります。

open-junk-file――保存できる*scratch*バッファ

*scratch*バッファはEmacsを起動したときに作られている落書き用バッファです。メジャーモードは`lisp-interaction-mode`で、elisp式を即評価できるようになっています。コードを殴り書きするためのものです。

しかし、*scratch*バッファにはEmacsを終了したら消えてしまう欠点があります。PCの電源を切ると内容が消えてしまうRAMディスクのようなものです。殴り書きとはいえせっかく書いたコードが消えてしまうなんて、とてももったいないことです。将来同じような問題に出喰わしたときに再び解かないといけないのは時間の無駄です。

*scratch*バッファを保存するelispは存在し

▼**図2**　RGBのカスタマイズ

▼**リスト3**　open-junk-file.elの設定

```
(require 'open-junk-file)
(setq open-junk-file-format "~/junk/%y
%m%d/%H%M%S.")
(global-set-key (kbd "C-x C-z") 'open-
junk-file)
```

ますが、より便利な解決策を用意しました。特定のディレクトリに殴り書き用のコードを全部保存すればいいのです。そうすればあとでgrep検索できます。

これを行うのが拙作open-junk-file.elです。~/junk以下に日付をベースとしたファイル名を開くだけの小さなelispです。パッケージからインストールします。

```
M-x package-install open-junk-file
```

そして、**リスト3**の設定を行います。

`open-junk-file-format`はファイル名のフォーマットを指定します。途中のディレクトリは必要ならば自動で作成します。2013/12/25 12:34:56に`M-x open-junk-file`を実行したら、ミニバッファに「~/junk/131225/123456.」というファイル名が出てきます。拡張子を入力して Return を押せばファイルが用意されます。もちろんファイル名は自由に変更できます。たったこれだけですが、サッとファイルを開いて任意の言語で殴り書きできるのは便利ではないでしょうか。

`global-set-key`は、Emacs全体で有効にな

第4章 我が友「Emacs」

思考をコード化する道具 エディタ

設定ファイルの行数は覇気に比例する?!

るキーにコマンドを割り当てます。キーの指定方法はいろいろありますが kbd を使うのが手軽かつ確実です。

eshell——OS非依存のEmacsシェル

Emacs ひきこもり生活をしている筆者が使っているシェルは eshell です（図3）。名前が示すように elisp で書かれたシェルで、Emacs と融合しています。フル elisp のため、elisp を書けば完全に自分の思いどおりの挙動にカスタマイズできます。通常の端末上のシェルでのカスタマイズは限定的なのに対して、eshell には無限の可能性があります。気に入らない挙動は elisp で修正できるので、自分好みの eshell を構築できます。eshell のパワーは elisp のスキルに比例して大きくなります。理想のシェル環境を追い求めるのも elisp プログラミングの動機としてアリです。

フル elisp には OS に依存しないという付随的メリットがあります。UNIX系 OS に馴染んでいる人が Windows マシンを使わされている場合でも、eshell ならば何の障害もなく使えます。

eshell には elisp 式を評価する機能があります。elisp の評価方法は `*scratch*` や `M-:` や `M-x ielm` などがありますが、eshell も仲間に加えてください。`M-x shell` よりも Emacs との親和性が強く、かつ elisp 式が評価できるのが eshell です。helm と eshell は Emacs 上の2大インターフェースではないでしょうか。

シェルコマンドの出力をバッファや変数にリダイレクトする eshell ならではの機能もあります。ファイルの内容を変数に設定するのはとても簡単です。

eshell のエイリアスは一度定義するとファイルに保存されるので、他の eshell でも即使えるうえ、Emacs 終了後にも有効になります。

ここまでほめちぎったものの、eshell にも欠点が2つほどあります。カバーできるので安心してください。

1つは、w3m や alsamixer などの画面志向のプログラムがそのままでは動作しないことです。端末を作成して呼び出す、あるいは GNU Screen や tmux で新たなウィンドウを作成する alias を定義すれば対処できます。速度を求めないならば elisp で書かれたターミナルエミュレータ `M-x term` を使う方法もあります。

もうひとつは、リダイレクトやパイプの実装が甘いことです。「`cat < file`」といった入力リダイレクトが実装されていません。さらに出力リダイレクトとパイプがバイナリデータや大容量のデータに使えません。Emacs のバッファを一時保存領域として使っていることからくる制限です。ポータビリティと Emacs との親和性が高い反面、性能が犠牲になっています。とはいえ小容量のテキストを扱うには十分です。eshell のリダイレクトで扱えない場合は、通常のシェルを呼び出すことで解決できます。

eshell は標準添付なので設定なしでも使えます。`M-x eshell` で eshell を立ち上げます。`C-u` を付けると新しい eshell になります（図4）。

elispと戯れたいなら

elisp を書くならば、ぜひとも入れておきたいパッケージがあります。いずれも package からインストールできます。

・lispxmp……………………式の後ろに値を注釈する

▼図3　OS非依存のEmacsシェル eshell

4-3 Emacsを俺の嫁にする冴えたやり方
Emacsは仮想的なLispマシン

- paredit……………………Lispの括弧の対応に沿った編集モード
- auto-async-byte-compile…保存時に自動バイトコンパイル
- rainbow-delimiters………括弧に色をつける

```
M-x package-install lispxmp
M-x package-install paredit
M-x package-install auto-async-byte-
compile
M-x package-install rainbow-delimiters
```

▼図4　eshellの実行

```
Welcome to the Emacs shell
~ $ ls ~/.emacs.d/init.el
/r/.emacs.d/init.el
```
エイリアスを定義
```
~ $ alias ll 'ls -l $*'
~ $ ll ~/.emacs.d/init.el
-rw-r--r-- 1 rubikitch users 190  8月 28
04:23 /r/.emacs.d/init.el
```
パイプ
```
~ $ cat ~/.emacs.d/init.el | wc
      5      14     190
```
入力リダイレクトは未対応なのでshを呼び出す
```
~ $ sh -c 'wc < ~/.emacs.d/init.el'
 5 14 190
```
バイナリのパイプも扱えないのでshを呼び出す
```
~ $ sh -c 'wget -O- http://download.
savannah.nongnu.org/releases/ratpoison/
ratpoison-1.4.6.tar.xz | tar xJvf -'
……(省略)……
```
バッククォートは {}
```
~ $ ll { which emacs-24.3 }
-rwxr-xr-t 1 root root 14453433  7月 16
18:48 /usr/local/bin/emacs-24.3
```
変数にリダイレクト
```
~ $ cat ~/.emacs.d/init.el | wc > #'a
~ $ echo $a
      5      14     190
```
w3mはeshellでは動かないのでターミナルエミュレータから起動
```
~ $ urxvt -e w3m http://www.gnu.org/
software/emacs/
```
elisp評価機能
```
~ $ (setq x 100)
100
~ $ (+ x 1)
101
~ $ (mapconcat 'identity load-path "¥n")
/r/.emacs.d/elpa/all-1.0
/r/.emacs.d/elpa/auto-complete-
20130330.1836
/r/.emacs.d/elpa/bm-20130226.1440
……(省略)……
```

lispxmpは行末の「; =>」の後にその行の式の値を注釈するものです。Rubyのxmpfilterをelispに移植しました。実行結果を外部に書くのではなく、ソースコードに埋め込むのでとても見やすくなります。elispの学習では必携のツールです。

pareditはLispの括弧を空気にしてくれるelispです。たとえば、開括弧を入力したら閉括弧も入力されてその間にカーソルが行きます。閉括弧だけを消すことはできなくて()の間にカーソルが行ったときに両方の括弧を同時に消すようになっています。elispでは括弧の対応が崩れたときのダメージが甚大なので、pareditを使うことで崩れないように保護します。

auto-async-byte-compileは保存と同時にバイトコンパイルをしてくれます。elispを更新してもバイトコンパイルを忘れると変更が反映されないという困った仕様なのでバイトコンパイル忘れを自動的に予防します。名前が示すとおり、バイトコンパイルはバックグラウンドで行われ、作業が中断しません。

rainbow-delimitersは括弧の階層ごとに色が付きます。どれに対応する括弧なのかがひと目でわかるようになります(リスト4)。そして、画面が楽しくなります(笑)。

今後……

1975年に最初のEmacsが産声を上げて40年を迎えました。今日広く使われているGNU Emacsも30才を過ぎました。そして今なお開発は続けられています。本物のLispインタプリタを搭載したこのテキストエディタは筆者含め熱狂的なファンを数多く生み出してきました。Emacsは不滅であり、Emacsのスキルは一度習

第4章 我が友「Emacs」

思考をコード化する道具 エディタ

設定ファイルの行数は覇気に比例する?!

▼リスト4　elisp環境設定

```
;; emacs-lisp-modeでC-c C-dを押すと注釈
(require 'lispxmp)
(define-key emacs-lisp-mode-map (kbd "C-c C-d") 'lispxmp)
;; 括弧の対応を取りながら編集
(require 'paredit)
(add-hook 'emacs-lisp-mode-hook 'enable-paredit-mode)
;; ~/junk/以外で自動バイトコンパイル
(require 'auto-async-byte-compile)
(setq auto-async-byte-compile-exclude-files-regexp "/junk/")
(add-hook 'emacs-lisp-mode-hook 'enable-auto-async-byte-compile-mode)
;; 括弧に色付け
(add-hook 'emacs-lisp-mode-hook 'rainbow-delimiters-mode)
```

得すればずっと使えます。筆者は新しいコンピュータには真っ先にEmacsをインストールし、eshellが使えるようになったら一安心します。大工にとっての道具箱のような存在だからでしょう。

Emacsの何が人を惹き付けるのでしょうか？

恐らく、Emacsが醸し出す自作PCのような雰囲気や育成ゲーム要素でしょう。Emacsにおける不満は、elispを書けばたいてい解決できます。そして、チューニングを施しつつ長く使っていくうちに自分の手足の一部になってきます。

Emacsとの相性はelispの好感度に比例します。とはいえ、elispの深みに無理して入る必要はないです。すでに素晴らしいelispプログラムはたくさん存在するので、それらをうまく活用できれば十分です。キーカスタマイズができれば理想の環境に近付けます。余裕があればコマンドを作ったり、アドバイスを書けばよいです。

elispは手軽に始められます。アイデアがすぐに実装できる楽しい言語です。コマンドが自作できるようになれば、プログラミングの楽しさを再発見できます。同時に、elispは本物のLispなのでLisp入門にも適しています。今使われている言語もLispを参考にしたものが多いので、常用している言語を違った角度でとらえることもできます。

終わりに

最後に宣伝させてください。筆者はEmacsの秘密サークルを運営しています。メルマガで即戦力となるスキルを配信し、読者の疑問に個別対応する活動をしています。メルマガ『Emacsの鬼るびきちのココだけの話』を講読することで参加できます。お互い真剣に責任を持って活動していくため、月々527円となっています。有料にすることで、筆者は質の高い情報を毎週配信する義務が生じます。読者は無料情報よりも真剣に受け取るようになり、上達がグーンと早くなります。Emacsという一生モノのスキルに投資[注1]してみませんか？

Emacsが誕生してからかなりの年数がたっているのに、人々を熱狂の渦に誘うelispプログラムが誕生しているのは、とてもすばらしいことです。ここでは紹介しきれなかった、bm、org-babel、auto-complete、calfw、magitなどもお勧めです。

「Emacsはとても楽しい！」

ということで筆を置きたいと思います。 **SD**

注1）http://www.rubyist.net/~rubikitch/melmag.html

4-4 いつもの環境がどこでも使える！絶妙の引きこもり型エディタ

～OSを渡り歩くユーザも安心～

OSが起動したらEmacsを実行するだけで、仕事はすべてEmacsの中ですませる。そんなスタイルだって不可能じゃないと思わせるほどの多機能ぶり。日本語入力システムまでEmacsに内包してしまえば、OS間で異なるインプットメソッドの扱い方をも解消できます。本稿を読んで、Emacsの懐の広さをあらためて感じてください。

Writer 水野 源
（みずの はじめ）

- Emacsの設定ファイル行数：約1,000行
- ㈱インフィニットループ。高校生の頃「なんかカッコいい」という中二心あふれる理由から、MS-DOSではなくBSDを使ったのがEmacsと出会ったきっかけでした。それ以来、Emacsは生活の一部になっています。

はじめに

㈱インフィニットループ所属の水野です。筆者は日常的にEmacsを利用しており、gihyo.jpのWeb連載「Ubuntu Weekly Recipe」においても、何度かUbuntuとEmacsに関する紹介記事を執筆しています。そんな関係もあってか、今回光栄にもEmacs特集に執筆の機会をいただけることになりました。

筆者はEmacsそのものやEmacs Lispプログラミングについてはそれほど詳しいわけではないため「本当に自分なんかの記事でいいのか？」という思いが正直なところです。ですがせっかくの機会ですので、筆者なりに感じているEmacsの魅力や、Debian/Ubuntuの中の人が考えるEmacs環境（の一部）といった面から、Emacsを紹介したいと思います。

Emacs is Environment

Emacsとは、ご存じのとおりUnixライクなOSにおいて、Vimと人気の双壁をなすテキストエディタのようなものです。Emacsはまぎれもなくテキストエディタとして使えるアプリケーションなのですが、世間のEmacsユーザは、Emacsをもっと大きなものとしてとらえているようです。筆者も周囲に「Emacsとはなんぞや？」と聞いてみたところ、

「Emacsは宇宙だ」
「人生に必要なものはすべてEmacsの中にある」
「わたしの、最高の友達」

などなど、さまざまな答えが返ってきました。おそらく読者の皆さんの周りにいらっしゃるEmacsユーザも、おおむね似たような意見をお持ちなのではないかと思います。

Emacsのサイト注1では、Emacs自身を「GNU Emacs is an extensible, customizable text editor - and more.」と説明しています。Emacsのキモは、この「extensible」の部分にあります注2。

Emacs Lispというプログラミング言語があります。Emacs Lispはその名のとおり、Emacsで利用されているLispの方言です。EmacsはEmacs Lispプログラムを評価することによって、自分自身の機能を拡張することができます。実際、Emacs自身は非常にコアな部分の機能しか持っておらず、テキストエディタ部分をも含む機能の大部分は、Emacs Lispプログラムとして実装されています。そしてホームディレクトリに置かれるEmacsの設定ファイルもまた、Emacs Lispプログラムそのものです。Emacsの設定とは、Emacs Lispプログラムを記述して、

注1) http://www.gnu.org/software/emacs/
注2) あるいは「and more」の部分かもしれません ;p

第4章 我が友「Emacs」

思考をコード化する道具(エディタ)

設定ファイルの行数は覇気に比例する?!

自身の拡張を行うことに他なりません。このことからEmacsとはつまり、Emacs Lispを実行するためのプラットフォームであると言えるでしょう。

Emacs Lispで実装された、Emacs上で動作するアプリケーション(Emacsの拡張機能)は数多く存在します。Emacsのことをよく知らない人であれば、テキストエディタのプラグイン機能のようなものを想像するかもしれません。しかしEmacsのそれは、一般的なプラグインの範疇に到底収まりきるものではありません。ファイラーやメールクライアント、Webブラウザ、IRCクライアント。最近ではTwitterクライアントや、動画編集機能まであります。一般的なコンピュータ上で利用される機能はおおよそ実装されているのではないか。そうとさえ思えるその多機能ぶりは、1つのOSのようだと言われることもあるほどです。

Emacsは単なるエディタではなく、環境である

「Emacs」の名前の由来は「Editing MACroS(エディタのマクロ)」だそうですが、今現在「Emacs」の「E」は、「Environment」の「E」と言えるかもしれません。

いつもの環境を、あらゆる場所で

当然の話ですが、Emacs Lispで記述された拡張機能は、Emacsが動けば動きます。Emacsが移植されている環境であれば、普段使っている拡張機能をそのまま利用することができるわけです注3。

たとえば、Ubuntuではモバイルデバイス向けに「Ubuntu Touch」というOSを開発中です。Ubuntu Touchの日本語入力は開発中であるため、日本語を入力することができません。ですが、ターミナルはすでに実装されています。Ubuntu TouchではARM用のUbuntuのパッケージがそのまま利用できるため、Emacsをインストールし、ターミナル上で動作させることができます。ですのでEmacs上で日本語入力システムのDDSKK(後述)を利用すれば、Ubuntu Touchでも日本語入力が可能になるわけです注4(写真1)。もちろん、Ubuntu Touchのソフトウェアキーボードでは、実際問題としてEmacsを実用レベルで運用することはできません注5。ですがこのように未完成なOS上であっても、Emacsさえ動けばいつもの環境で作業できるというのは、Emacsの特徴がよくわかるエピソードではないかと思います。

Emacsさえあれば、いつもの機能がすべて使える

多機能さ、Emacsさえ動けばなんとかなると

▼写真1　Ubuntu Touch上の端末で動作しているEmacs

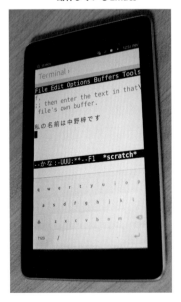

注3) もちろん外部プログラムをキックするような拡張機能はそれらのプログラムに依存するため、この限りではありません。

注4) ちなみにUbuntu Japanese Teamのリーダーである小林さんはこれを見て、「Emacsの中でできたからといって、そのOSでできたことにはならんだろう」と言っていました。やはりEmacsという環境は、ある意味隔離された特別な場所のようです。

注5) Ubuntu Touchのソフトウェアキーボードには独立したCtrlキーがなく、Ctrl+任意のキーという入力を行うことができないためです。C-x(一般的にはカット)やC-c(一般的にはコピー)などは特殊な操作で入力できるため、Emacsを終了することはできますが、嬉しくもなんともありません。

162 - Software Design

いう安心感、そして絶妙の引きこもり感注6が、Emacsの魅力の1つではないかと筆者は考えています。

愛用のEmacs拡張

まっさらな状態のEmacsを、ビルトインの機能のみで使うなどということは、まずありえないでしょう。筆者のEmacsにも自分向けのカスタマイズがされており、日常的に多くの拡張機能を利用しています。

ここでは筆者が利用している拡張機能の中から、「筆者の生活に必要不可欠なもの」「あまりメジャーではないけれども、筆者が気に入っているもの」をいくつか紹介します。

twittering-mode

デスクトップの隅にはTwitterクライアントが常駐し、常にタイムラインをチェックしている……。本誌の読者であれば、そのような人も珍しくないと思います。

一般的なEmacsユーザであれば、Twitterやメールのようなテキストの読み書き作業は、すべてEmacs上で完結させたいと考えるのが自然です。そこで登場するのが、Emacs上で動作するTwitterクライアント「twittering-mode」です。twittering-modeは、ツイートの投稿やタイムラインの表示といった基本的な機能はもちろん、ハッシュタグやツイートの検索、複数のタイムラインをまとめて表示するマージタイムライン機能などを搭載しています。**リスト1**はtwittering-modeの設定例です。

twittering-modeは`M-x twit`を実行して起動します。デフォルトではhomeタイムラインがバッファに表示されますが、最近のワイドディスプレイを搭載したPCであれば、ウィンドウ

▼**リスト1** twmodeの設定の例

```
(setq twittering-timer-interval 90)
;; 90秒ごとに自動更新
(setq twittering-display-remaining t)
;; モードラインにAPIの残数を表示
(setq twittering-icon-mode t)
;; アイコン画像を表示
(setq twittering-edit-skeleton
'inherit-any) ;; 返信時、返信先に
含まれるハッシュタグと@をすべて引き継ぐ
```

▼**リスト2** 起動時に複数のタイムラインを表示する関数

```
(defun my-twit ()
  (interactive)
  (delete-other-windows)
  (split-window-horizontally)
  (balance-windows)
  (twit)
  (cond
   ((twittering-account-authorized-p)
    (switch-to-buffer ":home")
    (other-window 1)
    (twittering-visit-timeline ":replies")
    (other-window 1))
   (t
    (delete-other-windows)))))
```

を分割して複数のタイムラインを表示したくなるかもしれません。これはラッパー関数を定義すれば注7、簡単に実現できます。**リスト2**では、ウィンドウを左右に分割した後にtwittering-modeを起動し、それぞれのウィンドウでhomeタイムラインと、repliesタイムラインを表示する、my-twit関数を定義しています。また新着ツイートを受信した際のフックを定義することも可能です。マニュアル注8にあるとおり、**リスト3**のようなフックを定義すると、UbuntuのNotify OSDを利用して、新着ツイート数をデスクトップに表示させることができます（**図1**）。

このように、ちょっとした工夫で自由に処理を拡張できるのも、Emacsのよい所ですね。

注6）「ログインしたらとりあえずEmacsを起動し、あとはEmacsの中ですべての作業を行う」といったスタイルで作業を行うエンジニアも少なくありません。とくにGUIを持たないサーバ環境ではなおさらでしょう。

注7）参考：第4回 関西Emacs勉強会 初心者向け twittering-modeのススメ
http://www.slideshare.net/masutaka/twitteringmode

注8）http://www.emacswiki.org/emacs/TwitteringMode-ja#toc26

第4章 我が友「Emacs」

思考をコード化する道具（エディタ）
設定ファイルの行数は覇気に比例する?!

▼リスト3　notify-osdの設定

```
(if (locate-library "notify-send" nil exec-path)
    (add-hook 'twittering-new-tweets-hook
              #'(lambda ()
                  (let ((n twittering-new-tweets-count))
                    (start-process "twittering-notify" nil "notify-send"
                                   "-i" "/usr/share/emacs/24.5/etc/images/icons/hicolor/48x48⤵
/apps/emacs.png"
                                   "New tweets"
                                   (format "You have %d new tweet%s"
                                           n (if (> n 1) "s" "")))))))
```

▼図1　Notify OSDを利用したポップアップ表示

▼図2　org-modeで書かれている本原稿のテキスト

org-mode

「org-mode」は、Emacs用の強力なアウトラインエディタです。筆者はすべての原稿を、org-mode上で書いています。もちろん本稿も例外ではありません（図2）。

org-modeでは階層化されたツリー構造のテキストを簡単に記述することができます。その機能は膨大でとても書ききれませんが、筆者はメモや原稿執筆に、おもに次の機能に魅力を感じて利用しています。

・見出し単位で階層の上げ下げ、移動が行える
・脚注を簡単に挿入できる
・表の作成ができる
・画像やリンクの挿入ができる
・HTMLやLaTeXとしてエクスポートできる

詳細は本章の4-5も参考にしてください。

popup-select-window

Emacsでは、フレームの中に複数のウィンドウを同時に表示することができます[注9]。ウィンドウを分割している状態でC-x oを押すと、カレントウィンドウを次のウィンドウに切り替えます。しかしこれでは、シーケンシャルにしかウィンドウを切り替えられません。また、2ストロークのキーバインドであるためキーの連打がしにくく、3つ以上のウィンドウが存在している場合、切り替えに非常に苦労することになります。

このようにEmacs標準のウィンドウ操作コマンドはお世辞にも使い勝手が良いとは言えません。これを改善するための拡張機能はいろいろ

注9）Emacsのウィンドウとは、一般的なGUIにおけるウィンドウとは異なるものを指します。Emacsでは、いわゆるGUIにおけるウィンドウのことをフレーム、フレームの中でバッファを表示している領域のことをウィンドウと呼んでいます。

4-4 いつもの環境がどこでも使える！絶妙の引きこもり型エディタ
～OSを渡り歩くユーザも安心～

▼リスト4　popup-select-windowの設定例

```
(global-set-key "¥C-xo" 'popup-select-window)  ;; C-x oにpopup-select-windowをバインド
(setq popup-select-window-popup-windows 2)     ;; ウィンドウが2つ以上存在する際にポップアップ表示する
(setq popup-select-window-window-highlight-face '(:foreground "white" :background "orange")))
;; 選択中のウィンドウは、背景をオレンジにして目立たせる
```

▼図3　3つに分割したウィンドウをポップアップで選択している状態

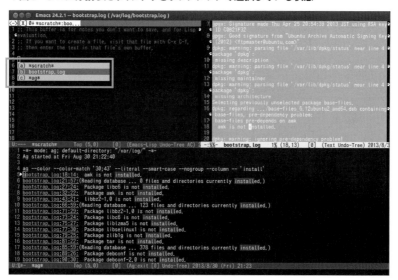

と存在するようですが、その中でも筆者は、直感的でわかりやすい「popup-select-window」を愛用しています。

popup-select-window[注10]は、現在開いているウィンドウの一覧をポップアップ表示し、C-n/C-pや英字キーで選択することを可能にします。変数popup-select-window-popup-windowsには、ポップアップを表示するウィンドウの最小個数を設定します。デフォルト値は「3」なので、ウィンドウが2個しかない場合は標準のother-windowが実行され、3個以上のウィンドウが存在した場合にのみ、ポップアップが表示されます（図3）。

このように空気（ウィンドウ数）を読んで挙動を変えてくれるため、C-x oにpopup-select-windowをバインドし、標準のother-windowと置き換えてしまうのがお勧めです（リスト4）。筆者はpopup-select-window-popup-windowsに「2」を設定し、ウィンドウが複数存在する場合には必ずポップアップ動作を行うようにしています（リスト4）。これは「ある機能は常に同じ動きをしてくれる」方が筆者の好みだからです。

popup-select-window-window-highlight-faceでは、選択している切り替え先ウィンドウの背景色と文字色を設定できます。筆者は通常の背景色と極端に違う色を設定して、選択中のウィンドウを目立たせています（リスト4）。

 ag.el

「The Silver Searcher[注11]」（またの名をag）という、高速なgrepの代替プログラムが最近話題

注10）http://www.emacswiki.org/emacs/popup-select-window.el

注11）https://github.com/ggreer/the_silver_searcher

第4章 我が友「Emacs」

思考をコード化する道具エディタ

設定ファイルの行数は覇気に比例する?!

になっています。agそのものはgrepと同様、コマンドラインから実行するユーティリティプログラムで、「ag.el[注12]」は、このagをEmacs上から利用するためのフロントエンドにあたります。

Emacs上で`M-x ag`を実行すると、ミニバッファに「Search string:」と表示されますので、検索したい文字列を入力します。続いてミニバッファに「Directory:」と表示されたら、検索対象とするディレクトリへのパスを入力してください。なおデフォルトで"現在開いているバッファのファイルが存在するディレクトリ"が指定されています。検索が完了すると「*ag*」というバッファが作成され、検索結果が表示されます。このバッファ上で編集したい行にカーソルを動かして`C-c C-c`を押すと、該当するファイルを新しいバッファで開き、該当個所へカーソルがジャンプします(図4)。

ag.elには「ag-project」という関数も用意されています。これは現在開いているファイルがバージョン管理下にある場合、そのコードリポジトリのルートディレクトリを、自動的に検索対象に指定するという動作を行います。つまり検索対象ディレクトリの指定を省略して、コードツリー全体を検索することができるわけです。git cloneしたソースコードをいじっているような場合は、`M-x ag`よりも`M-x ag-project`を利用すると便利でしょう。

ちなみにDebianにおいては、筆者がagとag.elのパッケージメンテナンスを行っています。詳細は、筆者によるUbuntu Weekly Recipeの記事も参照してください[注13]。

鬼軍曹.el

`C-n/p/f/b`でのカーソル移動をはじめとしたEmacsのキーバインドは、Emacs以外の場所でも多く採用されています。たとえばシェルが代表的な例でしょう。このように、UnixライクなOS上で作業するのであれば、たとえEmacsそのものは使わなくても、Emacsキーバインドに慣れておくほうが便利です。

「鬼軍曹.el[注14]」は、Emacsキーバインドを強制するマイナーモードです。具体的には鬼軍曹を有効にした瞬間から、カーソルキー、[ENTER]キー、[TAB]キー、[BackSpace]キーといった、Emacs的には必須ではない(しかし一般的には主要な)

注12) https://github.com/Wilfred/ag.el

注13) http://gihyo.jp/admin/serial/01/ubuntu-recipe/0287
注14) https://github.com/k1LoW/emacs-drill-instructor/wiki

▼図4 ag.elの検索結果(下)と、検索結果から開いた該当箇所(上)

いつもの環境がどこでも使える！絶妙の引きこもり型エディタ　4-4
～OSを渡り歩くユーザも安心～

キーが使用できなくなり、使用すると警告メッセージが表示されるようになります（図5）。

実は筆者も長い間`C-i`と`C-m`を使うクセが身につかず、TAB、ENTERキーを直接叩いていました。そんな筆者ですが、鬼軍曹によるブートキャンプのおかげで、今ではEmacsを正しいキーバインドで使えるようになりました（図6）。Emacsのキーバインドを身につけたい人には、まさにうってつけの拡張と言えるでしょう。

「カーソルキーなんて地の果てにあるキーを使ってると、右手がホームポジションに戻ってくる前に戦争が終わっちまうぞ！」

「Sir! Yes, Sir!」

Emacsと日本語入力

Emacs上で動く日本語入力システム

私たちが普段利用している日本語はキーボードから直接入力することができないため、何らかの日本語入力システムを利用する必要があります。Ubuntu 15.10日本語Remixでは、インプットメソッドにFcitx、日本語変換にはMozcが採用されています。日本語を入力する場合は、まず`C-SPC`か半角/全角キーで入力メソッドをMozcに切り替えてから、入力したかなを漢字に変換します。これはEmacsも例外ではなく、Emacsのウィンドウや Emacsが起動しているターミナルエミュレータに、Mozcで日本語を入力することが可能です。

筆者はWindows、Mac、Linuxと、複数の環境を利用して作業を行っています。Emacsはマルチプラットフォームのアプリケーションですので、どのOSでも利用することができますが、日本語入力システムはそうはいきません。WindowsであればMS-IME、Macであればことえりというように、環境によって使える日本語入力システムには違いがあります。日本語入力システムの操作性の違いは作業効率に直結するため、環境が変わることによるコストは無視できません。そこで登場するのが、Emacs Lispで書かれた、Emacs上のモードとして動作する日本語入力システム「DDSKK[注15]」です。

Ubuntu Touchの例でも紹介しましたが、Emacs上で動作するDDSKKは、当然ながらOSの違いによる影響を受けません。Emacsさえ動けばどこでも、同じ操作で日本語入力ができます。これがDDSKKを使う最大のメリットです。Emacsの拡張機能であるため、当然Emacsとの

[注15] もともとSKKと呼ばれる、Emacs上で動作する日本語入力システムが存在しました。DDSKKはその後継の実装となります。

▼図5　「カーソルキーを動かす前と後にサーと言え！」「Sir! C-n, Sir!」

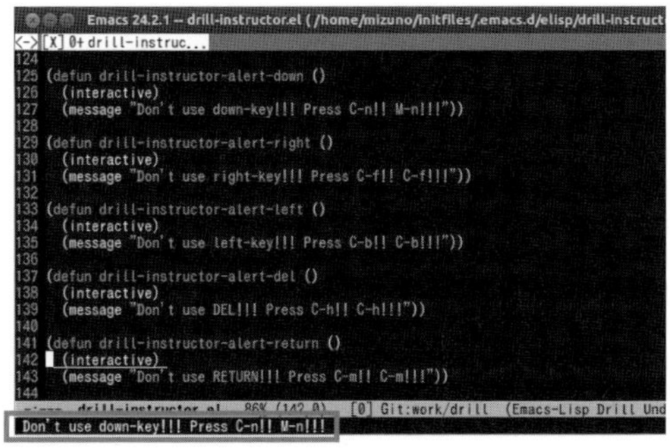

▼図6　筆者の環境には、警告をポップアップするように改造した、pos-tip対応版がインストールされている

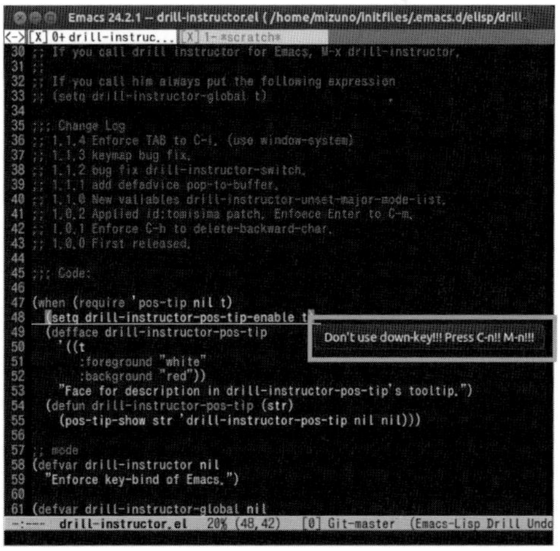

親和性も抜群です。他のインプットメソッドを使うと後述のコラムのように、Emacsのキーバインドをインプットメソッドが横取りしてしまうことがありますが、DDSKKならばそのような心配は無用です。

ほかにもよくあるケースとしては、日本語入力ができない端末を使って、ssh越しに日本語入力をしたい場合などでも、EmacsとDDSKKは役に立つでしょう。

UbuntuでDDSKKを利用するには、ddskkパッケージをインストールします。Emacsを起動したら、`C-x C-j`でskk-modeがオンになります。

SKKの特徴

一般的なインプットメソッドでは、入力された文章を自動で形態素解析し、品詞を特定し、部分ごとに変換を行います。しかしどんなに精度の高いプログラムであっても、「構文解析ミス」をゼロにすることはできません。そこでSKKは「漢字と送り仮名の区切りをユーザが手動で入力して指定する」というアプローチを取っています。これが他のインプットメソッドにはない、SKK最大の特徴です。

また入力中に、シームレスな辞書登録や登録削除が行えるのも便利な特徴です。辞書になくて変換できない単語に遭遇したときも、専用の辞書登録ツールなどを使用する必要はなく、変換中にその場で登録ができ、その瞬間から変換が可能になります。

誤解のないよう言っておくと、SKKはそれほど効率のよい日本語入力システムではありません。少なくとも速度に関して言えば、ATOKやMozcといった一般的な日本語入力システムには勝てないでしょう。しかしSKKの魅力は速度ではなく、プログラムによる解析ミスがそもそも存在しないため、変換時に文節区切りを指定しなおすような手戻りが存在しない（プログラムのミスのせいでイラっとすることがない）という点。そして繰り返しになりますが、Emacs上で動作するという点です。

▼リスト5　SKKサーバを利用する設定

```
(setq skk-server-host "localhost")
(setq skk-server-portnum 1178)
```

SKKサーバを使う

SKKは、システムで共有している書き換え不能な辞書と、ユーザごとに用意される個人辞書を併用して変換を行っています。この個人辞書には個人が登録した単語だけでなく、変換履歴も追記されていくのがポイントです。そのためSKKでは、使用頻度の高い単語ほど優先的に候補に挙げられ、結果として高いヒット率を誇ります。

DDSKKは辞書をバッファに読みこんで変換を行うため、辞書のサイズによってはEmacsのメモリの使用量が多くなることがあります。また使用する辞書を変更する際に、Emacsを再起動するというのも面倒です。この問題は辞書をフロントエンドで持たず、SKKサーバを利用することで解決できます。ここではSKKサーバとして、「yaskkserv」を利用する例を紹介します。

Ubuntuでyaskkservを利用するには、yaskkservパッケージをインストールします。また変換にSKKサーバを利用するため、.emacsにリスト5の内容を記述します。

yaskkservはインストール時に、システムにインストールされているSKK辞書を変換し、"/usr/share/yaskkserv"以下に取り込みます。しかしデフォルトの状態では、ある程度の人名地名や複合語を含んだ一般的な辞書である「SKK-JISYO.L.yaskkserv」のみが使用される設定になっています[16]。他の辞書を同時に使用したい場合は[17]、"/etc/default/yaskkserv"に使用する辞書を列挙します（図7）。

---

[16] この際辞書ファイルが直接指定されるのではなく、alternativesを利用して、間接的に使用する辞書を指定するようになっています。

[17] yaskkservパッケージをインストールした際に、郵便番号、人名、法律用語、駅名などといった特殊な変換する辞書のコレクションである、skkdic-extraパッケージがインストールされています。

いつもの環境がどこでも使える！絶妙の引きこもり型エディタ 4-4
～OSを渡り歩くユーザも安心～

▼図7 複数の辞書を使用する例

```
$ sudo vi /etc/default/yaskkserv
PKG_DICS="/etc/alternatives/SKK-JISYO ¥   
SKK-JISYO.zipcode ¥   ←コメントアウトを解除して郵便番号辞書を追加
SKK-JISYO.station ¥   ←コメントアウトを解除して駅名辞書を追加
"                     ←二重引用符を閉じる

$ sudo /etc/init.d/yaskkserv restart   ← yaskkservを再起動
```

▼リスト6　server completionの設定

```
(add-to-list 'skk-search-prog-list
             '(skk-server-completion-search) t)
(add-to-list 'skk-completion-prog-list
             '(skk-comp-by-server-completion) t)
```

▼リスト7　server completionの結果を個人辞書に追加しない

```
(add-hook 'skk-search-excluding-word-pattern-function
          #'(lambda (kakutei-word)
              (eq (aref skk-henkan-key (1-(length skk-henkan-key)))
                  skk-server-completion-search-char)))
```

設定が完了したら、yaskkservを再起動しておきましょう。今後も使用する辞書を変更した際はyaskkservを再起動すればよく、Emacsの再起動は必要ありません。

server completionを使う

DDSKKからSKKサーバを使うメリットとして、yaskkservが対応しているserver completionを紹介します。これは辞書サーバを前方一致で全検索する機能です。この機能を利用するには、.emacsにリスト6の設定が必要です。この設定方法や機能の詳細は"/usr/share/emacs/site-lisp/ddskk/skk-server-completion.el"の先頭部分に記述されていますので、こちらも参照してください。

設定を完了したら、変換モードで読みの後ろにチルダ(~)をつけて変換を行ってみましょう（図8）。server completionが辞書サーバを前方一致検索し、マッチした語句を変換候補として列挙します。またserver completionの結果を個人辞書に追加したくない場合は、.emacsにリスト7の設定を追加します。

▼図8　「ぶつり~」と入力して変換してみた例

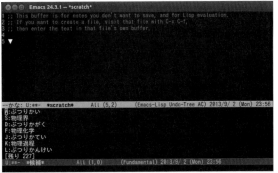

Emacsとパッケージ

ここまで、さまざまなEmacsの拡張機能を紹介してきました。そこで、Emacs拡張の入手と管理について、少し考えてみましょう。

Emacs拡張の配布方法は、作者によってさまざまです。個人のWebページやブログで公開している人もいれば、Emacs Wiki[注18]に置いてい

注18）http://www.emacswiki.org/emacs/

第4章 我が友「Emacs」

思考をコード化する道具(エディタ)　設定ファイルの行数は覇気に比例する?!

> **Note** C-SPCでMozcが起動しないようにするには
>
> Emacsでは、デフォルトで「C-SPC」のキーがマークセットにバインドされています。しかしUbuntu 15.10日本語Remixでは、入力メソッドの切り替えにもこのキーが割り当てられているため、デスクトップ上でEmacsを利用していると、「C-SPC」でMozcが起動してしまい、マークが設定できないという問題があります。
>
> マークが設定できないのはEmacsとして致命的ですので、キーバインドを変更する必要があります。あるいはDDSKKを利用する人（=Mozcを使用しない人）であれば、Emacs上ではMozcの起動そのものを無効化してしまいたいところです。Fcitxの設定で「入力メソッドのオンオフ」からC-SPCを外してもよいのですが、それではほかのデスクトップアプリケーションでもこのキーが使えなくなってしまうため、あまりお勧めしません。
>
> そこで、ホームディレクトリの.XresourcesにリストAの内容を記述しておきましょう。その後はxrdbコマンドを実行して、設定した内容を反映します（図A）。あるいはXを再起動してしまっても構いません。
>
> ここで気をつけるのは、「Emacs」ではなく「Emacs24」と記述する点です。これは、UbuntuではEmacsパッケージに独自のパッチが当たっており、WM_CLASSが「Emacs」から「Emacs24」に変更されているためです[注a]。
>
> ▼リストA　Mozcの起動を抑制（.Xresourcesに記述）
> ```
> Emacs24*useXIM:false
> ```
>
> ▼図A　.Xresourcesの設定を反映する
> ```
> $ xrdb -merge ~/.Xresources
> ```
>
> 注a) https://bugs.launchpad.net/ubuntu/+source/emacs23/+bug/949126
> なお、Debianであれば「Emacs」と記述すれば問題ありません。

る人もいます。最近ではGitHubが利用されるケースも多いようです。筆者個人の感想ですが、日本のEmacsユーザの間では、auto-install.elを使ってEmacs Wikiからインストールするというケースが、従来では多かったような気がします。

また最近のEmacsには、ELPAと呼ばれる標準のパッケージシステムが搭載されています。とはいっても、ELPAだけで必要なEmacs拡張がそろうとは限りません。前述のとおり、Emacs拡張の配布方法は作者次第ですので、究極的には「ユーザが何らかの方法でEmacs Lispのソースをダウンロードし、自分自身のホームディレクトリ内で管理する」しかありません。筆者も例外ではなく、いくつかの拡張は.emacs.d以下に抱え込んでいます。

この「環境をどうやって管理するか」というのは、Emacsに限らず、独自の世界を持っているシステムであれば必ずぶつかる悩みだと思いま

す。たとえばプログラミング言語で言えば、PerlもRubyも、昨今のLinuxディストリビューションであればパッケージからインストールすることが可能です。ですがディストリビューションのパッケージメンテナンスの都合上、必ずしもPerlやRubyのプログラマが望むバージョンが、ディストリビューションから提供されるとは限りません。またPerlであればCPAN、RubyであればGemの管理も必要です。そこでPerlbrewやrbenvといった管理システムを使い、OSからは独立して、ユーザが環境を丸ごと抱え込むのが最近のトレンドのようです[注19]。

Emacsの場合も、そういった手段を取るのが現実的な解であるとは思います。ですが筆者は敢えて、ディストリビューションが提供するパッケージのみを使いたいと考えています。その理

注19) 最近のアプリケーションのデプロイでは、DockerやLXCを使ってコンテナとして隔離するのがより一般的になったかもしれません。

4-4 いつもの環境がどこでも使える！絶妙の引きこもり型エディタ
～OSを渡り歩くユーザも安心～

由は次のようなものです。

- 拡張機能のアップデートを自分で管理しなくていい
- Ubuntuは半年ごとにバージョンが上がるのでそれなりに新しいパッケージを使える
- そもそもOS内に複数のパッケージ管理システムが混在するのが気に入らない
- 自分自身がDebianのパッケージメンテナである

やはりUbuntuを使っているならば、apt-getコマンド1つで環境がそろえられるに越したことはありません。前述のように「パッケージのバージョンが古い」「そもそも自分の使いたい拡張のパッケージがない」ということもあるかと思いますが、それなら自分でパッケージを作って、解決してしまえばよいのです[20]。実際筆者はそうしていますし、将来的には自分が使っているEmacs拡張をすべてパッケージ化し、apt-getのみで環境の構築ができるようにするのが目標です。

Debianのパッケージングのお作法については、本誌の連載「Debian Hot Topics」でも紹介されていますので、興味のある方はぜひチャレンジしてみてはいかがでしょうか。 **SD**

注20）ここで言う「パッケージを自分で作る」とは、野良パッケージを作るという意味ではなく、Debianプロジェクトの公式リポジトリに入れ、メンテナンスする状態まで持っていくという意味です。

4-5 Emacs環境 100%全開テクニック
～高い拡張性を活かしていますか?～

Emacsをエディタとして使うだけでなく環境として見たとき、その豊富な機能にプログラマだったら、開発魂を駆り立てられるでしょう。本稿では、elispを利用しTRAMPでssh接続してみたり、org-modeで出力をHTMLやTexにしてみたり、環境をフルに使うテクニックを紹介します。

Writer 濱野 聖人
（はまの きよと）

- Emacsの設定ファイル行数：3,313行（.emacs.d/init.elの行数）
- ㈱創夢。EmacsとPCキーボードをこよなく愛するDebian GNU/Linux使い。
  Twitter@khiker
  Mail：khiker.mail@gmail.com

はじめに

Emacsは環境であるとよく言われます。この言葉はあながち間違いではありません。EmacsはEmacs Lisp（以降elisp）というプログラミング言語のインタプリタが本体で、その機能のほとんどはelispによって実現されています。Emacsが高い拡張性を誇る理由もelispで好きなプログラムを書くことができるためです。

Emacsではどんな便利なelispを追加するか、書くかということに注目しがちですが、すでにEmacs標準に便利なelispや機能が多数含まれています。たとえば、emacsclient、デーモン機能、TRAMP、org-mode、package.el、gnus、calcなどを挙げたらキリがありません。今回はその中でemacsclient、デーモン機能、TRAMP、org-modeを紹介します。

emacsclient

皆さんは、普段テキストエディタをどのように使っているでしょうか。ファイルごとに複数、エディタを起動していますか？　Emacsにはその配布物にemacsclientという別個のプログラムが含まれています。Emacsでは、このコマンドを利用することですでに起動しているEmacsに接続して、そのEmacsで新しくファイルを開き、編集できます。

起動済みのEmacsに接続できると次の利点があります。

- 高速にファイルを開ける
- 起動済みのEmacsのリソースを使いまわせる

Emacsはその設定の数が多くなるとその起動がどんどん遅くなります[注1]。そこでemacsclientを使うと、新規にEmacsを起動せず、既存のEmacsに接続するだけなので、高速にファイルを開けます。また、emacsclientでは、既存のEmacsに接続するので、「保存していない編集途中のバッファ」にアクセスすることもできます。

利用方法

emacsclientを利用するには、次の設定を.emacsに記載してください。

```
(require 'server)
(unless (server-running-p)
  (server-start))
```

そのうえで起動済みのEmacsがある状態で、ターミナルで次のようにemacsclientを実行すると起動済みのEmacsでファイルを開けます。emacsclient 開いたファイルを閉じる場合は、Emacs上で**C-x #**と入力します。

注1）**M-x emacs-init-time**とするとEmacsの起動にかかった時間がみられます。

```
$ emacsclient ファイル名
```

この場合、EmacsをGUIで起動していたならば、そのGUIのEmacsの画面で指定したファイルを開きます。

ターミナル上で開く

EmacsはGUIだけでなくターミナル上でも使えます。当然emacsclientもGUIで起動したEmacsでファイルを開くのではなく、ターミナル上で開くこともできます。次のようにEmacsをGUIなしで起動する場合と同様に-nwオプションを付けてemacsclientを実行することで、ターミナルでファイルを開くことができます。この方法で起動したemacsclientから抜ける場合、`C-x #`だけでなく、通常のEmacsを終了するコマンドである`C-x C-c`も使えます。

```
$ emacsclient -nw ファイル名
```

これはEmacsを1つGUIで起動している状態で、ターミナル上で作業をしているときに便利です。たとえば、何かの設定ファイルを一時的に編集する必要があるとき、`emacsclient -nw`を使えば、ターミナルから別ウィンドウのEmacsに移ることなく作業を継続できます。

デーモン機能

デーモン機能は、その名のとおり、Emacsをデーモン化します。これはEmacs 23で追加された機能で、デーモン化することで、Emacsをシステムに常駐させることができます。デーモン化したEmacsにアクセスするためには、emacsclientを使います。そのため、毎度、システムにログインするたびにEmacsを起動する必要はなくemacsclientで高速にファイルを開くことができます。

Emacsをデーモン化する利点は、Emacsをシステムに常駐させておけることです。たとえば、sshなどで出先からシステムに入ったときでもEmacsに接続できます。この場合、emacsclientの項で挙げた例と同様に、Emacsに未保存の編集途中のバッファがあったとしても、当然、そのバッファを開くことができます。

利用方法

Emacsをデーモンとして起動するには以下のようにdaemonオプションを付けてEmacsを起動します。実行するといくつかメッセージが出たあと、デーモン化したEmacsが起動し、プロンプトが返ってきます。

```
$ emacs --daemon
...
("emacs")
Starting Emacs daemon.
$
```

デーモン化したEmacsにアクセスするには次のように先述のemacsclientを使います。

```
$ emacsclient -nw ファイル # terminal で起動
$ emacsclient -c ファイル # GUI で起動
```

デーモン化したEmacsを終了する場合大きく2つ方法があります。1つはターミナルから終了する方法です。Linuxであれば次のようにEmacsのプロセスに対してTERMシグナルを送ります。

```
$ pkill -TERM emacs
```

Emacsのコマンドを実行して終了する方法もあります。emacsclientでデーモン化したEmacsに接続して`M-x save-buffers-kill-emacs`とするか、単に`M-x kill-emacs`とします。前者は、`C-x C-c`と同じ意味で、保存していないバッファを保存するか確認されます。後者はその確認をしません。

なお、デーモン機能は現在のところWindowsバージョンのEmacsではサポートされていません[注2]。

注2) Cygwinバージョンであれば使えるようです。

第4章 我が友「Emacs」

TRAMP

デーモン機能ではリモートのマシン上でEmacsを起動しておき、外部からそのマシンにアクセスして使うというユースケースを示しました。別のケースで、ローカルにEmacsはありますが、リモートにEmacsはなく、しかし、リモートのファイルもEmacsで編集したいということも考えられます。この場合、Linuxであれば、たとえばsshfsを使って手元のファイルシステムにリモートのマシンをマウントするという方法でも解決できますが、EmacsにはTRAMPというelispが含まれており、もっと簡単に解決できます。TRAMPを使うと、リモートにあるファイルがあたかもローカルにあるかのように編集できます。

ssh越しの利用方法

TRAMPは通常のファイルを開くコマンド`C-x C-f`において、TRAMP用の入力をすればすぐさま使えます。たとえば、リモートホストremoteのファイル"/path/to/file"を編集するには、次のようにします。

```
C-x C-f /ssh:user@remote:/path/to/file
```

この場合、TRAMPはsshコマンドのラッパとして動作するので、当然、sshでリモートホストremoteにログインできる必要があります[注3]。

なお、先頭のメソッド`ssh:`は省略できます。省略すると変数`tramp-default-method`に登録されているメソッドが使われます。Emacs 24.5標準のTRAMPでは`scp`となっています。これを`ssh`のような他の値とするには以下のように記載します。

```
(setq tramp-default-method "ssh")
```

また、TRAMPはリモートにあるファイルがあたかもローカルにあるように編集できるだけではありません。Emacsの`dired`[注4]を使って、リモートのファイルをローカルにコピーしたり、`M-x grep`コマンドを使って、リモートのファイルを`grep`したりもできます。

`dired`は通常の`dired`と同じように使います。リモートホストのディレクトリを`dired`で開き、`m`コマンドでコピーしたいファイルを選択し、`C`コマンドを実行してコピーする際、コピー先をローカルホストの適当なディレクトリとすればコピーがなされます。実行例は、図1のようになります。

`grep`も通常の`M-x grep`コマンドと同じように使います。この場合、リモートホスト上で`grep`コマンドが実行されます。実行例は図2のようになります。

注3) そのため、実行するとパスワード（パスフレーズ）の入力が促されます。

注4) diredとはEmacsの標準搭載のファイラーです。

▼図1　diredでリモートのファイルをコピー

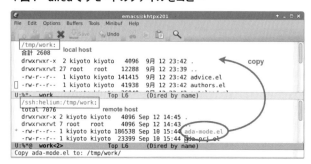

▼図2　リモートマシン上でM-x grepの実行

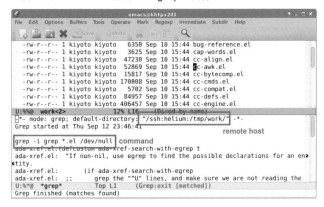

 多段SSH

sshメソッドは、sshコマンドのラッパであるため、"~/.ssh/config"に記載した内容がそのまま使えます。たとえば、リモートホストgatewayを通さなければログインできないホストremoteに一度でログインするために、次のような多段sshをするための設定が"~/.ssh/config"に記載があったとします。その場合、C-x C-f /ssh:remote:~/foo.txtのような入力がEmacsでも使えます。

```
Host gateway
  HostName gateway
  User     bar

Host remote
  HostName remote
  User     foo
  ProxyCommand ssh gateway exec ⏎
nc %h %p
```

もちろん、"~/.ssh/config"に書かずともTRAMPだけでも多段接続ができます。multi-hopと呼ばれる機能です。これには変数tramp-default-proxies-alistに設定をします。上記と同じようにホストgatewayを踏み台にしなければログインできないホストremoteにログインしたい場合、.emacsに次のように記述します注5。

```
(require 'tramp)
(add-to-list 'tramp-default-proxies-⏎
alist '("remote" nil "/ssh:gateway:"))
```

この記述のうち、("remote" nil "/ssh:gateway:")は、左から順番に「ホスト」、「ユーザ」、「ホスト名に接続するための接続方法」を示します注6。これであとは、C-x C-f /ssh:remote:~/foo.txtとコマンドを実行することで、ホストremote上のファイルfoo.txtにアクセスできます。

ただ、多段sshの設定だけであれば、"~/.ssh/config"に記述することをお勧めします。"~/.ssh/config"に記載するとTRAMPからだけでなく、通常のsshコマンドでも使えるため、より便利です。

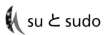 suとsudo

TRAMPはsshのためだけのものではありません。sudoやsuコマンドのラッパとしても使えます。

これは、"/etc"以下のファイルを編集しなければならないが、「rootユーザのEmacsは何も

注5）("remote" nil "/ssh:gateway:")のgatewayのあとに必ず：が必要なことに注意してください。
注6）詳しい記法については、TRAMPのInfoを参照してください。

第4章 我が友「Emacs」

設定していなくて使いづらい」、「Vimやnanoの使い方がよくわからない」といった場合で力を発揮します。Emacsから抜けることなくそのまま"/etc"以下のファイルをrootユーザとして編集できます。

suメソッドを使う場合は次のように入力します。

```
C-x C-f /su::/etc/gitweb.conf
```

sudoメソッドの場合は次のように入力します。次の`user@localhost`は省略できます。省略した場合、userはrootが指定されたものとみなされます。

```
C-x C-f /sudo:user@localhost:/etc/gitweb.conf
```

両者ともに実行すると、ターミナルからsuやsudoコマンドを実行した場合と同様にパスワードを聞かれます。suならば、rootユーザのパスワード、sudoならば、自分のパスワードです。

sshとsudoを組み合わせる

sudoメソッドは、前述のmulti-hop機能を使うとリモートにsshでログインして、かつ、リモート上でrootユーザとなりファイルを編集するといったことができます。この場合、次のように設定を記載します。

```
(add-to-list 'tramp-default-proxies-alist '("remote.alias" nil "/ssh:user@remote:"))
```

あとは、次のように入力するとリモートホストremoteのファイルをrootユーザで編集できます。

```
C-x C-f /sudo:root@remote.alias:~/
```

また、rootユーザではなく、別のユーザfooで作業したいならば、以下のように入力すれば良いです。

```
C-x C-f /sudo:foo@remote.alias:~/
```

これらは、リモートホストremoteにsshでログインしたあとに「`sudo -u ユーザ`」を付与してシェルを実行していると考えれば良いです。

その他の機能

TRAMPのメソッドは、このほかにもftpやsftp、smbなどに対応しています。ほかにも機能や設定が多数あります。詳しくは、TRAMPのInfoを参照してください。

org-mode

org-modeは、プレーンテキストに記載した文章からHTMLやLaTeXなどのドキュメントを生成できるメジャーモードです。ドキュメント生成だけでなく、TODOリストを管理したり、スケジュールを管理したりもできます。

プレーンテキストからドキュメントを生成する同様のツールとしては、Emacsではありませんが、reStructuredText[注7]からドキュメントを生成するsphinxが有名です。sphinxと比較してorg-modeには次の利点があります。

・Emacsさえあれば使える
・Emacsに組み込まれているため、エディタ支援が充実している

org-modeを使いはじめるのは非常に簡単で、Emacs上で拡張子orgのファイルを作成するだけで良いです。そうすると、Emacsはファイルをorg-modeで開きますので、すぐにはじめることができます。

記法

org-modeは、Emacsのoutline-modeの記法を拡張したような独自の記法を持ちます。**表1**に筆者が比較的よく使う記法を示します。

見出しは、`M-RET`キーを押すと、現在のレベルと同じレベルの見出しを挿入できます。また、リストや番号付きリストの中にリストや番号付きリスト自身を書く場合は、ただインデントを

注7) EmacsでreStructuredTextの編集にはrst-modeがあり、標準に含まれています。

▼表1　org-modeの記法（一部）

大見出し	行頭に*1つと見出し名
中見出し	行頭に*2つと見出し名
小見出し	行頭に*3つと見出し名
リスト	-から行をはじめる
番号付きリスト	1.のような数字で行をはじめる

▼表2　org-modeのショートカット（一部）

C-c C-f	次の同じレベルの見出しに移動する
C-c C-b	前の同じレベルの見出しに移動する
C-c C-p	次の見出しに移動する
C-c C-n	前の見出しに移動する
Tab	見出し上の「*」上で押すとその見出しの内容を表示・非表示をする

すれば良いです。記載例を次に示します。

```
* 大見出し
ここは大見出しの中です。
1. 番号つきリスト
   - 番号つきリストの中にリスト
2. 番号つきリスト
   1. 番号つきリストの番号つきリスト
- リスト1
  - リストのリスト
- リスト2
** 中見出し
ここは中見出しの中です。
```

ソースコードなど文をそのままを載せたい場合は、`#+begin_example`の行と`#+end_example`の行の間に文を書きます。これにはショートカットがあり、「<e」と入力した後に Tab キーを押せば、「<e」が`#+begin_example`と`#+end_example`に置き換わります。

表は次のように書きます。表を記載する場合もショートカットキーがあります。「|」キーを入力した後に表の項目を記載し、ただ Tab キーを押すだけで良いです。それだけで表が作れます。表の新しい列を作成する場合もただ Tab キーを押せば作れます。表の枠線を書く場合も「|-」と入力した後に Tab キーを押すだけで良いです。

その他にも _ で下付き文字、^ で上付き文字を書けます。ただ、これは通常、日本語の文章を書く際はあまり使わないと思います。その場合はorgファイルの頭に次の行を記載しておけばこの記法を無効化できます。

```
#+OPTIONS: _:{}, ^:{}
```

ショートカット

org-modeには編集する際に利用すると便利なショートカットが数多くあります。その一例を表2に示します。

このほかにもさまざまなショートカットがあります。詳しくはInfoを参照してください。

エキスポート

org-modeはさまざまな形式に出力することができます。TXT、HTML、LaTeX、ODTなどなどです。ここでは筆者が比較的よく使うHTMLとLaTeXについて、出力方法と設定例の一部を紹介します。

■HTMLへ出力

HTMLに出力するためには、C-c C-e h hと入力します。実行すると拡張子がhtmlのファイルが生成されます。

HTMLへ出力する場合、HTMLを綺麗に見せるためにCSSファイルを1つ作成しておくと良いです。出力するHTMLにCSSファイルの読み込み部を埋め込むには、orgファイルの先頭に次を記載しておきます。

```
#+HTML_HEAD: <link rel="stylesheet" ↵
type="text/css" href="org-style.css" />
```

第4章 我が友「Emacs」

▼リスト1　LaTeXへ出力するための.emacsサンプル

```
(require 'ox-latex)
(add-to-list 'org-latex-classes
             '("jsarticle"
               "\\documentclass[a4paper,10pt]{jsarticle}
\\usepackage[dvipdfmx]{graphicx,color}
\\usepackage{hyperref}
 [NO-DEFAULT-PACKAGES]"
               ("\\section{%s}"       . "\\section{%s}")
               ("\\subsection{%s}"    . "\\subsection{%s}")
               ("\\subsubsection{%s}" . "\\subsubsection{%s}")
               ("\\paragraph{%s}"     . "\\paragraph{%s}")
               ("\\subparagraph{%s}"  . "\\subparagraph{%s}")))
```

CSSのサンプルは、検索すれば数は少ないですがいくつか見つかります。

■ LaTeXへ出力

LaTeXに出力するためには、`C-c C-e l l`と入力します。実行すると拡張子がtexのファイルが生成されます。

ただし、日本語のLaTeXに出力する場合、多少設定が必要です。何も設定しない状態でorg-modeでLaTeXを生成すると、生成されたtexファイルではarticleクラスが使われます。日本語を扱うのであれば、通常、jsarticleクラスを使いたいと思います。そのためには、リスト1の設定を.emacsに追記します。

orgファイルの先頭には次を記載しておきます。

```
#+LATEX_CLASS: jsarticle
```

あとは、生成されたtexファイルをplatexコマンドで処理すればPDFファイルが生成できます。

 org-modeのまとめ

設定や記法の一部を駆け足で紹介しました。このほかにもorg-modeはHTMLやLaTeXに出力する際に使用できる記法などさまざまな機能・設定があります。詳しくは、Infoを参照してください。

おわりに

Emacs標準に含まれている機能のうちの筆者がよく使う極一部の機能を紹介しました。EmacsはInfoというマニュアルが標準で含まれており、ドキュメントが充実したエディタであるとも言えます。今回紹介したTRAMPやorg-modeのような大きめの機能は、それだけでInfoのマニュアルが存在します。時間のあるときにでもInfoを眺めてみると新しい発見があるかもしれません。 SD

Column 2 もしEmacsがなかったら？ その❶

Writer 小飼 弾（こがい だん）Twitter@dankogai

「もしEmacsがなかったら、私はどうなっていただろうか」

プログラマとなることはなかったはずである。私にとってそれは、筆記用具なしで作家になれというのにも等しいのだから。しかしそれは世界にとってささやかな違いでしかない。Emacsはそんなささやかなものなのだろうか？

「もしEmacsがなかったら、世界はどうなっていたのだろうか」

WYSIWYGという考えそのものが普及しなかったのではないか。

"What you see is what you get."

今でこそそれは、Xerox Altoが開き、MacintoshとWindowsが普及させたGUI = Graphical User Interfaceを連想する言葉となったが、テキストだけが表示される世界で、それは何を意味するか？

キーを打つと、その上に刻印された文字がそのまま入力され表示されるという意味である。aを打てばa、eを打てばe、iを打てばi、oを打てばo、uを打てばu……タイプライターであれば当たり前だったこの常識は、実はEmacsの普及以前は常識ではなかった。vi(m)使いにとって、それは今なお常識ではない。aを打って"a"が入力されるか現在のカーソルの次の位置にカーソルが移動するかはモードしだいだからだ。

コマンド入力と文字入力。Emacs以前、それは「切り替える」ものだった。ESC でコマンド入力に。a、i、oなどで文字入力に……つまりユーザは自分がどちらのモードにいるかを常に把握していなければならない。Vimでこそ文字入力モード中は -- Insert -- と底に表示されるようになったけれども、viの時代はそれすらなかった。

Emacsにおいて、コマンド入力は「特別なキーを押しながら」文字キーを押すものとなっている。Emacsという言葉が何を意味するかは未定義だそうだが、「Escape、Meta、Alt、Control、Shiftの略」という説はかなり説得力がある。別の言い方をすれば、これらの特別なキーを押していないときには、押したキーのトップに書かれた文字がそのまま入力され、表示されるということです。この原則はふつうにバッファに文字を入力される場合のみならず、M-xを押してミニバッファにコマンド名を入力しているときにもそうである。

Emacsにも「モード」という言葉はあるけれども、それはvi(m)とは意味するところがまるで異なる。Emacsにおけるモードとは、何を編集しているか、どこを編集しているか、つまりcontextualに自動で決まるものであり、ユーザがどのモードにいるのかをなるべく意識させないために存在する。常にどちらのモードにいるかを把握せねばならないvi(m)とは真逆なのだ。

Emacs最大の功績、それは「エディタ機能も備えた完備なLisp環境」ではなく、「コマンドは特別なキーを押しながら」というキーボードショートカットという概念そのものを普及させたことにあると私は考えている。tcshやbashやzshといった、コマンドヒストリー編集可能なシェルのデフォルトのキーボードショートカットがEmacsゆずりなのも、Macが「コマンド」キーを必ず備えているのもむべなるかな。余談ではあるが、Windowsにどうしてもなじめない理由も、同OSが Ctrl を Cmd の代わりに割り当ててしまったことが一番大きい。

私自身、Emacsを使いつづけて四半世紀が経っているけれど、「高機能エディタ」以上の使い方はしていない。折角のShellモードすら、ctrl-Zで切り替える私には宝の持ち腐れかもしれない。しかしviのモード地獄から救われて以来、私の$EDITORがemacsのままなのは、私もまた"the rest of us"である証拠なのかもしれない。 **SD**

4-6 Web開発の舞台裏とEmacs
〜ELPA、quickrun、web-mode、Flymake、Gitの決め技〜

本稿では、Emacsの本領とも言える開発について、最初に最新のEmacsにおける拡張の導入方法を解説したあと、便利な拡張を紹介しながら説明していきます。本当はもっと多くの事例を紹介したいのですが、誌面が限られていますので、まだWeb上に解説が少ない新しめの話を中心にしていきます。

Writer 大竹 智也
（おおたけ ともや）

- Emacsの設定ファイル行数：1,864行
- 1983年生まれ。2003年にインターネットに触れ、ブログを通じWeb技術を吸収、2010年にオンライン英会話「ラングリッチ」を設立、2015年に「EnglishCentral」からの買収を受け、現在は次に向けて準備中。

ELPAによる拡張インストール

ELPA（エルパと読みます）とはEmacs Lisp Package Archiveの略で、Emacs24から導入されたEmacs Lispパッケージマネージャです。このELPAはRed Hat LinuxのyumやMacのhomebrew、またはPerlのCPANなどのように、拡張機能のインストールや削除などを行ってくれるたいへん便利なツールです。

これまでパッケージマネージャがなかったため、人力による拡張の導入や管理が必要でしたが、本体機能として提供されるようになったため、とても便利になりました。

本稿の動作確認環境

本稿で解説している動作確認は、次のものになります。ターミナル環境についてもMacのターミナルを用います。

- Mac OS X El Capitan（Xcodeインストール済み）のEmacs.appの24.5

なお、次の環境でも動作確認をしています。

- Windows 10 Emacs 24.5（オフィシャルビルドとemacs-w64[注1]）

ELPAの導入

ELPAは本体機能のため、インストールは必要ありません。ですが、拡張をダウンロードするリポジトリを追加する必要がありますので、その設定を解説します。

設定はすでに4-3で解説があったかと思いますが、~/.emacs.d/init.elに設定を記述します。init.elのできるだけ前のほうにリスト1の設定を追加して保存します。基本的にはこれだけでELPAを使う準備が完了します。

注1) http://sourceforge.net/projects/emacsbinw64/

▼リスト1　ELPAの設定例

```
;; ELPAの設定
(when (require 'package nil t)
  ;; パッケージリポジトリにMELPAを追加
  (add-to-list 'package-archives
               '("melpa" . "http://melpa.milkbox.net/packages/"))
  ;; インストールしたパッケージにロードパスを通してロードする
  (package-initialize))
```

Web開発の舞台裏とEmacs 4-6
ELPA、quickrun、web-mode、Flymake、Gitの決め技

ELPAの使い方

それではさっそくELPAを使ってみましょう。まずはパッケージ一覧を取得する次のコマンドを実行します。

```
M-x list-packages
```

少し起動に時間がかかるかもしれませんが、ELPAに登録されているパッケージ一覧が表示されます（図1）。この画面はpackage-menu-modeというメジャーモードになっており、操作は表1のとおりです。

ELPAによる拡張のインストール

それでは、ELPAに登録されているパッケージを実際にインストールしてみましょう。

たとえば、Emacsのバッファを表示どおりにHTML化するhtmlizeという拡張機能をインストールしたい場合、htmlizeの行で**i**を押します。するとhtmlizeがインストール候補としてマークされます（図2）。そして**x**を押すと、ミニバッファに実行確認のyes/noが表示されるので、yes RETと答えるとパッケージのインストールが開始します。

インストール先は、標準の設定では~/.emacs.d/elpa以下となっています。パッケージのダウンロード→バイトコンパイルの順番で進行していき、バイトコンパイルが開始される際、Emacs上で開いているすべての未保存ファイルを保存するか質問されます。保存して先に進むときは**y**を入力して Enter を押しましょう。バイトコンパイルが終了するとインストール完了です。

なお、インストールされた拡張機能は、すぐに利用できるようにはなっていません。利用するためには、ELPAからインストールした拡張機能を読み込むためのコマンドを実行します。そのコマンドが、リスト1の設定の最後に記述したpackage-initializeなのです。init.elへの記述はEmacs起動時に一度実行されるだけですので、Emacsの再起動をすることなく拡張機能を読み込むには、次のコマンドを実行しましょう。

```
M-x package-initialize
```

すると、先ほどインストールしたhtmlizeの機能を利用できるようになります[注2]。

注2）`M-x htmlize- TAB`とタイプすると、htmlizeの提供するコマンドが一覧できます

▼表1 ELPAの操作一覧

キー	説明
h	ミニバッファに操作ヘルプを表示する
p	前の行へ
n	次の行へ
?、RET	パッケージの説明を取得する
i	インストール候補としてマークする
U	アップデート可能なパッケージをすべてマークする
d	削除候補としてマークする
DEL	1行上のマークを外す
u	現在行のマークを外す
x	マークしたパッケージをイントール／削除
r	パッケージ一覧をリフレッシュ
q	ウィンドウを閉じる

▼図1 M-x list-packages

第4章 我が友「Emacs」

思考をコード化する道具（エディタ）
設定ファイルの行数は覇気に比例する?!

▼図2　htmlizeをマーク（x→yesでインストール可能）

▼表2　quickrunが提供するコマンド一覧

コマンド	説明
quickrun	現在のバッファを実行する
quickrun-region	選択中のリージョンだけ実行する
quickrun-shell	シェルから対話的に実行する
quickrun-compile-only	コンパイルのみ実行する
quickrun-replace-region	リージョンを実行結果で置換する
quickrun-with-arg	ミニバッファから引数をとって実行する

　ELPAを利用してインストールした拡張機能には初期設定ファイルが同梱されており、基本的には`init.el`に設定を記述することなく利用できるようになっています（ただし、すべてではありません）。

ELPAによる拡張の削除

　ELPAからインストールした拡張を削除する方法はインストールとほぼ同じになっています。パッケージ一覧の画面で削除したいパッケージの行で`d`を押して削除候補としてマークしたあと、`x`を押して実行確認で`yes`と答えるだけです。

　ただし、インストールと異なる点としてはパッケージを削除しても、あなたのEmacsにすでに読み込まれた機能はそのままとなっているため、パッケージを削除した場合は再起動することをお勧めします。

　それでは、ELPAの使い方を覚えた次は、本稿のメインとなる拡張を使った開発についての解説に入っていきます。

quickrunによる開発

　Emacs上でプログラムコードを書いているとき、現在のコードを実行してみたいと思うことはないでしょうか？　そんなときに便利なのがsyohex氏[注3]が開発したquickrunという拡張です。

　quickrunはEmacsのバッファをさまざまなプログラムで実行できる拡張でGitHub上で公開されています[注4]。

quickrunの導入

　quickrunはMELPAリポジトリを追加済みのELPAからインストールできます。

　また、ELPAにはパッケージ一覧を表示しなくても、個別にインストールする方法がありますので、次のコマンドを実行しましょう。

```
M-x package-install RET quickrun RET
```

　インストールが完了したら、すぐにquickrunが提供するコマンドが使えるようになります。

注3）http://d.hatena.ne.jp/syohex/
注4）https://github.com/syohex/emacs-quickrun

Web開発の舞台裏とEmacs 4-6
ELPA、quickrun、web-mode、Flymake、Gitの決め技

▼図3　quickrunの実行
　　　（上：編集中のコード／下：実行結果）

▼図4　web-modeの画面
　　　（HTML＋CSS＋JavaScript+Ruby）

quickrunが提供する機能

quickrunが提供する機能はおもに表2になります。実際によく利用するコマンドは、quickrunとquickrun-regionになるでしょう。

quickrunの使い方

quickrunの使い方はとても簡単です。プログラムを書いて実行したくなったときに、`M-x quickrun`と実行するだけです。

quickrunコマンドを実行すると、現在のメジャーモードからコンパイラやインタプリタを自動的に判別し、カレントバッファに書かれているコードの実行結果が*quickrun*バッファに表示されます（図3）。

quickrunを利用すると、これまでわざわざターミナルからプログラムを実行していた操作が、Emacs内で行えるようになり、より開発に集中することが可能となりますので、まだ導入されていない方はぜひ導入しましょう。

web-modeによる開発

Web開発者はHTMLやCSSやJavaScript、そしてPHPやPerl、Rubyなど、さまざまな言語を扱います。Emacsにはいろいろなメジャーモードがあるため、これらすべてをEmacs上で開発できますが、HTMLを中心として、複数の言語が混在するテンプレートファイルを編集する場合、逆にメジャーモードが足枷となる場合があります。こういったケースでも便利に編集する方法はないのでしょうか？　その1つの答えが最近登場したweb-mode[注5]です（図4）。

web-modeはその名のとおり、HTMLを中心としたテンプレートファイルをストレスなく開発するWeb開発に特化したメジャーモードです。

web-modeの導入

web-modeはMELPAリポジトリを追加済みのELPAからインストールできますので、次のコマンドを実行しましょう。

```
M-x package-install RET web-mode RET
```

インストールが完了したら、`M-x web-mode`でメジャーモードを切り替えることができるようになります。web-modeを選択するとモードラ

注5）http://web-mode.org/

インにWebと表示されます。

web-modeが提供する機能

複数の言語が混在するファイルを編集するメジャーモードというと、昔からEmacsを利用されている方は、MuMaMo[注6]やMMM Mode[注7]などの複数のメジャーモードをバッファ内で自動で切り替える方式を想像されるかと思いますが、web-modeはそれらとは異なり、単一のメジャーモードとして作られているため、動作が軽いのが特徴です。

web-modeが提供する機能はおもに次のように

[注6] https://www.emacswiki.org/emacs/MuMaMo
[注7] https://github.com/purcell/mmm-mode

なっており、HTMLやJavaScript、PHPやRubyなどの言語が混在する環境でも適切に動作するのが最大の特徴となっています。

- 複数の言語の同時編集
- 自動インデント
- HTMLタグの自動挿入（おもに閉じタグ）
- シンタックスハイライト
- コメントイン／コメントアウト
- コードの折り畳み

基本となる編集についてはとくに意識することなく使えるようになっていますが、表3のキー操作を覚えることで、より編集が楽になるかもしれません。

▼表3　web-modeによる代表的なコマンド一覧

キー	説明
C-; or M-;	カーソル行、およびブロックをコメントイン／コメントアウトする（注：リージョン選択不要）
C-c C-n	開始タグ、および閉じタグへカーソルを移動する
C-c C-f	タグ内の文字列を折り畳む／折り畳みを解除する（注：折り畳まれた個所は下線が表示されます）
C-c C-i	カーソル行、もしくはリージョンをインデントする
C-c C-e r	カーソル付近のHTML開始タグと閉じタグを一括リネームする
C-c /	閉じタグを挿入する
C-c C-s	スニペットを挿入する
C-c C-d	HTMLの文法をチェックする

▼リスト2　web-modeの設定

```
(when (require 'web-mode nil t)
  ;; 自動的にweb-modeを起動したい拡張子を追加する
  (add-to-list 'auto-mode-alist '("\\.html\\'" . web-mode))
  (add-to-list 'auto-mode-alist '("\\.css\\'" . web-mode))
  (add-to-list 'auto-mode-alist '("\\.js\\'" . web-mode))
  (add-to-list 'auto-mode-alist '("\\.jsx\\'" . web-mode))
  (add-to-list 'auto-mode-alist '("\\.tpl\\.php\\'" . web-mode))
  (add-to-list 'auto-mode-alist '("\\.ctp\\'" . web-mode))
  (add-to-list 'auto-mode-alist '("\\.jsp\\'" . web-mode))
  (add-to-list 'auto-mode-alist '("\\.as[cp]x\\'" . web-mode))
  (add-to-list 'auto-mode-alist '("\\.erb\\'" . web-mode))
  ;;; web-modeのインデント設定用フック
  ;; (defun web-mode-hook ()
  ;;   "Hooks for Web mode."
  ;;   (setq web-mode-markup-indent-offset 2) ; HTMLのインデント
  ;;   (setq web-mode-css-indent-offset 2) ; CSSのインデント
  ;;   (setq web-mode-code-indent-offset 2) ; JS, PHP, Ruby などのインデント
  ;;   (setq web-mode-comment-style 2) ; web-mode内のコメントのインデント
  ;;   (setq web-mode-style-padding 1) ; <style>内のインデント開始レベル
  ;;   (setq web-mode-script-padding 1) ; <script>内のインデント開始レベル
  ;;   )
  ;; (add-hook 'web-mode-hook 'web-mode-hook)
)
```

web-modeの設定

特定のファイルを自動的にweb-modeで開きたい場合は、リスト2の設定をinit.elに追加しましょう。

なお、インデントは標準でスペース2つに設定されています。

web-modeの使い方

web-modeの使い方はとくに意識する必要がありません。上記の設定で自動判別されるようになっていれば、あとは、気のむくままにファイルを編集しましょう。

Flymakeによる文法チェック

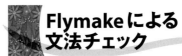

FlymakeとはEmacsに標準で搭載されているリアルタイム文法チェック機能です。各種プログラミング言語の構文チェッカと連携して、文法をリアルタイムでチェックし、その結果を現在編集中のバッファに視覚的に表示してくれます。

外部プログラムとの連携を前提に作成されて

▼図5　Flymakeの画面（jshint）

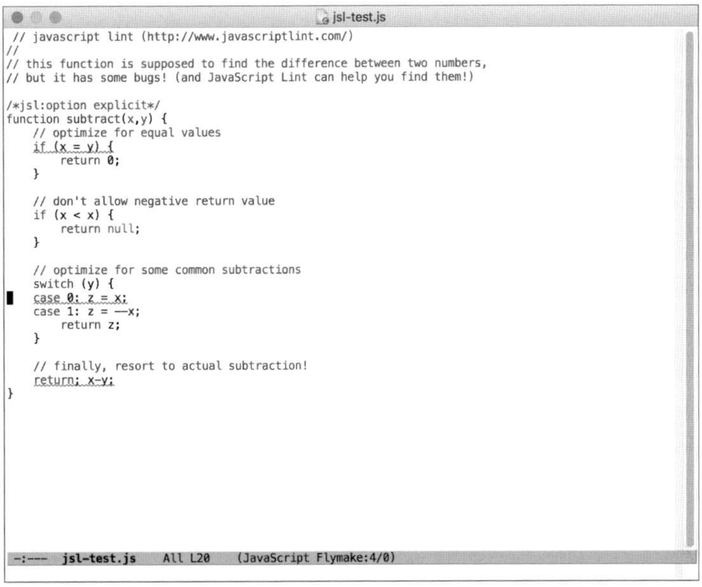

▼リスト3　Flymake/jshintの設定

```
;; JS用Flymakeの初期化関数の定義
(defun flymake-js-init ( )
  (list "jshint"
        (list (flymake-init-create-temp-buffer-copy
               'flymake-create-temp-inplace))))

;; JavaScript編集でFlymakeを起動する
(add-to-list 'flymake-allowed-file-name-masks
             '("\\.js\\'" flymake-js-init))

(add-to-list
 'flymake-err-line-patterns
 '("\\([^ \n]+\\): line \\([0-9]+\\), col \\([0-9]+\\), \\(.*\\)"
   1 2 3 4))
```

第4章 我が友「Emacs」

思考をコード化する道具（エディタ）　設定ファイルの行数は覇気に比例する?!

▼リスト4　Flymake/csslintの設定

```
(defun flymake-css-init ( )
  (list
    "csslint"
    (list "--format=compact" (flymake-init-create-temp-buffer-copy
                               'flymake-create-temp-inplace))))

(add-to-list 'flymake-allowed-file-name-masks
             '("\\.css\\'" flymake-css-init))

(add-to-list
 'flymake-err-line-patterns
 '("\\([^ \n]+\\): line \\([0-9]+\\), col \\([0-9]+\\), \\(\\(Warning\\|Error\\) - .*\\)"
   1 2 3 4))
```

いるため、新しい言語が登場したとしても、すぐに導入できるのが最大の特徴です（図5）。

jshintの導入

jshint[注8]は数あるJavaScript用の構文チェッカの中でも新しい構文チェッカであり、人気が高まっています。詳細なインストール方法については誌面の都合上省略しますが、Node.jsをインストールしている状態で、`npm install -g jshint`でインストールし、環境変数パスに/usr/local/share/npm/binを追加している前提で解説を進めます。

Flymake/jshintの設定

jshintがインストールされている環境であれば、Flymakeからの利用はとても簡単です。
リスト3の設定をinit.elに追加し、.jsファイルを開くとjshintによる構文チェックが可能になります。

csslintの導入

csslint[注9]も比較的新しいCSSの構文チェッカです。こちらも、jshintと同様に、Node.jsをインストールしている状態で、`npm install -g csslint`でインストールし、環境変数パスに/usr/local/share/npm/binを追加している前提

で解説を進めます。

Flymake/csslintの設定

こちらもリスト4の設定をinit.elに追加し、.cssファイルを開くとcsslintによる構文チェックが可能になります。
Flymakeはマイナーモードとして定義されているため、`M-x flymake-mode`でオン／オフの切り替えができます。ほかにもさまざまな言語で使うことができるので、もっと詳しく知りたい方は、技術評論社より発売中の書籍『Emacs実践入門』の第7章をぜひご覧ください。

EmacsからGitを使う

開発者にとって、バージョン管理システム（以下、VCS）はなくてはならないツールです。組織によってそれぞれのVCSが選択されていると思いますが、本稿ではGitに焦点を当てて解説をします。
Gitは非常にパワフルな機能を提供してくれるツールですが、操作を覚えるのが難しいと言われています。ですが、基本となるコミットやブランチ作成などの操作をEmacsから行えるようになれば、Emacsを使っているあなたにとっては、思ったより簡単に感じることは間違いないでしょう。
それでは、さっそくEmacsからGitを利用す

注8）http://jshint.com
注9）http://csslint.net/

Web開発の舞台裏とEmacs 4-6
ELPA、quickrun、web-mode、Flymake、Gitの決め技

▼図6　magitの操作フロー

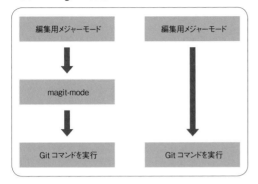

▼表4　magitの基本コマンド

コマンド	説明
magit-status	git status相当
magit-diff	git diff相当
magit-log	git log相当
magit-reflog	git reflog相当

▼表5　magitポップアップメニュー

コマンド	説明
c	コミットポップアップメニューを表示
l	ログポップアップメニューを表示
f	フェッチポップアップメニューを表示
b	ブランチポップアップメニューを表示
P	プッシュポップアップメニューを表示
m	マージポップアップメニューを表示
z	スタッシュポップアップメニューを表示
M	リモートポップアップメニューを表示

る方法を解説していきます。

magitの導入

　Emacsは標準でGitをサポートしていますが、標準機能だけでは、Gitの操作をすべてサポートしているとは言い難い状態です。そこで、magitというEmacsからGitをより便利に利用するためのフロントエンド拡張を導入します。

　ELPAから次のコマンドでインストールできます。なお、ELPAからインストールされるmagitは、リポジトリでソースコードが公開されている最新バージョンです。そのため、magitのサイトでバージョンが振られているもの（執筆段階における1.2.0）とは、動作が異なりますのでご注意ください。

```
M-x package-install RET magit RET
```

　インストールが完了したら、すぐにmagitが提供するコマンドが使えるようになります。

magitが提供する機能

　magitからはGitが提供するほとんどの機能を使うことができます（Gitコマンドがそうであるように）すべてを覚える必要はないので（筆者もすべては覚えていません）、まずは表4の基本コマンドを覚えましょう。

　これから解説する操作は、おもにこれら基本コマンドから操作することになりますが、この基本コマンドを実行すると、magitによるGit操作専用のモード（以下、magit-modeと呼びます）を起動します。magitは、このmagit-modeからの対話的操作と、ミニバッファからコマンドを直接実行する直接的操作の2つに分かれています（図6）。

　magit-modeの操作は（当然ながら）すべてキーボードから行うことになりますが、機能が多いため覚えるのがたいへんです。そこで、これらの基本コマンドを実行中にメニューを表示する表5のコマンドをぜひ覚えましょう。

　なお、magitによる操作中はqを押すことで、キャンセルできますので、こちらもあわせて覚えておきましょう。

Gitリポジトリの作成（M-x magit-init）

　まだGitリポジトリを作成していないときに、Emacsからリポジトリを作成するには、`M-x magit-init`を実行します。

　すると、Gitで管理する起点となるディレクトリを聞かれますので、そのままでよければ、Enterを入力します。すると、`git init`による初期化が完了します。とても簡単ですね。

Special Issue - 187

第4章 我が友「Emacs」

思考をコード化する道具（エディタ）― 設定ファイルの行数は覇気に比例する?!

▼図7　magit-statusの画面

▼図8　部分ステージング前の変更差分の表示

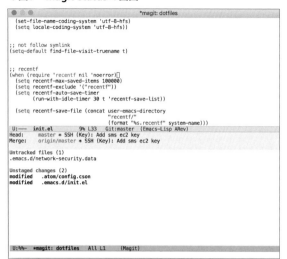

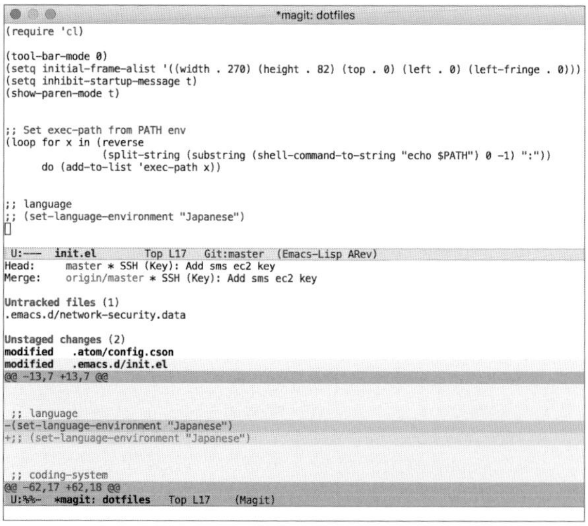

magitによるコミット（M-x magit-status）

リポジトリを作成した次はコミットでしょう。Gitでコミットするには、まずはコミットの対象となるファイルをステージングします。そのためには、`M-x magit-status RET`を実行します。

すると、図7のようなgit statusを実行したときと似た画面が表示され、こちらから対話的にステージングを行えます。

■ステージング／アンステージング

この画面では、p、nで上下に移動できるようになっています。ステージングしたいファイルの行でsを入力すると、そのファイルがステージングされます。また、ステージングされたファイルの行で、今度はuを入力すると、今度はアンステージできます。

すべてのファイルを一括でステージングしたい場合は、S（大文字ですので Shift + S ）を入力すると、現在アンステージとなっているファイルすべてがステージングされます。

■部分ステージング

Gitではファイルではなく、特定の編集個所だけをステージング（つまりコミット）できます。それを部分ステージングと呼びますが、これもmagitから行えます。

部分的にステージしたいファイルで TAB を押すと、図8のようにファイル名の表示から変更差分が展開表示されます。この表示でもp、nによって差分ブロックを移動でき、先ほどのファイルをステージングするのと同様に、今度は変更ブロックでsを入力するとファイルの一部分だけがステージングされます。ステージングされた個所の表示も TAB を押すことで、図9のように展開して確認できます。

■コミット

ステージングが完了し、いよいよコミットする場合はcを入力します。すると、コミットポップアップメニューが開くので、さらにcを入力します。次にコミットログを入力する画面が表示されるので、こちらにコミットログを書いて`C-x C-s`で保存して`C-x #`を入力します。これでGitリポジトリへのコミットが完了します。

magitによる差分表示

Gitによる変更差分を確認したいときは、`M-x magit-diff`を実行します。ミニバッファで比較するブランチ名を聞かれるので、ブランチ名

Web開発の舞台裏とEmacs 4-6
ELPA、quickrun、web-mode、Flymake、Gitの決め技

▼図9　部分ステージング後の変更差分の表示

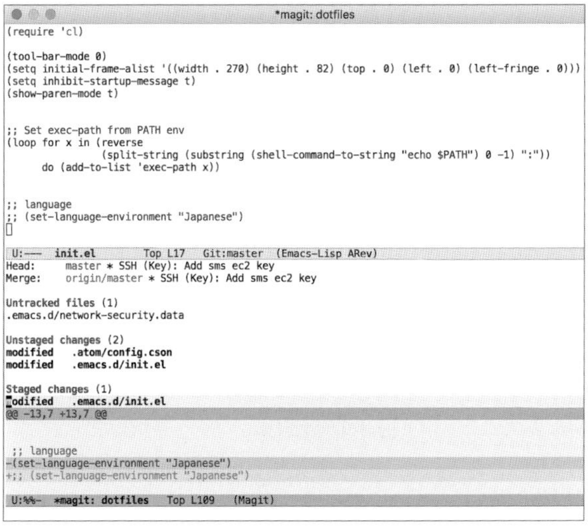

▼図10　magit-diffの画面

を入力して Enter を押します。すると、図10のようにgit diffに似た画面が表示されます。

magit-diffでは、変更差分にカーソルがある状態で TAB を押すと図11のように変更差分を折り畳めます。また、変更差分で Enter を押すと、実際のファイルを開いてカーソルを変更個所まで移動します。

magitによるプル／プッシュ

リモートリポジトリがある場合、そちらに対してプル／プッシュを行うことになるでしょう。その操作も、もちろんmagitから行うことができます。

リモートブランチの登録はすでに設定済みという前提で、magitからの操作のみ解説すると、`M-x magit-pull`というコマンドだけでリモートブランチからプルできます。プッシュは、`M-x magit-push`です。とても簡単ですね。

終わりに

ここまで駆け足でWeb開発におけるEmacsの便利な使い方について解説しましたが、いかがでしたでしょうか？　ここで紹介した内容は、もちろんEmacsのすべてではなく、その一端にす

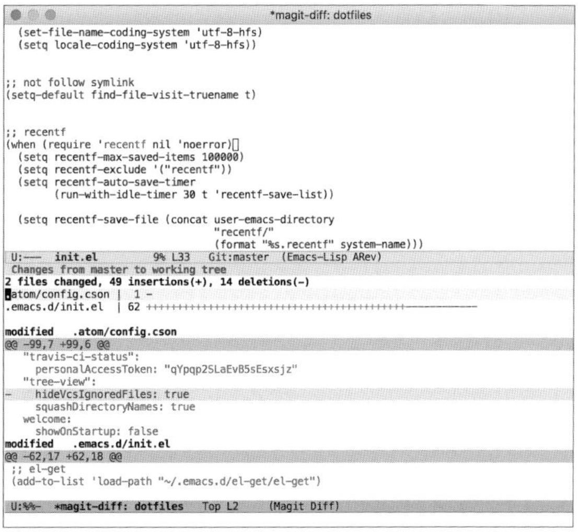

▼図11　差分を折り畳んだmagit-diffの画面

ぎません。

今回紹介したような、拡張機能を使って便利に使う方法もあれば、Emacs標準の機能を駆使して、純粋に編集を強化することもできます。ある意味、後者のほうが効率を上げるという意味では効果的かもしれません。

Emacsにはエディタという枯れたソフトウェアならではのおもしろさと深さがあり、我が友というタイトルに偽りなく一生の付き合いとなる可能性が十分ありますので、興味を持った方は、ぜひお試しください。

Column 3 もしEmacsがなかったら？ その❷

Writer まつもとゆきひろ　Emacs設定行数：718（外出し分を含めると1,230行）

■Emacsとの出会い

　本特集のコラムとしてEmacsを紹介する必要はないでしょう。Emacsとの出会いは私の人生を大きく変えました。

　大学在学中、UNIXを使うようになった私はUNIX上で使えるスクリーンエディタとしてEmacsを知りました。それまで使ったことのあるMS-DOSのエディタとは使い勝手が異なる「変わったエディタ」だと思いました。その時点では、それほど優れたエディタとは思わなかったというのが本音です。しかし、Emacs Lispと呼ばれるLisp方言によってさまざまなカスタマイズを行えるという点を知り、カスタマイズの幅の広いプログラマ好みのエディタだな、と感じました。

■禁じられたEmacs

　しかし、当時、学部生であった私たちはEmacsを使うことが禁じられていました。当時私たちは1台のSun 3ワークステーションを1年から3年まで200人以上で共有していたため、当時は貴重なメモリを大量に消費するEmacsを学部生が使うことはご法度だったのです。禁止されると知りたくなるのが人間の性です。Emacsを使うことは禁じられていましたが（勝手に使うと管理者にプロセスをキルされました）、フリーソフトウェアをダウンロードすることは別に禁止されていませんでした。そこで、物好きな私はEmacsのソースコードをダウンロードして、中身を調べ始めたのです。

■Emacsは何でできているのか？

　Emacsを調べているうちに驚くべきことに気がつきました。エディタとしてのEmacsは、その基本的機能（画面表示や文字の挿入・削除）だけはCで実装されていますが、それ以外の部分のほとんどはEmacs Lispで実装されています。各種言語をサポートする機能や、どのキーがどの働きをするかを決める部分などユーザから見てエディタの本質だと感じる部分までEmacs Lispによって実現されていました。つまり、Emacsは、Cによって実装されたEmacs Lisp処理系と、そのアプリケーションとしてのエディタという構成になっていたのです。

　Emacsのソースコードを研究することで、私はプログラミング言語の実装技術の多くを学びました。たとえば、ポインタにタグ付けをして整数に埋め込む技法、マーク・アンド・スイープ技法によるガベージコレクションの実装、プログラミング言語処理系とユーザ定義C関数とのインターフェースなどなど。それらの技術はすべて後のRubyの実装に活用されました。

■Emacsが与えてくれた自由

　その後、私は大学4年生になり研究室に配属されたことで、Emacs禁止令から解放されました。とうとうEmacsユーザになったのです。Emacsは完全に私好みのエディタというわけではありませんでしたが、気に入らなければなんでも変更できるのです。Emacsは私に「プログラマは自由である」ことを教えてくれました。プログラミングができない人は、既存のソフトウェアを与えられるままに使うしかありませんが、プログラマは自分の思うままにソフトウェアを改造し、自分のアイデアを自由に試すことができるのです。これは私にとって大きな発想の転換でした。

■プログラミング言語Rubyの誕生

　大学を卒業し、就職してしばらくたった1993年、ふとしたことからプログラミング言語を開発することになりました。学生時代にEiffelという言語にかぶれていた私は、endキーワードでブロックを区切る文法の言語が良いのではないかと考えました。しかし、私はEmacsユーザです。快適な

もしEmacsがなかったら？ その❷ Column 3

プログラミングのためには、Emacsの言語モードがどうしても必要です。オートインデントのないような言語でどうしてプログラムが書けるでしょうか。しかし、当時endでブロックが終わるような言語のためのモードで、オートインデントをサポートしているものはありませんでした。

そこで、私は数日間、Emacs Lispと格闘し、endがある言語でもオートインデントができるようなRubyモードのプロトタイプを完成させました。これによって、Rubyを現在の文法にする決心ができたのです。もし仮にこの時点でRubyモードの開発に成功していなかったら、RubyはCやJavaのようなブレースを使った「当たり前」の文法になっていたかもしれません。

■もしEmacsがなかったら？

さて、「もしEmacsがなかったら……」ですよね。もし、Emacsがなかったら、Rubyは今の文法ではなかったでしょう。なにより、私がRubyを実装するのに必要な技能を身につけることもなかったでしょうし、プログラマの持つ自由にも、そのパワーにも気がつかず、今のような熱意を持ってプログラミングできていたのかさえ疑問です。

さらに言えば、Emacsがなければ、ストールマンはFSFを立ち上げることもなかったでしょうし、世界はフリーソフトウェアの闘士を失い、続くオープンソースムーブメントもなかったことでしょう。

つまり、Emacsがなかったら、世界は今のようではなかったはずなのです。Emacsがあって良かった！ SD

WEB+DB PRESS plus シリーズ

APIデザインケーススタディ

Rubyの実例から学ぶ。問題に即したデザインと普遍の考え方

プログラミング言語RubyにおけるAPI（Application Programming Interface）デザインの各種事例に焦点を当てた技術解説書。ライブラリの例が大半ですが、言語自体の例も含みます。Rubyのコミッタである筆者が実際に携わった、I/O、ソケット、プロセス、時刻、数、文字列の事例を取り上げ、APIデザインの核心に迫ります。

田中 哲著
A5判／304ページ
定価（本体2,780円+税）
ISBN978-4-7741-7802-8

技術評論社

Appendix

Emacsのインストールと設定はじめの一歩

Writer 水野 源（みずの はじめ）　㈱インフィニットループ

　PCを買ったら最新のEmacsがプリインストールされていた、そんな環境は極めて稀でしょう。Emacsを使いはじめるには、多くの場合、まずEmacsのインストールからはじめなくてはなりません。EmacsはUnix系の技術者に人気のテキストエディタですが、マルチプラットフォームのアプリケーションですので、MacやWindowsでも動作します。

　本記事ではUbuntu、OS X、Windows 10それぞれの環境に、Emacsをインストールする手順を紹介します。なおEmacsのインストールにはソースからのビルドをはじめいくつかの方法が存在しますが、本記事では各プラットフォームにおいて筆者が一番楽だと判断した手順を紹介しています。

UbuntuにEmacsをインストールする

　まずはデスクトップLinuxとして人気のある、Ubuntuへのインストール方法を紹介します。Emacsも例にもれずパッケージとして提供されていますので、aptコマンドでUbuntuの公式リポジトリからインストールできます。しかもEmacsはUbuntuのmainコンポーネントに含まれているため、LTS（長期サポート版）のUbuntuであれば、Canonicalによる5年間のサポートが受けられます。デスクトップOSを半年ごとにアップグレードするのは面倒ですから、LTSを長く使いたい方も多いでしょう。そのような人たちにとっても、UbuntuのEmacsは安心して使えるというわけです。

　UbuntuにEmacsをインストールするには、その名のとおり「emacs」パッケージをインストールします注1。

```
$ sudo apt-get install emacs
```

　本記事執筆時点（2016年1月）の最新版であるUbuntu 15.10では、これでEmacsのバージョン24.5.1がインストールされます注2。インストール

注1）emacsパッケージ自体はメタパッケージであり、Emacs本体はemacs24パッケージとして提供されています。emacsパッケージをインストールすると、依存関係によってemacs24パッケージも同時にインストールされます。

注2）現在のLTSであるUbuntu 14.04 LTSでは、同じ手順で24.3.1がインストールされます。

▼図1　DashからEmacsを起動

▼図2　Ubuntu 15.10のEmacs 24.5.1

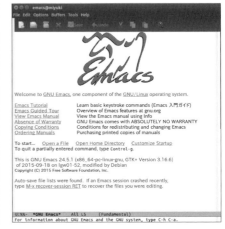

Emacsのインストールと設定はじめの一歩 Appendix

できたら、Dash（Ubuntuデスクトップのランチャー）から「emacs」と検索してアプリケーションを実行してください（図1）。EmacsがGUIで起動します（図2）。

Emacsの実行コマンド名は「emacs」ですが、これに「-nw」オプションをつけることで、Emacsをターミナル内で起動できます（図3）。

```
$ emacs -nw
```

デスクトップ環境であっても、Emacsはターミナル内で使いたいという人は決して少なくありません。そのような場合はこのオプションを使用してください。

またGUIを持たないサーバ環境など、そもそもGUI版が不要であれば、最初からGUIを持たないEmacsをインストールしてもよいでしょう。その場合は「emacs」パッケージのかわりに「emacs-nox」パッケージをインストールしてください。

```
$ sudo apt-get install emacs-nox
```

このように、Ubuntuではパッケージを1つインストールするだけで、簡単にEmacsを使いはじめることができます。

OS XにEmacsをインストールする

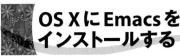

OS XにはEmacsがプリインストールされています。まずFinderから［アプリケーション］→［ユーティリティ］とたどり、ターミナル.appを起動してください。ターミナルから「/usr/bin/emacs」コマンド[注3]を実行すると、ターミナル内でEmacsが起動します（図4）。

しかしこのプリインストールのEmacsはバー

▼図3　Ubuntu 15.10のターミナル内で起動したEmacs

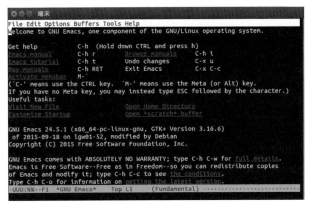

▼図4　ターミナル内で起動したプリインストールのEmacs 22.1.1

ジョンが22.1.1と古く、2016年の今となっては少々つらいものがあります。そこで多くのケースでは、より新しいEmacsを自分でインストールすることになるでしょう。

Xcodeのインストール

OS XにEmacsをインストールするには、OS X用パッケージマネージャであるHomebrewを使うのがお勧めです。さっそくHomebrewをインストール……といきたいところですが、Homebrewを動かすにはコマンドライン・デベロッパ・ツールのインストールが必要です。

ターミナルを開き、次のコマンドを実行してください。

```
$ xcode-select --install
```

するとインストールの確認ダイアログが開き

注3）PATHが通っているので、単にemacsでもかまいません。

▼図5　コマンドライン・デベロッパ・ツールのインストール確認ダイアログ

▼図6　Command Line Tools 使用許諾契約

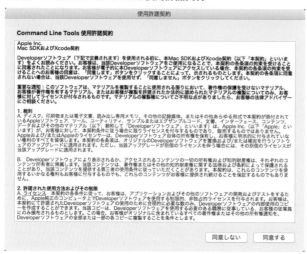

ますので「インストール」をクリックします（図5）。続いて使用許諾契約が表示されますので（図6）、目を通したら「同意する」をクリックし、インストール完了のダイアログが表示されるまでしばらく待ちましょう。

Homebrewのインストール

続いてHomebrew本体をインストールします。

引き続きターミナルで、図7のコマンド注4を実行してください。まずスクリプトがインストー

注4）Homebrewのインストールコマンドは本記事執筆時より変化している可能性がありますので、必ず http://brew.sh/index_ja.html を見て確認してから実行してください。

ルされるディレクトリなどの情報が表示されます。ここで Enter キーを押すと、実際にインストールが開始されます（図8）。なおインストールには管理者権限が必要なため、実行するユーザはsudoが可能である必要があります。パスワードが要求されますので、ログインしているユーザのパスワードを入力してください。

Homebrewのインストールが完了したら、いよいよEmacsをインストールします。ターミナルで図9の「brew install」コマンドを実行してください。--with-cocoaオプションをつけることで、Cocoa版（GUI版）がインストールされます。EmacsをGUIで使いたい場合はこのオプションをつけておいてください。もちろんUbuntuのnoxのように、ターミナル内でのみ使いたい場合は不要です。

「brew linkapps」コマンドを実行すると、/ApplicationsフォルダにEmacsへのシンボリックリンクが作成されます（図10）。Cocoa版を使用する場合は、EmacsをFinderやLaunchpadから起動できるようになるため、実行しておくことをお勧めします。

これでOS XへのEmacsのインストールは完了です。

WindowsにEmacsをインストールする

WindowsはUbuntuやOS Xに比べ、開発環境を用意するのに手間がかかるため、構築済みのバイナリを使いたいところです。EmacsはGNUからWindows用のバイナリが配布されていま

▼図7　Homebrewのインストールコマンド

```
$ ruby -e "$(curl -fsSL https://raw.githubusercontent.com/Homebrew/install/master/install)"
```

Emacsのインストールと設定はじめの一歩　Appendix

▼図8　Homebrewのインストール

```
h-mizuno — ruby -e #!/System/Library/Frameworks/Ruby.framework/Versions…
macmini:~ h-mizuno$ ruby -e "$(curl -fsSL https://raw.githubusercontent.com/Home
brew/install/master/install)"
==> This script will install:
/usr/local/bin/brew
/usr/local/Library/...
/usr/local/share/man/man1/brew.1
==> The following directories will be made group writable:
/usr/local/.
/usr/local/bin
==> The following directories will have their owner set to h-mizuno:
/usr/local/.
/usr/local/bin
==> The following directories will have their group set to admin:
/usr/local/.
/usr/local/bin

Press RETURN to continue or any other key to abort
```

▼図9　Emacsのインストールと、Applicationsフォルダへのsymlinkの作成

```
$ brew install --with-cocoa emacs
$ brew linkapps emacs
```

▼図10　Emacsへのシンボリックリンクが作成される

▼図11　gnupackのアーカイブを解凍する

▼図12　解凍されたgnupackのフォルダ

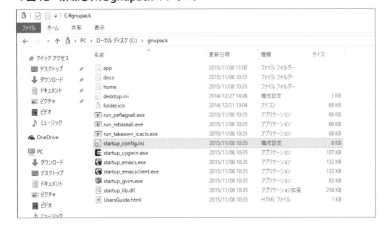

す注5ので、これをそのまま使いたくなるかもしれません。ところがこのバイナリには、WindowsのIMEを使った日本語のインライン入力ができないという問題があります。もちろん167ページで紹介するDDSKKのような、Emacs上で動作する日本語入力システムを使うのであれば問題ありません。しかし多くの方はGoogle日本語入力など、普段使いのIMEをそのまま使いたいのではないでしょうか。

そこで、WindowsのIMEが使えるようパッチを当てたEmacsというものが存在します。その中でももっとも導入が簡単なのが「gnupack」です。gnupackはアーカイブを展開するだけで、簡単にCygwin、Emacs、GVimを利用可能にするパッケージです。

ダウンロードページ注6から最新のgnupack_basicをダウンロードしてください。これは7-Zipの自己解凍ファイルですので、ダブルクリックして解凍します（図11）。解凍されてできたフォルダが、gnupackのインストールフォルダになります（図12）。

このフォルダはわかりやすい名前に変更しておくとよいでしょう。筆者はC:¥gnupackに移動しました（以下、gnupackをインストールしたフォ

注5）http://ftp.jaist.ac.jp/pub/GNU/emacs/windows/
注6）https://osdn.jp/projects/gnupack/releases/p10360

▼図13　gnupack版のEmacs

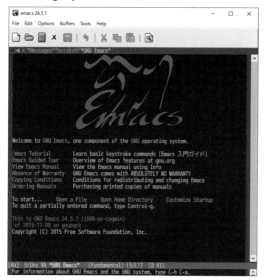

▼図14　システムのプロパティ

ルダはC:¥gnupackとして扱います）。gnupackフォルダ内にある、startup_emacs.exeをダブルクリックして実行してください。これでEmacsが起動します（図13）。

環境変数の設定

Emacsのカスタマイズは、ユーザのホームフォルダに置かれた設定ファイル（後述）にEmacs Lispを記述して行います。一般的にホームフォルダは、Ubuntuであれば「/home/ユーザ名」、OS Xであれば「/Users/ユーザ名」、Windowsの場合は「C:¥Users¥ユーザ名」になります。ところがgnupack版のEmacsの中では少々事情が異なります。

▼図15　環境変数の一覧

ホームフォルダは環境変数HOMEで指定することができます。しかしgnupackの場合、「C:¥gnupack¥setup_config.ini」内で、環境変数HOMEを「C:¥gnupack¥home」に上書きしているのです。そのためシステムで設定されたホームフォルダは無視され、Emacsやシェルの設定ファイルは「C:¥gnupack¥home」以下に置かれることになります。

通常はこのデフォルト設定のままでかまいません。しかし「ホームフォルダを別の場所にしたい」「ほかのアプリケーションとホームフォルダを共通にしたい」「システムの環境変数を上書きされたくない」といった人もいるでしょう。その場合はWindows

Emacsのインストールと設定はじめの一歩　Appendix

側で環境変数HOMEを別途設定したうえで、gnupackでの上書きを無効にしましょう。

まず［システムのプロパティ］→［詳細設定］（図14）→［環境変数］を開きます。ユーザとシステムの環境変数が表示されますので（図15）、ユーザ環境変数の［新規］をクリックします。図16のように変数名に「HOME」、変数値にホームフォルダとして設定したいパスを入力して「OK」をクリックすれば環境変数の設定は完了です。

続いてテキストエディタで「C:¥gnupack¥setup_config.ini」を開きます。環境変数HOMEを上書きしている部分を、図17のようにコメントアウトして上書き保存してください。その際、既存のホームフォルダの内容を引き継ぎたいのであれば、「C:¥gnupack¥home」内のすべてのフォルダとファイルを、新しく設定したホームフォルダにコピーしてください[注7]。

Emacsの基本的な設定を整える

Emacsは便利なツールですが、まっさらの状態のEmacsを、ビルトインの機能のみで使うのはいささかつらいものです。そこでほとんどの

▼図16　環境変数HOMEの設定

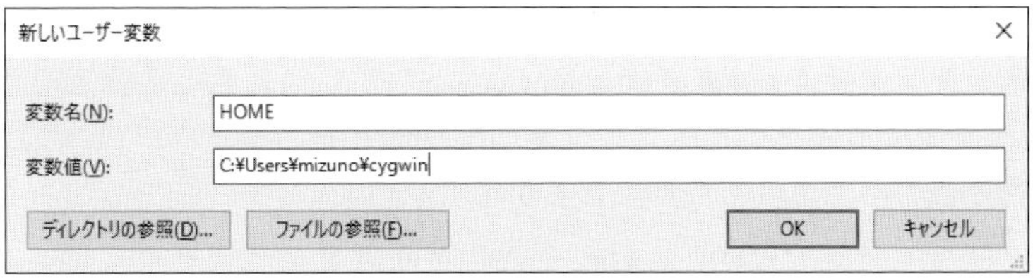

▼図17　C:¥gnupack¥startup_config.iniの変更

```
(...略...)
[Process Variable]
    CYGWIN_DIR = %ROOT_DIR%\app\cygwin\cygwin

#   HOME       = %ROOT_DIR%\home  ← HOMEを設定している行をコメントアウトする
(...略...)
```

▼図18　紹介する設定を施したEmacsの起動直後の画面

Emacsユーザは、自分独自のカスタマイズを施し、拡張したEmacsを使っています。とはいえ拡張機能について話しはじめるとキリがありませんので、ここでは「手はじめにこのくらいの設定をしておくとよいだろう」と筆者が考えた基本的な設定を紹介します（図18）。好みに合わせて、ご自身の設定ファイルに写して利用してみてください。

前節でも少し触れましたが、Emacsの設定はホームフォルダ内の設定ファイルに記述して行います。設定ファイルとして、古くは「.emacs」というファイルが使われていましたが、現在で

注7）gnupackのホームフォルダには、最初からさまざまなEmacs用の設定が準備されていますので、これをそのまま使いたい場合は忘れずにコピーするようにしましょう。

特集1 我が友「Emacs」 ― 思考をコード化する道具（エディタ）
設定ファイルの行数は覇気に比例するんだぜ

は「.emacs.d」というディレクトリを作成し、その中に「init.el」というファイルを作るのが一般的です。インストール直後のUbuntuやOS Xでは、このファイルは存在しないため、ユーザが自分で作成し、1から記述する必要があります。gnupackの環境では前述のとおり、最初からinit.elにさまざまな設定が記述されています。これをそのまま使ってもよいですし、一度まっさらにして、以下を参考に自分で設定を書いてもよいでしょう。もちろんgnupackの初期設定を参考にしながら、カスタマイズするのもよい考えです。

起動時のメッセージを省略する

Emacsの起動時には図13のようなスタートアップメッセージが表示されます。チュートリアルやマニュアルへの導線があるため、最初のうちは便利かもしれませんが、慣れてきたら鬱陶しいだけでしょう。次の設定を行うと、スタートアップメッセージが表示されなくなります。

```
(setq inhibit-startup-message t)
```

UIを簡素化する

Emacsはキーボードで操作するエディタです。すべての機能はキーボードからコマンドを実行することで呼び出せるため、マウス操作を前提としたメニューバーやツールバーは不要で、むしろ邪魔なだけでしょう。次の設定を行うと、ツールバーとメニューバーを非表示にできます。

```
(if (fboundp 'tool-bar-mode)
    (tool-bar-mode 0))
(if (fboundp 'menu-bar-mode)
    (menu-bar-mode 0))
```

またスクロールバーも非表示にしたいのであれば、次の設定を行ってください。

```
(if (fboundp 'set-scroll-bar-mode)
    (set-scroll-bar-mode 0))
```

yes/noの入力を簡略化する

Emacsを操作していると、yes/noの入力を促されることがたびたびあります。しかしいちいち「yes」「no」とタイプするのは面倒ですよね。次の設定を行うと、それぞれ「y」「n」と入力できるようになります。地味ですが慣れると手放せなくなる設定です。

```
(fset 'yes-or-no-p 'y-or-n-p)
```

C-hをバックスペースにする

デフォルトでC-hキーはhelpに割り当てられていますが、C-hはバックスペースとして使いたい人も多いでしょう。次の設定はC-hにdelete-backward-charコマンドを割り当てて、バックスペースとして使えるようにします。

```
(global-set-key "\C-h" 'delete-backward-char)
```

対応する括弧を強調表示する

プログラミングをしていると、対応する括弧を強調表示できると便利ですよね[注8]。次の設定を行うと、括弧の上にカーソルを置いた際、対応する括弧を強調表示できます。

```
(show-paren-mode 1)
(setq show-paren-style 'mixed)
```

「show-paren-style」は強調表示のスタイルで、括弧のみを強調する「parenthesis」、括弧内も強調する「expression」、対応する括弧が同一画面内にあるかないかで挙動を変化させる「mixed」が選べます。

改行まで含めてカットできるようにする

C-kを押すと、カーソル位置から行末までの文字列をkill（カット）しますが、行末にある改行文字は含まれません。改行文字まで含めて1

注8）とくに括弧を多用するLispでは必須ではないでしょうか。

Emacsのインストールと設定はじめの一歩   Appendix

▼図19　MELPAを使うための設定

```
(require 'package)
(add-to-list 'package-archives
             '("melpa" . "http://melpa.milkbox.net/packages/"))
(add-to-list 'package-archives
             '("marmalade" . "http://marmalade-repo.org/packages/"))
(package-initialize)
```

行をまるまるカットしたい場合は、次の設定を行います。

```
(setq kill-whole-line 1)
```

カーソル行を強調表示する

Webブラウザなど別のウィンドウで作業をしてからEmacsに戻ってくると、ふとカーソルを見失ってしまうことはよくあります。次の設定を行うと、カーソル行が強調表示されるようになります。

```
(global-hl-line-mode 1)
```

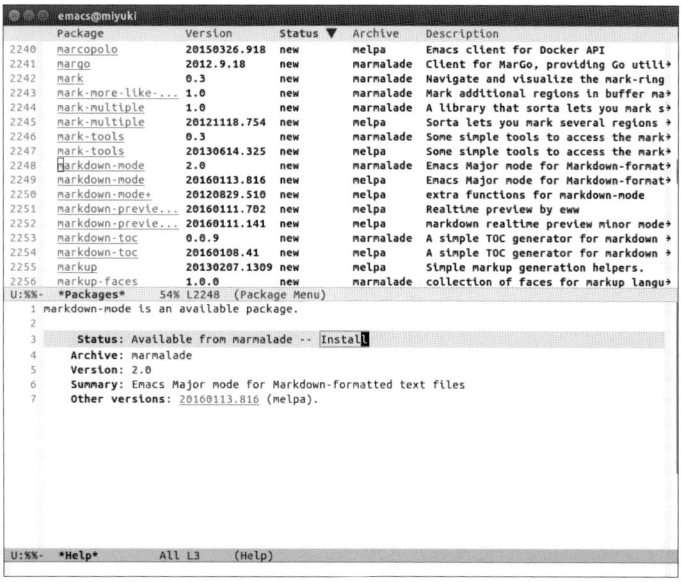

行番号を表示する

現在編集中の行がファイルの先頭から何行目なのか、ひと目でわかると便利ですよね。次の設定を行うと、バッファの左端に行番号を表示できます。

```
(global-linum-mode 1)
(setq linum-format "%5d")
```

「linum-format」は行番号をどのように表示するかのフォーマットで、ここでは5桁を指定しています。

ELPAでEmacsを拡張する

Emacsに慣れてきたら、さまざまな拡張機能を導入して、Emacsをより便利にカスタマイズしていきましょう。パッケージの導入にはELPA（Emacs Lisp Package Archive）と呼ばれる、

▼図20　MELPAからパッケージをインストールする

Emacs標準のパッケージ管理システムを使うのが便利です。しかし標準状態のELPAでは、パッケージ数が少なく物足りないかもしれません。図19の設定を行い、MELPAのパッケージリポジトリを追加しておくとよいでしょう。

準備ができたら「list-packages」コマンドを実行すると[注9]、パッケージ一覧が表示されます。インストールしたいパッケージを選択して「install」ボタンを押してください（図20）。

ELPAで取得したパッケージは、「~/.emacs.d/elpa」以下にインストールされますので、.emacs.dディレクトリをコピーすることで、他の環境へ持ち運ぶこともできます。新しいPCにEmacsの環境を移したい、というような場合も簡単です。なおELPAについて、詳しくは本章4-6を参照してください。 **SD**

注9）M-xキーに続いてコマンド名を入力してください。

表紙・大扉・目次デザイン	トップスタジオデザイン室(嶋 健夫)
記事デザイン	トップスタジオデザイン室(轟木 亜紀子、徳田 久美)
付録デザイン	SeaGrape
DTP協力	技術評論社 制作業務部(酒徳 葉子)
本文イラスト	高野 涼香
Webページ	http://gihyo.jp/book/2016/978-4-7741-8007-6/

■編集後記■

　VimとEmacsにはそれぞれ、一から体系的に学べる書籍がいくつも出ています。本書はそれらとは違い、エンジニアの仕事に直結した使い方にフォーカスを当てた内容が特徴です。しかも両方のエディタの視点をまとめて読めるので、どちらのエディタにしようか悩んでいる方にとっての最初の1冊としても最適ではないかと感じています。

　もっと詳しく知りたくなったら、ぜひそれぞれの単行本で知識を深めてください。読者の皆様の手になじむエディタを発見する手助けに本書がなれば、これに勝る幸いはありません。

（SoftwareDesign編集部 一同）

■お問い合わせについて

本書に関するご質問は記載内容についてのみとさせていただきます。本書の内容以外のご質問には一切応じられませんので、あらかじめご了承ください。
なお、お電話でのご質問は受け付けておりませんので、書面またはFAX、弊社Webサイトのお問い合わせフォームをご利用ください。

〒162-0846　東京都新宿区市谷左内町21-13
株式会社技術評論社 雑誌編集部
『Software Design別冊
　仕事ですぐ役立つ Vim & Emacs エキスパート活用術』係
FAX　03-3513-6179
URL　http://gihyo.jp

ご質問の際に記載いただいた個人情報は回答以外の目的に使用することはありません。使用後は速やかに個人情報を廃棄します。

SoftwareDesign別冊
仕事ですぐ役立つ
Vim & Emacs エキスパート活用術

2016年5月15日　初版　第1刷発行

発行者	片岡　巖
発行所	株式会社技術評論社
	東京都新宿区市谷左内町21-13
	電話　03-3513-6150　販売促進部
	03-3513-6170　雑誌編集部
印刷／製本	図書印刷株式会社

定価はカバーに表示してあります。
本書の一部または全部を著作権法の定める範囲を越え、無断で複写、複製、転載、あるいはファイルに落とすことを禁じます。

©2016　技術評論社

造本には細心の注意を払っておりますが、万一、乱丁（ページの乱れ）や落丁（ページの抜け）がございましたら、小社販売促進部まで送りください。送料負担にてお取り替えいたします。

ISBN 978-4-7741-8007-6 C3055
Printed in Japan